正誤表

本書に以下の誤りがありました。下記のとおり訂正し、謹んでお詫び申し上げます。読者ならびにご関係の皆様にご迷惑をおかけしたことをお詫び申し上げます。

83頁　図5.7 説明文2〜3行目
誤　ツバサヒトヨタケ *Coprinopsis ephemeroides*
正　ツバサヒトヨタケ *Coprinus ephemeroides*

87頁　図5.10b,c
誤　*Coprinopsis ephemeroides*
正　*Coprinus ephemeroides*

350頁　右列10〜15行目
誤　*Coprinopsis ephemeroides* 83 → ツバサヒトヨタケ
　　Coprinopsis stercorea 83 → トワリスヒトヨタケ
　　Coprinus 85 → ササクレヒトヨタケ属
　　Coprinus echinosporus 91 → サラシナヒトヨタケモドキ
正　*Coprinopsis stercorea* 83 → トワリスヒトヨタケ
　　Coprinus 85 → ササクレヒトヨタケ属
　　Coprinus echinosporus 91 → サラシナヒトヨタケモドキ
　　Coprinus ephemeroides 83 → ツバサヒトヨタケ

352頁　右列26〜27行目
誤　ツバサヒトヨタケ (*Coprinopsis ephemeroides*) 83
正　ツバサヒトヨタケ (*Coprinus ephemeroides*) 83

一般社団法人　京都大学学術出版会

微生物生態学への招待

~森をめぐるミクロな世界~

二井 一禎・竹内 祐子・山崎 理正 編

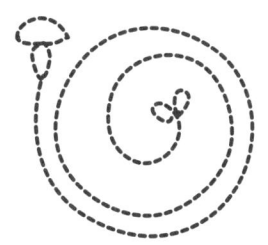

京都大学学術出版会

Invitation to Microbial Ecology

edited by
K.Futai, Y.Takeuchi and M.Yamasaki
Kyoto University Press, 2012
ISBN978-4-87698-597-5

はじめに

「"微生物"とはどんな生物ですか。」
　講義の最初に学生達にこんな質問をしてみると，これが案外難しい質問らしく，答えは実に千差万別です。生物学辞典で"微生物"を検索しても「微小で，肉眼では観察できないような生物に対する便宜的な総称」とそっけない答えが載っているだけですから，学生達が答えに窮するのも無理はありません。それもそのはず，"微生物"には正確な科学的定義がありません。まさに「肉眼では見ることができない生物」というしかないのです。また，「君たちの知っている微生物の"種"を10種挙げなさい」というアンケートをしたこともありますが，学生達の回答から浮かび上がってくる微生物像は概ね病原微生物がその主なもののようで，たとえば，"コレラ菌"，"赤痢菌"，"緑膿菌"，"大腸菌"などが並びます。ここで，いつも気になることがあります。それは，"菌"という言葉の使い方の問題です。生物学的には"菌"あるいは"菌類"は真核生物のなかで一つの界を構成する大きな分類群であって，そのなかにはツボカビ類，接合菌類，子嚢菌類，担子菌類などを含み，形状からは酵母類，糸状菌類，カビ，キノコとよばれるものを含みますが，これらは原核性の細菌（バクテリア）とはまったく別の生物です。菌類は細菌よりむしろずっと動物に近い生物で，細胞のサイズは細菌より体積にして1000倍も大きいのです。ところで，上記の病原細菌に限らず，医療関係で扱われる病原体や発酵食品産業などで用いられるわれわれに身近な微生物は細菌であることが多いのですが，にもかかわらず，それらの微生物には「菌」の名がつけられている例が多く，上記以外にも，"ピロリ菌"，"チフス菌"，"ビフィズス菌"，"乳酸菌"など枚挙にいとまがありません。これらは，それぞれ"菌"の代わりに"細菌"の名を語尾につけるべきなのですが，そうはなっていません。そのため，"菌類"という用語を用いると，これら細菌をイメージする人が多いのでしょう。しかし，この本の読者はこの点には十分留意して読み進めていただきたいと思います。この本で"菌類"，"菌"とよん

でいるときは，それはカビやキノコの仲間の"菌類"のことで，細菌には"細菌"という言葉を使います。この本で扱う微生物の多くはむしろ"菌類"が主体であるかもしれません。

　生物の世界を二つに大別するなら，それは「植物」と「動物」だと考える方が多いでしょう。しかし，生物学的には「原核生物」と「真核生物」に分けるのが正解です。細胞の中で遺伝情報の DNA が隔膜とよばれる膜で取り囲まれているものを真核生物とよび，これが細胞質の中に直接浮遊しているものを原核生物とよびますが，原核生物という範疇には細菌と古細菌だけが含まれます。つまり，細菌は原核生物で，菌類は真核生物，二つの生物のあいだには，進化的にも大きな隔たりがあります。生命が誕生したのはおよそ 38 ～ 40 億年前頃のことと考えられていますが，その後，20 億年以上のあいだ，この地球は原核生物，すなわち細菌だけが繁栄する世界でした。一方，菌類の起源は 6 ～ 8.5 億年前と考えられており，植物とともに菌類が陸上に進出してきたのはやっと 5 億年ほど昔のことで，菌類は進化の原初より植物と密接な関係をもっていました。そのことは，この本の第 1 部で取り上げられる菌類と植物の関係に関するいくつかの話の背景として是非理解しておいていただきたいと思います。

　読者のみなさんは，この本のもう一つの特徴として，微生物同様線虫類が頻繁に取り上げられていることに気づかれるかもしれません。昆虫や植物，他の微生物などと相互関係を結ぶ点で，この生物も微生物同様生態系では重要な役割を果たしていますが，一般にはあまり知られていない生物です。この線虫の生物としての特徴はなんといってもその種類の多さと数の多さ，ニッチェの多様さにあります。そのことを，アメリカの線虫学者で"線虫学の父"とよばれる N. A. Cobb (1859-1932) は，「この地球上から線虫以外のすべてのものを取り去ったとしても，線虫の薄い膜によって縁取られた山々や丘，谷，川，湖，海を，ぼんやりと識別できるし，さらに，線虫の分類に関する知識があれば，何処に街路樹があったか，どこにどんな動物や植物がいたかを知ることもできる」と，詩的な表現で説明しています。第 2 部ではそんな多様性を秘めた線虫が昆虫や菌類，そして植物というそれぞれ別の"界"に属する生物たちと伝播関係，寄生関係，共生関係などを営む様を取り上げ

ています。とくにそこでは，線虫と，それぞれのパートナー生物のあいだに成立している巧妙な相互関係に是非注目してください。そして，その関係が成立するにいたった進化的な時間についても興味をもってくだされば，線虫という生物への理解が深まるように思います。

　線虫類の，他の生物との関係作りの巧妙さは第3部で取りあげられる"マツ枯れ"の病原体，マツノザイセンチュウ一つを考えてもよくわかります。"マツ枯れ"は日本のみならず，東アジア諸国，さらにはヨーロッパのポルトガルやスペインにまで拡大した森林流行病で，日本においては各地のマツ林を壊滅状態に追いやり，植生を一変させるという非常に激しい被害をもたらしました。その病原体マツノザイセンチュウはその生活史のなかに，宿主であるマツ属の植物，宿主が枯死した後の餌となる菌類，さらには次の宿主樹へ運んでくれる伝播昆虫（マツノマダラカミキリ）という3種の生物との密接な関係を含んでいます。しかも，それぞれの関係が相互に連携しながら，生活史が進んでいくのです。もちろんこの関係全体が気温や降水量のような環境要因によって制御を受け，さらには宿主植物との相互関係という進化上のフィルターを経ることにより成立してきたことも忘れてはなりません。これらの複雑な事象を，第3部の各著者はいくつかの視点から興味深く解き明かしてくれます。

　最近日本では，"マツ枯れ"に加えてもう一つの森林流行病が猛威を振るっています。それは，ブナ科の樹木，なかでも*Quercus*属（コナラ属）の樹種を枯死させる"ナラ枯れ"とよばれる病気です。この病気の病原体は*Raffaelea quercivora*という菌類で，この菌類をカシノナガキクイムシという長さ5mm前後の小さなキクイムシが伝播するのですが，その際，大量のキクイムシが1本の宿主樹木を一斉に穿孔攻撃すること（マスアタック）により，宿主樹木のもつ抵抗性を打ち破り，まんまと宿主材内での繁殖に成功します。このキクイムシの雌は菌類をその胸部の背中にある特別な器官に格納し宿主樹木まで運搬するのですが，宿主樹木に飛来すると早速その幹に孔を開け，トンネルを掘り進めながら，その壁にせっせと運んで来た餌菌（酵母）を植え付けていきます。餌菌（酵母）に紛れて持ち込まれた病原菌 *R. quercivora*はトンネルから周囲の辺材部に広がり宿主樹木を枯死させます。一方，トン

ネル内に産み付けられたカシノナガキクイムシの卵はやがてふ化し，ふ化した幼虫はトンネルの壁に繁殖した菌（酵母）を摂食し，成熟幼虫になりますと親キクイムシと共同でトンネルの拡張と維持に精出します。この"ナラ枯れ"の場合はカシノナガキクイムシとその餌となる菌（酵母），それに宿主樹木の3者のあいだでできあがった恒常的で平和な関係が本来の姿であったと思われます。そこへ弱い病原性のある菌 *R. quercivora* が加わることにより状況は一変し，世間を騒がせる森林流行病になってしまいました。弱い病原菌はカシノナガキクイムシのマスアタックという習性と結びついたとき，致死性の病原体に変貌したといえるでしょう。このような病原菌とマスアタックの習性をもったキクイムシが協同して樹木を枯らす病気は世界に数多く知られています。いずれも菌はその宿主への確実な伝播者として昆虫を利用し，昆虫は菌のもつ病原性を利用して樹木を衰弱させ，本来樹木が備えている防御作用を押さえ込み繁殖の場を得ているのです。この昆虫と病原体のあいだの相利的な関係は"マツ枯れ"にも共通していることに気づかれたでしょうか。"マツ枯れ"の場合は運ばれる病原線虫の側に，運ばれるための特殊な体制があり，これが生活史のなかに組み込まれています。"ナラ枯れ"の場合は菌を運ぶための特殊な器官を，運ぶ側の昆虫がちゃんと体の中に用意しています。このように，両者のあいだで相利的な関係が成立するためには，どちらか一方，あるいは双方が，その体制や行動，生活史などを適応変化させる必要があったはずですし，また，そのためには進化的なスケールの時間が必要だったであろうことも想像に難くありません。第4部ではこのような"ナラ枯れ"の伝播者であるカシノナガキクイムシを中心に据え，この昆虫と菌類の関係を多角的に捉えていきます。そこでは，カシノナガキクイムシにとって好都合な菌類も，天敵というべき不都合な菌類も登場します。

　これまで微生物は，大きな生態系という舞台においては，往々にしてこの舞台の単なる小道具や舞台装置のように取り扱われてきましたが，それは明らかに間違った見方だといわざるを得ません。この本では微生物が介在する数多くの"関係"を取り上げ，微生物が生態系の中で果たしている役割を紹介しています。彼らは小さくとも舞台上で自然を演じる役者そのものなのです。彼らは植物や動物などの大型生物と密接不可分に関係し，生態系を制御

している隠れた主役として，あるいは主役である植物や動物を殺害する敵役として，ダイナミックに自然環境という舞台の上でその役回りを演じているのです。このような微生物が演じるあまり知られていない役回りの面白さを存分に楽しんでいただきたいものです。

　研究職に就くのは今も昔も容易い道ではありません。しかし，幸い私どもの研究室には苦労を顧みず研究者を志向する"熱い"学生が集まって来てくれました。その多くは博士号を取得し，長い苦労の末研究職に就き，それぞれの分野で活躍しています。この本はそのような若者達の努力の結果なのです。微生物や微小生物の演ずる舞台の面白さにのめり込んだこれら多くの若者の生き方にも是非エールを送っていただければ幸いです。そして，生物学のなかでも一風変わった，"微生物を介した生物間相互関係"という境界分野に一人でも多くの方々に興味をもっていただきたい，またできるだけ多くの若者にこの分野に参加してもらいたいという願いを込めてこの本を上梓いたします。

二井　一禎
2012年1月18日

付録 CD-ROM について

　付録 CD-ROM の再生には，アドビシステムズ社の Adobe Reader とマイクロソフト社の Windows Media Player もしくはアップルコンピュータ社の Quick Time が必要です．コンピュータにこれらのアプリケーションソフトウェアがインストールされていない場合は，下記のホームページからダウンロードしてください（いずれも無償）．なお，この CD-ROM は Windows および Macintosh の両方に対応していますので，お手持ちのコンピュータの OS に応じた Adobe Reader，Windows Media Player，Quick Time を選択してください．

　　アドビシステムズ社…………http://www.adobe.com/jp/
　　日本マイクロソフト社………http://www.microsoft.com/ja-jp/
　　アップルコンピュータ社……http://www.apple.com/jp/

　CD-ROM のご使用に際しては，以下の点にご留意ください．
・本ソフトウェアを販売目的で使用することはできません．
・本ソフトウェアのコピーを他に流布することはできません．
・本ソフトウェアを使用することによって生じた損害等については，著者ならびに京都大学学術出版会は一切責任をおいません．
・著者ならびに京都大学学術出版会は，本ソフトウェアに関するお問い合わせをうけつけておりません．
・記載されている会社名，製品名は，各社の商標または登録商標です．記載にあたっては，TM，® のマークは省略しています．

付録 CD-ROM の使い方

　CD-ROM をコンピュータに入れ，'微生物生態学への招待 TOP.pdf' をクリックするとメインの画面が立ち上がります（図A）。各部のタイトルをクリックすると，それぞれの部に属する章の図および動画（付録含む）へのリンク一覧が表示されます。図B～Eの説明を参考にご覧ください。いずれの図も，各図の丸数字をクリックすると「→」の先にジャンプします。フルスクリーンモード（Ctrl＋L）での閲覧をおすすめします（'Esc'キーで通常表示に戻ります）。

　図は章ごとにひとつの pdf ファイルにまとめられています。フルスクリーンモードの場合は'Enter'キーで，それ以外の表示の場合はスクロールしてご覧ください。章内の最初の図および最後の図には，前後の章の図もしくは各部の TOP ページへジャンプするための矢印が表示されます（図F参照）。

図の説明
図A　TOP

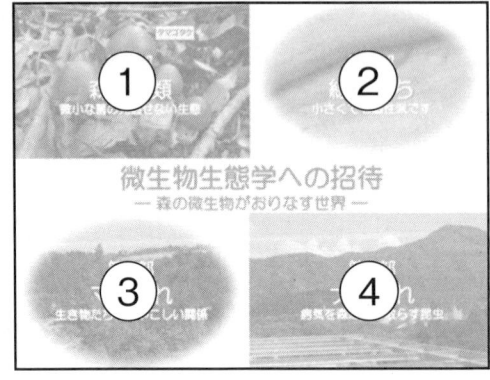

① ［タマゴタケ子実体（亀井一郎氏撮影）］→ 第1部 TOP へ
② ［第9章付録図より］→ 第2部 TOP へ
③ ［鳥取砂丘クロマツ林におけるマツ枯れ］→ 第3部 TOP へ
④ ［京都・如意ヶ岳（大文字山）におけるナラ枯れ］→ 第4部 TOP へ

図B　第1部 TOP

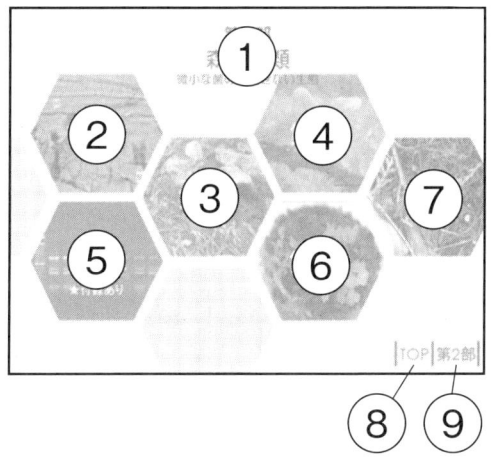

① → 第1部序文図へ
② ［図1.1より］→ 第1章図へ
③ ［図2.1より］→ 第2章図へ
④ ［図3.7より］→ 第3章図へ
⑤ ［電気泳動像のバンドパターン］
　→ 第4章図へ
⑥ ［図5.5より］→ 第5章図へ
⑦ ［図6.1より］→ 第6章図へ
⑧ → TOP へ
⑨ → 第2部 TOP へ

図C　第2部 TOP

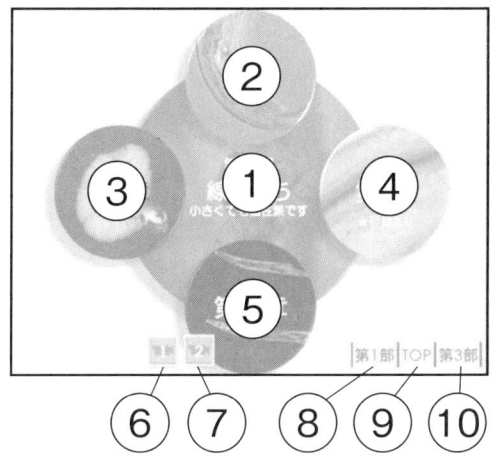

① ［ダイズシストセンチュウ］
② ［第7章付録図より］→ 第7章図へ
③ ［図8.1より］→ 第8章図へ
④ ［第9章付録図より］→ 第9章図へ
⑤ ［図10.3より］→ 第10章図へ
⑥ 付録動画1「*gst::gfp*融合遺伝子の組み換え体線虫」
⑦ 付録動画2「マツノザイセンチュウ受精後の前核融合」
⑧ → 第1部 TOP へ
⑨ → TOP へ
⑩ → 第3部 TOP へ

図D　第3部 TOP

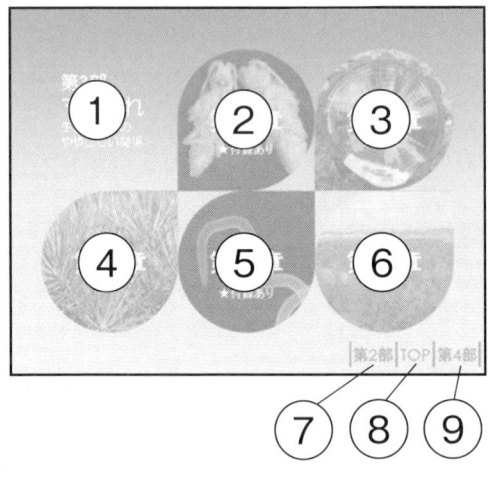

① → 第3部序文図へ
②［第11章付録図より］→ 第11章図へ
③［青変菌の蔓延した枯死丸太］→ 第12章図へ
④［健全なマツ当年枝］→ 第13章図へ
⑤［第14章付録図より］→ 第14章図へ
⑥［鹿児島県アカマツ林のマツ枯れ被害］→ 第15章図へ
⑦ → 第2部 TOP へ
⑧ → TOP へ
⑨ → 第4部 TOP へ

図E　第4部 TOP

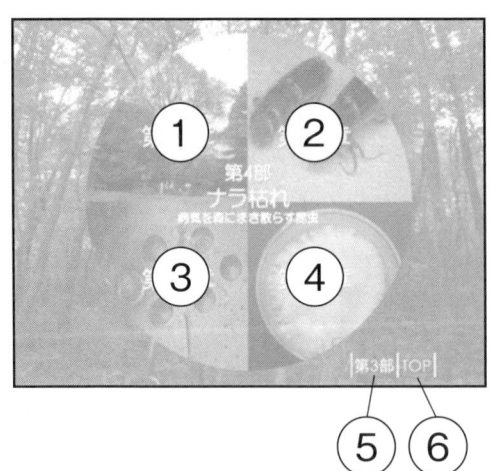

①［京都大学構内で枯死したヨーロッパナラ］→ 第16章図へ
②［カシノナガキクイムシの雌雄］→ 第17章図へ
③［カシノナガキクイムシのマイカンギア（菌嚢）］
④［図19.2より］→ 第19章図へ
⑤ → 第3部 TOP へ
⑥ → TOP へ

図 F　各章の図

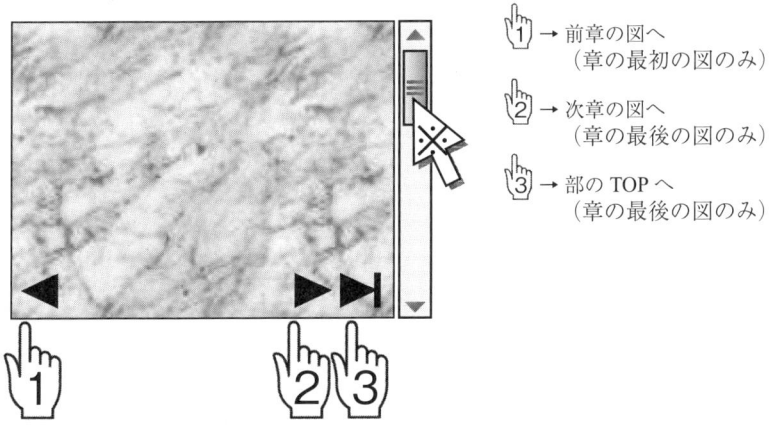

※図は章ごとにひとつのファイルにまとめてあります．フルスクリーンモードの場合は Enter キーで，それ以外の場合はスクロールしてご覧ください．

CONTENTS 目次

はじめに　二井一禎 ……………………………………………………………… i
付録 CD-ROM について ………………………………………………………… vii

第1部　森の菌類——微小な菌の見逃せない生態（山中高史）……… 1

第1章　マツ針葉の内生菌　畑　邦彦 ………………………… 7
　　　　　——見えざる共生者

　1.1　内生菌とは？ ………………………………………………………… 7
　1.2　日本のマツに内生菌はいるのか？ ………………………………… 10
　1.3　マツバノタマバエと針葉の内生菌の関係 ………………………… 13
　1.4　マツの分類群と内生菌の関係 ……………………………………… 17
　1.5　季節変動 ……………………………………………………………… 20
　1.6　内生菌の抗菌作用 …………………………………………………… 22
　1.7　まとめ ………………………………………………………………… 22

第2章　ともに旅する樹木とキノコ　広瀬　大 …………………… 25
　　　　　——ゴヨウマツとともに生きるベニハナイグチの自然史

　2.1　DNA レベルで解き明かすキノコの生き様 ………………………… 25
　2.2　ゴヨウマツ植栽林における定点観察 ……………………………… 27
　　　　——研究材料との出会いと生活史の推測
　2.3　ゴヨウマツ天然集団における生活史——旅する胞子と居座る菌糸 … 30
　2.4　室内実験から宿主の好みを知り，分布を予測する ……………… 32
　2.5　日本の五葉マツ類に常にお供しているのか？ …………………… 34
　2.6　ゴヨウマツとともに旅をしてきたのか？ ………………………… 36
　2.7　最後に——日本における菌類系統地理学の発展に向けて ……… 39

第3章　植物の定着に関わる菌類　谷口武士 …………………… 41
　　　　　——海岸クロマツ-ニセアカシア林における菌根共生

　3.1　日本の海岸クロマツ林 ……………………………………………… 41
　3.2　クロマツと菌根菌 …………………………………………………… 43
　3.3　海岸クロマツ林で菌根研究をはじめる …………………………… 44
　3.4　ニセアカシアはマツの実生更新に影響するのか？ ……………… 45
　3.5　ニセアカシアはマツ実生の菌根共生に影響を与えるのか？ …… 48

3.6	共生する菌根菌はなぜ変化したのか？	50
3.7	菌根菌種の変化と機能的特性	53
3.8	植物と菌根菌と病原菌の相互作用	55
3.9	植生の定着や種構成への菌根菌の影響	55

第4章　クロマツの根圏で起こる微生物間相互作用　片岡良太　59
——細菌がカビを助ける！

4.1	クロマツ菌根における細菌相	60
4.2	ヘルパー細菌の探索	61
4.3	ヘルパー細菌の菌根菌特異性	68
4.4	細菌密度とヘルパー効果	69
4.5	ヘルパーメカニズム	70

第5章　糞生菌のはなし　吹春俊光　75

5.1	糞の登場	75
5.2	糞生菌とは	76
5.3	糞生菌の種類と日本における研究	80
5.4	糞生のヒトヨタケ類（担子菌門ハラタケ目）	85
5.5	糞生菌の観察・培養	85

第6章　アンモニア菌　山中高史　89
——森の清掃スペシャリスト

6.1	アンモニア菌が出現する土壌の特徴	91
6.2	菌の出現（子実体形成）と栄養菌糸の増殖の関係	93
6.3	アンモニア菌が有する特異な生育様式	94
6.4	アンモニア菌の増殖と遷移のメカニズム	99
6.5	窒素が与えられていないときのアンモニア菌のすがた	100
6.6	動物の排泄物や死体の分解跡土壌の浄化	101

第2部　線虫たち——小さくても個性派です（神崎菜摘）　103

第7章　昆虫嗜好性線虫の生活　神崎菜摘　107
——進化も生態も媒介昆虫が決めている？

| 7.1 | クワノザイセンチュウの生活史 | 109 |

7.2	クワノザイセンチュウとキボシカミキリの共種分化	112
7.3	この研究に関する後日談——反省点とさらなる解析の可能性	118
7.4	遺伝子研究材料としての Bursaphelenchus 属	120

第8章　キノコと昆虫を利用する線虫たち　　津田　格　127

8.1	ヒラタケでの線虫の生活	130
8.2	線虫を運んでいるのは何か？	131
8.3	伝播者であることの証明	132
8.4	線虫の生活史とキノコバエとの関係	134
8.5	いろいろなキノコを調べる	136
8.6	キノコを利用するさまざまな線虫たち	138
8.7	Iotonchium 属線虫と Deladenus 属の線虫	141

第9章　植物の敵は地下にも存在する　　藤本岳人　147
　　　　——植物寄生線虫

9.1	植物寄生線虫とは	147
9.2	農業と植物寄生線虫との関係	149
9.3	サツマイモネコブセンチュウの生活環	151
9.4	現在の防除法とその問題点	153
9.5	植物の巧妙な防御メカニズム	155
9.6	植物ホルモンを防除に応用できるか	156
9.7	植物体内における防御メカニズムの解明	159
9.8	今後の植物寄生線虫の防除に関して	161

第10章　線虫が切り拓く生物学　　長谷川浩一　163
　　　　　——そしてモデル生物から非モデル生物へ

10.1	線虫って何？	163
10.2	線虫の研究と線虫を使った研究	164
10.3	線虫，というよりモデル生物である	165
10.4	エレガンスの遺伝学	168
10.5	マツノザイセンチュウの胚発生	172
10.7	RNAi が効かない	175
10.8	マツノザイセンチュウの研究これから	176

第3部 マツ枯れ——生き物たちのややこしい関係（竹内祐子） …………… 179

第11章 敵か味方か相棒か　　前原紀敏 …………………………………… 183
　　　　——マツノザイセンチュウ-菌-カミキリムシ間相互作用

11.1　線虫はどうやってマツの中で増えるのか ……………………………… 183
11.2　線虫の餌になる菌，ならない菌 ………………………………………… 185
11.3　線虫にも餌の好き嫌いがある …………………………………………… 186
11.4　線虫を餌にする菌 ………………………………………………………… 187
11.5　マツノマダラカミキリが保持する線虫の数の重要性 ………………… 187
11.6　マツノマダラカミキリの保持線虫数に菌が影響するのか …………… 188
11.7　人工蛹室を作りたい ……………………………………………………… 190
11.8　マツノザイセンチュウの生活環 ………………………………………… 192
11.9　リニット教授 ……………………………………………………………… 192
11.10　ついに菌の影響を解明 …………………………………………………… 193
11.11　兵糧攻め …………………………………………………………………… 194
11.12　なぜマツノマダラカミキリだけが線虫を運ぶのか …………………… 195
11.13　マツノマダラカミキリと菌の直接の関係 ……………………………… 196
11.14　マツノザイセンチュウ近縁種とカミキリムシの関係 ………………… 197
11.15　敵か味方か相棒か ………………………………………………………… 199

第12章 環境激変　　Rina Sriwati／竹本周平 ……………………………… 201
　　　　——マツが枯れるとマツノザイセンチュウを取り巻く生物相も大騒動

12.1　マツ枯れを再現する ……………………………………………………… 201
12.2　マツ材線虫病に感染したマツの木の中での線虫相の変化 …………… 203
12.3　感染したマツの中での線虫相とマツノザイセンチュウ個体群動態… 204
12.4　感染したマツの木の中の菌類相の変化 ………………………………… 206
12.5　マツノザイセンチュウの分布と増殖に対する各菌種の影響 ………… 208
　　　——量的な評価
12.6　感染木内のマツノザイセンチュウと各菌種の分布の同所性 ………… 209
　　　——質的な評価
12.7　おわりに …………………………………………………………………… 211

第13章 感染しても枯れない？　　竹内祐子 ……………………………… 215
　　　　——白黒つかないマツと線虫の関係

- 13.1　病気に罹るか罹らないか——相性を決めるもの ………………… 215
- 13.2　準備はOK——備えあれば憂いなし？ ……………………………… 219
- 13.3　見えざる感染 …………………………………………………………… 222
- 13.4　宿主の運命はだれの手に？ …………………………………………… 226

第14章　何もせずにいいとこ取り？　　新屋良治 ……………… 229
　　　　——マツノザイセンチュウの巧みな寄生戦略

- 14.1　生物のゲノム情報って何？ …………………………………………… 231
- 14.2　マツノザイセンチュウにおける分子生物学研究の幕開け ……… 232
- 14.3　マツノザイセンチュウのタンパク質を解析する ………………… 233
- 14.4　マツノザイセンチュウはどのように寄生性を獲得してきたのか？ … 238
- 14.5　おわりに ………………………………………………………………… 239

第15章　進化と系統で読みとく病原力のふしぎ　　竹本周平 ……… 241

- 15.1　少年期に見たマツ枯れ ………………………………………………… 242
- 15.2　線虫の病原力 …………………………………………………………… 243
- 15.3　どうして（Why）病気を起こすのか？——病原力を決める進化的要因 … 245
- 15.4　マツ枯れは枯れなきゃ伝染らない …………………………………… 246
- 15.5　弱い線虫の系譜 ………………………………………………………… 248
- 15.6　個体群の病原力は遺伝子の頻度で決まる …………………………… 250
- 15.7　強い者が勝ち残るのか ………………………………………………… 252
- 15.8　進化を計算する ………………………………………………………… 254
- 15.9　弱さがしたたかさに変わるとき ……………………………………… 256
- 15.10　ふたたび，どうして（How）？ ……………………………………… 256
- 15.11　ややこしいからおもしろい！ ………………………………………… 258

第4部　ナラ枯れ——病気を森にまき散らす昆虫（山崎理正） ……… 261

第16章　探索は闇雲じゃなく精確に　　山崎理正 ………………… 265
　　　　——微小な昆虫による宿主木の探し方

- 16.1　街中の人と森の中の虫 ………………………………………………… 265
- 16.2　小さな虫が木を枯らす ………………………………………………… 266
- 16.3　相性のいい木の探し方 ………………………………………………… 269
- 16.4　皆で襲えばこわくない ………………………………………………… 271

xvii

| 16.5 | 穴はどこに掘るべきか | 273 |
| 16.6 | 多様な森で生きのびる | 276 |

第17章　親子二世代の連係プレー　Hagus Tarno／山崎 理正　279
　　　　――木屑が語る坑道の中の社会的な生活

17.1	穴の中の様子を探るには	279
17.2	穴から排出されるフラス	280
17.3	繊維状と粉末状のフラス	282
17.4	フラスが語る木の好適性	284
17.5	変動するフラスの質と量	286
17.6	入口が傾いている意義は	288
17.7	坑道の中の社会的な生活	291

第18章　'神々の食べ物'とは何か？　遠藤力也　293
　　　　――カシノナガキクイムシと菌類の共生系

18.1	菌類と密接に関わる養菌性キクイムシ	294
18.2	カシナガの共生菌は何か？	295
18.3	'神々の食べ物'とは何か？	298
18.4	ナガキクイムシ–菌類の共生系	300
18.5	今後の展望	303

第19章　仲間もいれば敵もいる　斉　宏業／二井一禎　307
　　　　――カシノナガキクイムシを取り巻く微生物

19.1	拡大をつづけるナラ枯れ被害	307
19.2	ナラ枯れ被害に打つ手はあるのか	308
19.3	昆虫病原性微生物の探索	312
19.4	カシナガから分離した微生物の昆虫病原性	315
19.5	他の候補微生物の昆虫病原力は	321

用語解説	327
おわりに　肘井直樹	341
索引	345

第1部

森の菌類

微小な菌の見逃せない生態

光合成によって自ら栄養分を作り出す**独立栄養**生物である植物とは異なり，菌類は**従属栄養**生物，つまり他の生物が獲得した物質を利用する生物です。また，動物が餌資源を求めて広範囲に移動できるのとは異なり，菌類はそれぞれの生息地において増殖を繰り返さなければいけません。そのため菌類は，動植物遺体や排泄物の**分解者**，植物や動物の**寄生者**，さらには多くの植物の**相利共生**者などとして，他の生物や他の生物が生産した有機物に依存したさまざまな生活様式を有しています。

　ここでは，キノコやカビ，酵母などの仲間を「菌類」とよびますが，日本語で「○○菌」とよばれる生物にはこれらとはまったく別のグループに属する「細菌類」が存在します（第4章）。菌類を細菌類と区別してとくに「真菌類」とよぶこともあります。

　150万種とも推定されるこれら菌類はさまざまな生息域に存在し，その範囲は，淡水や海水の中，土壌，落葉，植物や動物の腐りつつある残渣，生きた植物や動物の体内など多岐に渡っています。植物体内では，しばしば病徴を引き起こさない内生者として存在したり，あるいは感染した植物体を殺す殺生者や，そのまま生きた状態に保ちつつその養分を奪う寄生者として存在することもあります。また菌類のなかには，低温や高温に，あるいは乾燥や塩類に耐性を示すものなど，さまざまな極限環境に適応して生息するものもいます。

　第1部では，このようにさまざまな環境に適応した菌類の生態を解明するために行われた六つの研究を紹介していきます。

　まずは内生菌についての研究です（第1章）。内生菌とは通常病徴を示さないで宿主植物に内在する菌類のことです。内生菌のはたらきとして，昆虫や植物病原菌など，宿主植物にとって有害なさまざまな生物から宿主植物を守る効果や，宿主植物の成長を促進する効果ももっていることが早くから草本類の内生菌において知られていました。樹木では，ダグラスファーの針葉に虫えい（ゴール：gall，虫こぶ）を形成するタマバエの死亡率が内生菌の存在により高くなると報告されています。これらのことは，内生菌が病原菌や初期の落葉分解菌などとは違って，宿主植物にとって有益な共生菌であることを意味しています。ここではマツ針葉に虫えいを作るマツバノタマバエという昆虫とマツ内生菌との関係に迫った事例を例に，内生菌の生態について見ていきましょう。

　つぎに菌根菌の生態についての研究を紹介します。その前に，菌根とは何

かということを説明しなくてはなりません。土壌生息菌である菌根菌は植物の根に感染して菌根という共生構造を形成し，菌根を介して物質のやり取りを行います。菌根菌は，幅数マイクロメートル（μm）か，それ以下の細い菌糸を伸ばし，植物の根が侵入できないような小さな空隙にも入り込んで養分や水分を吸収することができます。菌根の形成により，植物の根は菌糸とつながった状態となって，効率的に養水分を利用することができるようになります。一方，菌にとっても，生きた植物から継続的に光合成産物を獲得できるようになるため，分解菌や病原菌などのように高分子化合物を分解するための酵素を生産する必要がなくなります。このように菌根の形成は，菌と植物の両方にとって有益なもので（相利共生），これによって植物の成長が促進されます。

　菌根は，根の組織への感染様式や形態によって次の七つに分けられます：**アーバスキュラー菌根（AM菌根）**，**外生菌根**，内外生菌根，エリコイド菌根，モノトロポイド菌根，アルブトイド菌根およびラン菌根です。これらのうち，AM菌根と外生菌根がもっとも研究が進んでいます。

　AM菌根は共生相手である植物の根の細胞壁内部まで菌糸を侵入させて，そこで分岐した**樹枝状体（アーバスキュル：arbuscule）**やコイル状をした菌糸（図1下）を形成します。しかし，つぎに説明する外生菌根菌が根の表面を覆うのとは異なり，根の表面を菌糸が覆うことはないため感染の有無を容易に識別できません。AM菌根を形成する植物は多く，陸上植物の約80％がこの型の菌根を形成します。森林においても，スギやヒノキなどの有用樹種を含むほとんどの植物がAM菌根を形成します。大昔，陸上に最初に進出したころの植物の根には，すでにAM菌根に似た菌根が形成されていたことが発見されており，植物が陸上へ生息地を拡大するうえでAM菌根共生が重要であったことが示唆されています。

　外生菌根菌は，共生相手である樹木の細根の表面を覆うとともに，根の組織内に進入して細胞間隙を伸長していくのですが，細胞壁内部までは入りません。したがって，菌根の断面をみると，根の組織の外縁の1〜数層の根の細胞の周囲が菌糸に覆われた状態になっています。この構造を**ハルティヒ・ネット**といい，細根の周囲を覆う菌糸層（**菌套，マントル**）とともに外生菌根の構造上の特徴になっています（図1上）。

　外生菌根菌は**子嚢菌類**や**担子菌類**であり，多くのものが**子実体（キノコ）**を作ります。日本ではマツタケやショウロが，欧米ではトリュフ，アンズタ

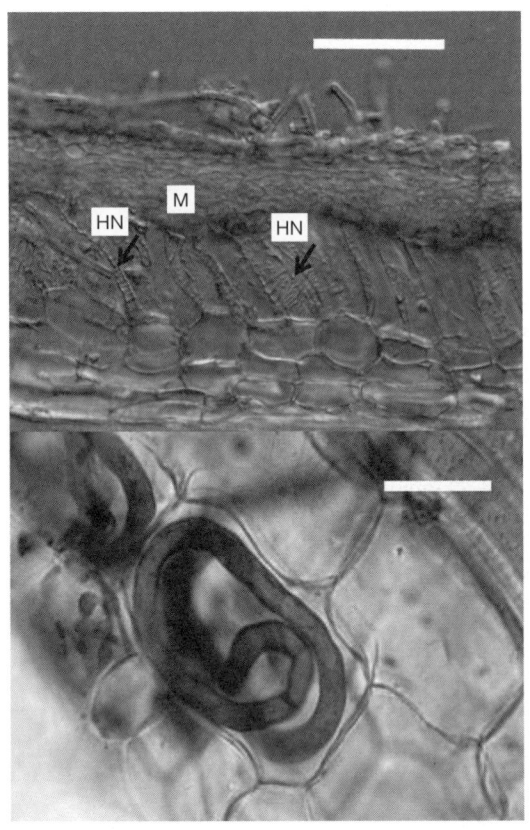

図1　植物根に感染した外生菌根菌および AM 菌.
上：コナラの根に感染した外生菌根菌ツチグリ．根の表面は菌糸の層（菌套：マントル）に覆われている（M）．根の外縁部の細胞の間に菌糸が侵入して細胞を包み，ハルティヒ・ネットが形成される（HN）．細胞内へは菌糸は侵入していない．下：ツクバネソウの根に感染した AM 菌．菌糸が細胞内の侵入し，コイル状を呈している．スケールは 50 μm.（森林総合研究所・岡部宏秋氏提供）

ケおよびヤマドリタケなどの食用菌が外生菌根菌です．外生菌根は AM 菌根とは異なり，マツ科，ヤナギ科，カバノキ科およびブナ科など特定のグループの樹木根においてのみ形成されます．菌根の形成された植物の根の化石データによりますと，AM 菌根は 4 億 6 千万年前，外生菌根は約 5 千万年

前にはすでに成立していたとみられます。

　ここで紹介する研究では，菌根菌のなかでも外生菌根菌を対象としています。地上または地中に出現した，外生菌根菌の子実体（キノコ）は，肉眼で容易に観察できます。そのため子実体を指標とした調査から，それぞれの外生菌根菌について樹木の種や齢，土壌タイプなど発生地の環境との関係が解析されてきました。しかし，子実体は，植物でいえば花や果実にあたる部分であり，微生物としての生態系における役割を解明するには，増殖の本体である**栄養菌糸**を対象にする必要があります。近年，菌根や土壌から抽出された遺伝情報を解析して菌根菌の種を特定することができるようになりました。これによって土壌中での菌根菌の生活様式や，宿主樹木との共生関係が成立する機構の解明などが可能になっています。

　そのような菌根研究のなかから，まずは，ゴヨウマツ林分において，ベニハナイグチの菌根を識別し，その生活様式や，定着機構を詳細に解析した事例を紹介します（第2章）。さらに調査の規模を日本全国へと拡大して，ベニハナイグチが，宿主であるゴヨウマツとともに分布域を広げてきたという仮説が説明されます。

　つづいて，海岸クロマツ林における菌根菌群集と，樹木成長との密接な関係を調べた研究を紹介します（第3章）。海岸林など塩類ストレスを受けやすい環境では，菌根菌は共生パートナーの樹木の細根を覆って保護するなど，重要な役割を担っています。ここでは海浜に植栽されたクロマツ林と，ニセアカシアが侵入してクロマツが衰退した林で地下部の菌根菌群集の多様性を遺伝情報によって解析しています。

　三つめ（第4章）は，菌根菌と根圏細菌との相互作用についての研究です。生物間の相互作用は，対象を絞って2者間の関係として研究を進める方が容易です。しかし自然界はそのような単純な系ではなく，多種多様な生物が共存して網目のように相互につながった複雑な関係を成立維持させています。菌根共生においても，菌根菌と樹木との2者間の相互作用というのではなく，それ以外にも土壌中の真菌や細菌の影響が及んでいます。そのなかには，菌根菌の成長や菌根化，さらに菌根化した樹木の成長を促進させる菌根ヘルパー細菌とよばれる細菌類が存在しています。ここでは，海浜に植栽されたクロマツの菌根周辺に生息する菌根ヘルパー細菌に注目して，菌根菌の増殖や菌根共生への作用機構の解明に挑んだ研究を紹介します。

　この第1部の最後の2章では，糞生菌（第5章）とアンモニア菌（第6章）

という菌類群を扱っています。これら二つのグループは，いずれも動物の排泄物が放置されることで増殖を開始する菌類です。簡単に説明すると，排泄された動物の糞の上にて子実体などを形成する菌が糞生菌であり，その排泄物が分解された跡の地表に子実体を発生させる菌がアンモニア菌です。これらは，糞，またはその分解跡という特殊な環境に，適応した特徴を有しています。

　以上のように，菌類は微小でありながらも，森林生態系のさまざまな場面で物質変換や植物の成長にとって重要な役割を担っている，なくてはならない存在であることが徐々に明らかになってきているのです。

（山中高史）

参考文献

Garbaye, J. (1994) Helper bacteria: a new dimension to the mycorrhizal symbiosis. *New Phytologist*, **128**: 197-210.

LePage, B.A., Currah, R.S., Stockey, R.A. and Rothwell, G.W. (1997) Fossil ectomycorrhizae from the middle Eocene. *American Journal of Botany*, **84**: 410-412.

Redecker, D., Kodner, R. and Graham, L.E. (2000) Glomalean fungi from the Ordovician. *Science*, **289**: 1920-1921.

Smith, S.E. and Read, D.J. (2008) Mycorrhizal symbiosis, 3rd ed. Academic Press, San Diego, USA.

第1章
マツ針葉の内生菌
——見えざる共生者

1.1 内生菌とは？

　「内生菌」（英語の endophyte をそのまま使って「エンドファイト」ということの方が多いでしょうか）という言葉は、「植物の健康な生きた組織内に病気を起こさずに生息している菌」というように定義されます。この「内生菌」、最近になって学会や専門書、大学の教科書等ではふつうに聞かれるようになってきましたが、まだ一般にはなじみの薄い表現だろうと思います。でも、この言葉が専門家のあいだでふつうに使われるようになってきたのには理由があります。

　元々、植物の生きた健康な組織（とくに葉）の内部は無菌またはそれに近い状態と考えられていました。そういった組織の内部に糸状菌が存在しているという報告自体は古くからあったのですが、雑菌がたまたま入り込んだとか、病原菌が潜在感染している状態であると解釈され、ほとんど注目されていませんでした。しかし、1970年代の後半に二つの重要な発見があり、このような菌が脚光を浴びるようになってきたのです。

　その一つ目は、オレゴン大学のジョージ・キャロル教授を中心とする研究グループによるものです。彼らが北米の重要な針葉樹であるダグラスファー（*Pseudotsuga menziesii*）に生息する菌類バイオマス（存在量）を研究していたとき、通常予想される針葉の表面だけでなく、針葉の組織の内部にも糸状菌が感染していることに気がつきました。徹底的な調査の結果、この樹木の健

全な針葉にはごくふつうに特定の菌が感染していることが明らかになりました。キャロル教授を中心とする研究者達はさらに欧州や北米のさまざまな樹木を調査し，樹木の組織内部に糸状菌が感染しているのは例外的な現象ではなく，ごくふつうの状態であることを明らかにしたのです。彼らはこういった菌を内生菌（endophyte）と呼び，菌の新たな生態群と考えました。

　一方，同じ1970年代に，北米のウシとニュージーランドのヒツジに神経性の中毒症状が発生し，それぞれ問題になっていました。この問題を解明するために，複数の研究グループが別々に行った研究の結果，興味深い事実がつぎつぎに明らかになっていきました。この症状が牧草に由来すること，中毒原因となった牧草が「イネ科草本がまの穂病菌」やその近縁種に感染していること，これらの菌がアルカロイド系の毒物を生産していること……要するに，この中毒症状は牧草に感染している菌が作る毒物によって引き起こされていたことが明らかになったのです。これらの菌は，少なくとも普段はイネ科草本の組織内に症状を表さずに生息しているため（がまの穂病菌は穂を潰す病原菌ですが，穂が出る前は外から見て感染しているかどうかわかりません），「グラスエンドファイト」と呼ばれるようになりました。このグラスエンドファイトは，家畜に中毒を引き起こすだけでなく，昆虫や植物病原菌など，**宿主**草本にとって有害なさまざまな生物に対する顕著な阻害効果や，宿主植物の成長促進効果ももっていることがわかりました。実際に野外でも宿主の成長に大きく影響を及ぼすことが確認され，グラスエンドファイトの重要性は誰の目にも明らかとなりました。

　これら二つのまったく異なる研究の潮流が'化学反応'を起こし，内生菌に注目が集まるようになりました。すなわち，前者からは内生菌の普遍性が，後者からは有用性が示唆されたため，植物の有力な共生者として内生菌がクローズアップされてきたわけです。80年代の終わりにはどちらもかなり研究が進んでいましたが，アジアは空白地といっていい状態でした。1989年，欧米の菌学研究者達が内生菌の存在の普遍性に驚きを感じつつ，その有用性を明らかにしつつあった頃，キャロル教授の来日をきっかけに（コラム参照）樹木の内生菌の研究が日本でもはじまりました。本章では，アジア地域ではじめて内生菌を発見し，群集としての内生菌の性質を明らかにした一連の研

究をご紹介します。

Column

　私が「内生菌」という言葉をはじめて聞いたのは，1989年，学部の4年生になってはじめて研究室に顔を出し，卒業論文のテーマをどうするか，二井一禎先生に相談に乗っていただいたときでした。「オレゴン大学のキャロルさんという菌の専門家が京大に滞在していて，この前「内生菌」というものについて講演してもらったのだが，みんな面白かったといっている。日本でやっている人がいないようなので，やってみないか？」というような説明を受け，その気になったわけですが，そのときは数年後に今回紹介させていただいたような内容で博士論文を書き，さらに今日にいたるまで長く研究に携わることになるとは思ってもいませんでした。最初の1年間はサバティカル（教育や大学・研究所運営の事務を免除されて研究に専念することが許される期間）で滞在されていたキャロル先生の助けでなんとか卒論まで漕ぎ着けましたし，その後も糸状菌の分類と生態で有名な筑波大学菅平高原実験センターの徳増征二先生のところへ1ヶ月間勉強に行かせていただいたり，マツバノタマバエの生態の研究で林学会賞を受賞されていた曽根晃一先生（当時森林総合研究所）に相談に乗っていただいたり，附属演習林では森林昆虫の第一人者である古野東州先生やマツの分類の権威である大畠誠一先生，さまざまな専門技能と知識をもった技官の皆様にも御助言を頂いたり，農薬研究施設の津田盛也先生には厳しく博士論文を御批判いただいたり（当時は相当に凹みましたが，人を指導する立場になった現在，津田先生の御批判が非常に身に沁みています）と本当にさまざまな方々にお世話になりました。なかでも二井先生には最初から最後まで暖かく，時に厳しく御指導いただき，また上記のさまざまな先生方に御仲介いただきと本当にお世話になりっぱなしでした。自分が大学教員という立場になった今，これだけのことができるのか自問自答しつつ，それでも少しでも受けた御恩をお返しできるよう教育や研究に携わっています。

1.2 日本のマツに内生菌はいるのか？

　外国では存在が確認されているものの日本国内では未報告だった内生菌という対象を研究対象にする際，まずは何をすべきでしょうか。80年代末頃，とくに注目されていたのは，植物の**相利共生者**としての内生菌でした。グラスエンドファイトの例から，内生菌というのは一般的に草食動物，昆虫，病原菌といった外敵から宿主を保護するはたらきをもつ植物の相利共生者なのではないかと考えられはじめていたのです。当時，イネ科以外の植物の内生菌でもそのような観点から研究が行われるようになっており，内生菌が昆虫や病原菌を阻害するケースがちょくちょく報告されるようになってきていました。そのきっかけとなったのが樹木の内生菌として最初に発見されたダグラスファー針葉の内生菌の例です。この菌が針葉に**虫えい**（ゴール，虫こぶ）を形成するタマバエの死亡率を上昇させるということが報告されたため，内生菌の保護作用がグラスエンドファイト以外でも現実的に研究に値するものであるということになったのです。そこで，当面の目標として，植食性の昆虫と内生菌の関係を調べようということになりました。ここで注目したのがマツの針葉に虫えいを形成するマツバノタマバエという昆虫です。これはまさにダグラスファーのタマバエと同じような生活を送っている昆虫で，マツ針葉に内生菌がいるならダグラスファーと同じようなはたらきをしていることを示すことができるのではないかと考えたわけです。しかし，それはあくまでも「特定の内生菌が本当にいれば」という話であって，そもそも内生菌が日本ではどのような状況なのかがまったく不明な状態ではすぐに手をつけられるようなテーマではありません。そこで，まずはマツの針葉に内生菌が本当に生息しているのか，いるとすればどのような菌がどれくらいいるのかといったことを調べようと考えました。

　さて，内生菌の存在を確認する方法は，当時大きく分けて二つありました。一つは顕微鏡で直接菌糸の存在を確認する方法（図1.1），もう一つは植物組織を表面殺菌してから培養し，培地上に伸び出してきた菌を内生菌とみなして分離する方法です（図1.2）。ただし，それぞれ一長一短があり，前者の場合，

第1章　マツ針葉の内生菌

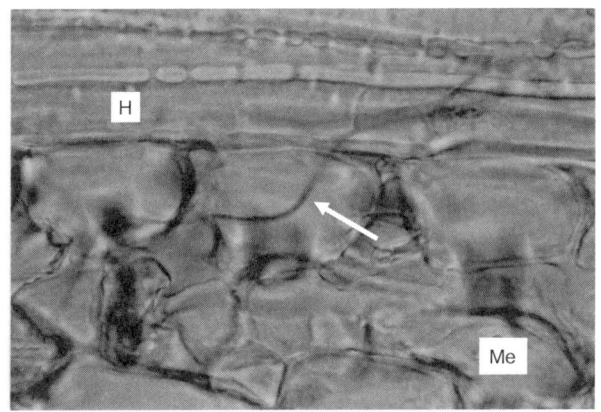

図1.1　健全なクロマツ2年生針葉の組織内に観察された菌糸（矢印）．
水酸化カリウムで煮沸して透明化した針葉をコットンブルー（菌糸を青く染色する色素）で染色した．H：下皮，Me：葉肉．

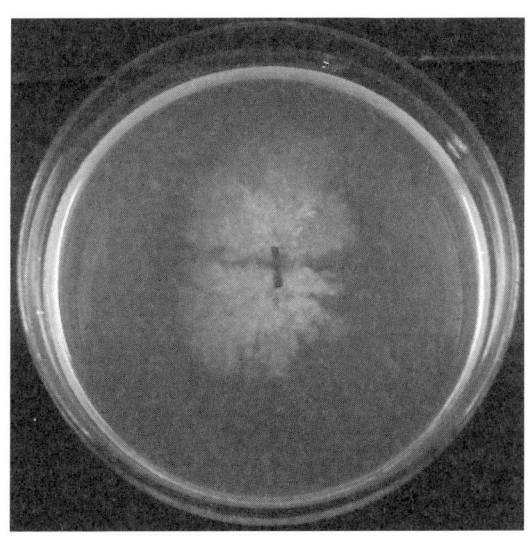

図1.2　表面殺菌したマツ針葉の断片から出現した内生菌 *Lophodermium* sp.

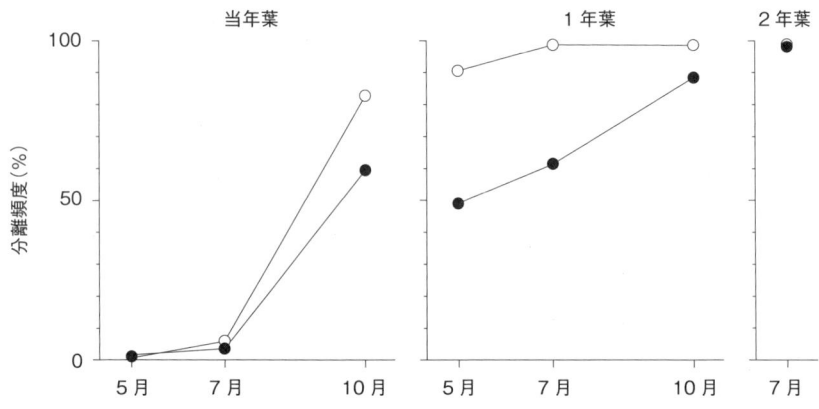

図 1.3 アカマツおよびクロマツ針葉における内生菌全体の分離頻度．（内生菌が出現した針葉断片数／全針葉断片数 × 100）の季節変化．○：アカマツ，●：クロマツ．

組織内での内生菌の生息状況を見ることができる反面，菌糸の状態でしか確認できないためにどんな菌かがわかりません．後者の場合，菌の種類はわかるものの，組織内での生息状況は不明ということになります．この研究の場合，何がいるかを知りたいわけですから，後者の方法を使うということになります．

この方法により，まずは日本のマツの針葉に本当に内生菌がいるのか確認することから調査をはじめました．材料としてはアカマツ（*Pinus densiflora*）とクロマツ（*Pinus thunbergii*）を選び，京都市郊外にある京都大学上賀茂試験地（農学部附属演習林，現フィールド科学教育研究センター）で針葉を採取しました．

その結果，まずわかったのは，やはり日本のマツ針葉でも内生菌は呆れるほどふつうに存在していたということです．図 1.3 はこの調査での針葉断片（長さ 1 cm 程度）あたりの内生菌（種類問わず）の分離率を示したものですが，針葉が出始める 5 〜 7 月の当年葉を除けばクロマツで 50 〜 100%，アカマツにいたっては 80 〜 100% という分離率が得られました．これらの値を針葉 1 本あたりに計算し直すと，クロマツでも若い当年葉以外はほぼすべての葉で，どこかに内生菌が生息していることになります．

さて，つぎに分離した菌の同定にかかったわけですが，これが難事でした。その最大の原因は，多くの菌株が胞子を作らなかったことです。胞子を作ったものはある程度同定できたものの，名前のつかなかった菌株が多過ぎたため，上記のように全体の分離率という形でしかデータをだすことができませんでした。とはいえ，そのデータ自体は当時としては重要な意味がありました。この時点ではアジア地域で樹木の内生菌は報告されていなかったからです。

さて，同定された菌の中では，*Lophodermium* 属菌と *Phialocephala* 属菌が比較的高頻度で確認されました。*Lophodermium* 属菌は，はっきり同定できたのは一部でしたが，全菌株の半数近くがそうではないかと思われました。この菌はマツ葉ふるい病菌 *Lophodermium pinastri* かその近縁種と思われましたが，この属の菌の同定には針葉上の子実体が必要なため，培地上では種までは同定できませんでした（以降は本文中では *Lophodermium* 属菌，図中では *Lophodermium* sp. と表記します）。*Phialocephala* 属菌は針葉の基部から出現した菌の大多数を占めていました。この菌は菌根菌として知られる *Phialocephala fortinii* などに近縁の菌であると考えられましたが，該当する種は知られておらず，未記載種（それまで報告されていない種）だと思われました。

1.3 マツバノタマバエと針葉の内生菌の関係

前節 1.2 のように，マツの針葉にも特定の内生菌が高頻度で生息していることが明らかになりましたので，いよいよマツバノタマバエとの関係を調べることになりました。マツバノタマバエは双翅目（ハエ目）タマバエ科の昆虫で，前述のようにマツの針葉に虫えいを作る害虫ですが，以下のような一生を送っています。まず土壌中で越冬後，6 月頃に羽化脱出し，マツの当年葉の基部に産卵します。ふ化した幼虫はその場で虫えいを作りますが，虫えいができた針葉はその時点で成長が止まってしまいます。幼虫は虫えい内で体長 2〜3 mm ほどの 3 齢幼虫まで成長しますが，冬が来る頃には虫えいか

ら土壌に落下し，そこで越冬，蛹化します。では，このマツバノタマバエと内生菌の関係をどのように調べたらいいでしょうか。飼育が簡単な昆虫なら人工飼育を行ってそこに内生菌を加えてみるようなことが考えられますが，この虫はあいにく人工飼育法が確立されているような昆虫ではありませんので，地道に内生菌の分離調査を行うことにしました。まず比較する必要があるのは，そもそも虫えいと健全な針葉で感染する内生菌に違いが出てくるかということですが，これには一つ問題があります。虫えいは基本的に針葉の基部にしか形成されないため，虫えいに感染している菌を調べて健全な針葉と違いがあったとしても，その違いが虫えい形成によるものなのか，それとも針葉内の部位の違いによるものなのかはわからないのです。また，虫えいは当年葉にできますから，最初はほとんど内生菌のいない状況から菌が侵入してくることになるわけで，時間的な経過を調べることも重要になってきます。そこで，虫えいが形成された針葉とされていない針葉で，内生菌感染の時間的な経過と針葉内分布を調べることにしました。一方，虫えい内の幼虫は容易に取り出せるため，直接幼虫に付いている菌も調べることができました。これは，どのような内生菌が幼虫と直接接触しているのか，またそのことによりたとえば植物組織と一緒にタマバエに食べられていたりしないかということを見られますし，虫えい内に死亡虫がいた場合，死亡原因を推定する助けともなるはずです。調査は当時かなり目立ったタマバエ被害が出ていた上賀茂試験地の苗畑で，クロマツとアカマツのF_2雑種（雑種第二代）とアカマツを用いて行いました。両樹種ともほぼ同じ結果が出ましたので，今回はアカマツでの結果をお見せします。

　まず，季節変化については（図1.4），健全な針葉の基部でも虫えいでも梅雨明け以降内生菌の分離率が劇的に上昇しましたが，その上昇は虫えいの方が早く起こっています。すなわち，虫えいでは菌の感染が促進されるという結果が得られたわけです。

　つぎに，内生菌の針葉内での分布を見てみますと（図1.5），健全針葉でも内生菌の出現傾向は針葉上の部位によってかなり異なっていました。とくに針葉の基部は *Phialocephala* 属菌しか出現しませんでした。肝心の虫えいについては，*Phialocephala* 属菌が集中して分布する現象自体は健全なマツ針

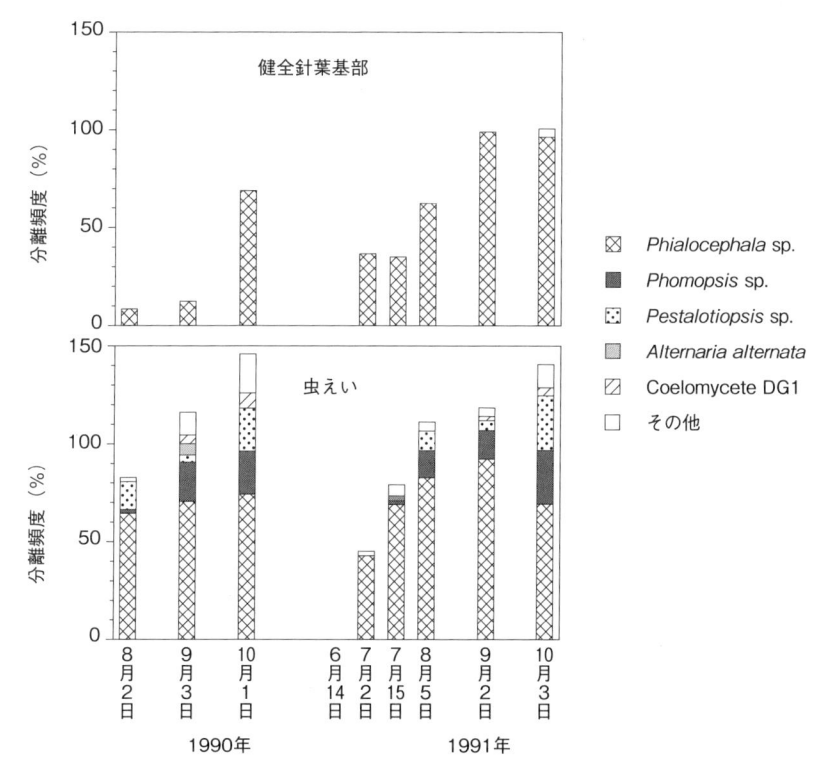

図 1.4 アカマツ健全針葉基部とマツバノタマバエ虫えいにおける内生菌の分離頻度の季節変化.
なお，これ以降各菌の分離頻度は積み上げグラフの形式で示す．

葉の基部と同様でしたが，*Phomopsis* 属菌をはじめとする，健全な針葉では見られない菌がかなり出現していました．

一方，虫えい内の幼虫 175 頭を潰して培養した結果，わずか 1 頭から *Phialocephala* 属菌が分離されたのみで，幼虫はほぼ無菌状態であることが確認されました．

さて，これらの結果は何を意味するのでしょうか．まず，虫えいが形成されると，内生菌の出現時期が早くなるとともに，健全な針葉では出てこない菌がかなり出現しました．すなわち，虫えいは内生菌の感染を促進することがわかったわけです．しかし，幼虫への影響はどうでしょうか．実は，マツ

第1部　森の菌類

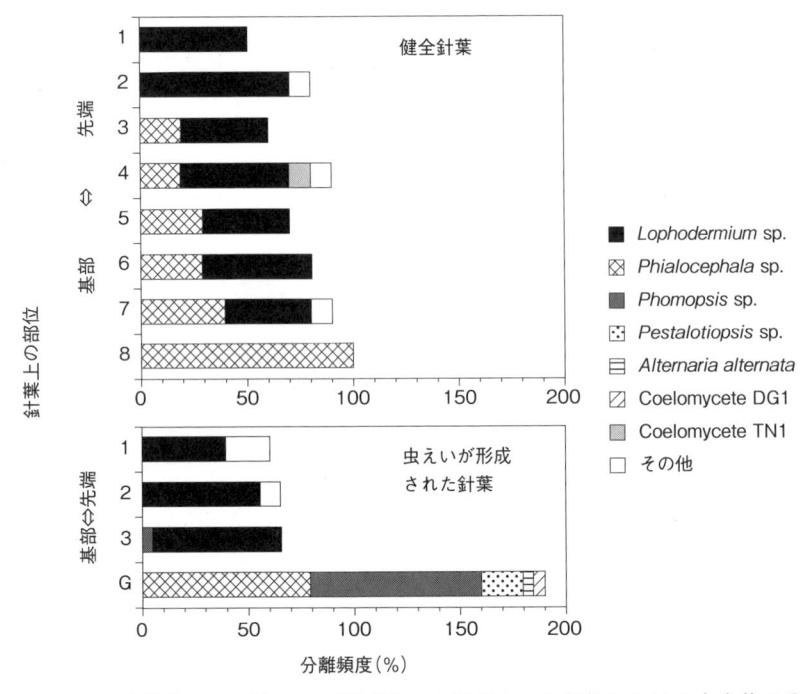

図1.5 健全針葉および虫えいが形成された針葉上の各部位における内生菌の分離頻度．
健全針葉では1：先端〜8：基部，虫えいが形成された針葉では1：先端〜G：虫えい．

　バノタマバエの幼虫の虫えい内での死亡率は極めて低いことが報告されており，実際ここでも虫えい内で死亡虫はほとんど見つかりませんでした。では，逆に幼虫が内生菌を食べて栄養にしているようなことがあるか（実は菌を「栽培」して食べている昆虫は少なくありません。第18章参照）というと，虫体から菌がほとんど分離されなかったことから，それも考えにくいことになります。すなわち，内生菌は虫えいによって感染が促進されるものの，幼虫への影響はほぼないと考えられました。換言すると，マツバノタマバエは内生菌に有利な影響を与えているのに対し，内生菌はマツバノタマバエに何の影響も及ぼしていないと考えられたわけですが，これは典型的な**片利共生**ということになります。内生菌が昆虫に影響を及ぼさない形での昆虫との片利共生関係はそれまで報告されておらず，そういう意味ではユニークな事例となり

ましたが，内生菌と植物の相利共生関係が見られるのではないかという当初の期待とはまったく異なるもので，ここで研究の方向性を考え直す必要が出てきました．

1.4 マツの分類群と内生菌の関係

マツバノタマバエについては一通りの結果が出たわけですが，残念ながらこれ以上発展させられるようなものではありませんでした．そうすると，次はどのような方向で攻めるか考え直す必要が出てきます．そこで，これまでの研究を振り返ってみると，マツ針葉の内生菌について，全体的な性質がいくつか判明していることに気がつきました．たとえば，

・内生菌は決して群雄割拠状態ではなく，主要な内生菌は限られている，
・アカマツとクロマツで内生菌の分離頻度は大きく異なる，
・内生菌は季節や時間経過とともに分離頻度が変化する，
・針葉上の部位によって内生菌の出現傾向は異なる，

といったようなことです．とくに，部位の影響については個々の菌の針葉内分布まで示すことができたわけです．そこで，この際マツ針葉の内生菌の群集（複数種を含む生物集団）としての性質をより詳しく明らかにしようと考えました．具体的には，上記項目のうち全体としての傾向はわかったものの個々の菌までは見られなかった「マツの種類によって内生菌はどう変わってくるのか」というテーマと，「内生菌の種類ごとの詳細な季節変動」というテーマをピックアップし，まずは前者に取り組むことにしました．

京都大学上賀茂試験地は，世界でも有数のマツのコレクションをもっています．マツ属は世界でおよそ100種が知られており，大きく分けると $Haploxylon$（五葉マツ類）と $Diploxylon$（二・三葉マツ類）の2亜属になりますが，それぞれさらにいくつかの節に分けられます．上賀茂試験地にはおよそ80種が集められ，多くが野外の見本園に植栽されていましたので，これらを用いてマツ属全体で内生菌の比較調査をやってみようと考えたわけです．

第1部　森の菌類

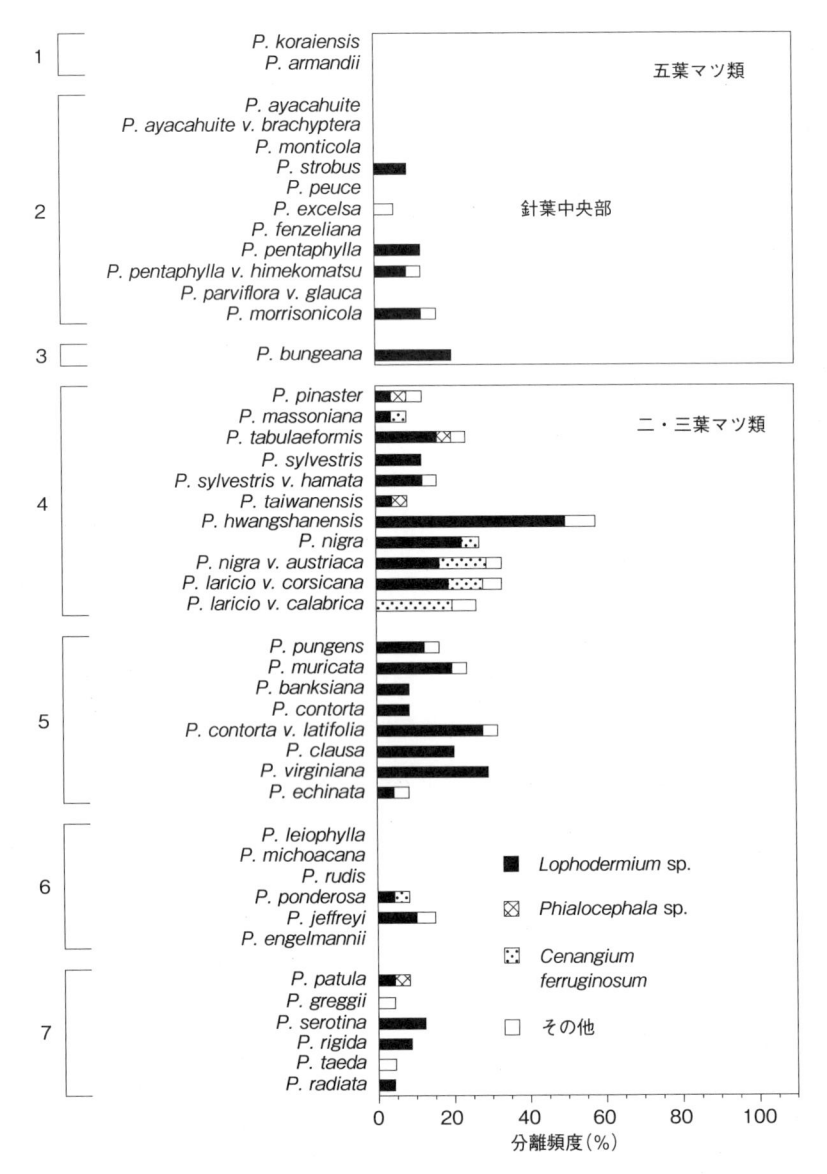

図1.6　マツ属47種・亜種の針葉断片から出現した内生菌の分離頻度.
左：針葉中央部の断片，右：針葉基部の断片．縦軸はマツの樹種を分類群別に並べたもの．
1：*Cembra* 節，2：*Strobus* 節，3：*Paracembra* 節，4：*Eupitys* 節，5：*Banksia* 節，6：*Pseudostrobus* 節，7：*Taeda* 節（Pilger の分類体系による）．1～3は *Haploxylon* 亜属，4～7は *Diploxylon* 亜属．

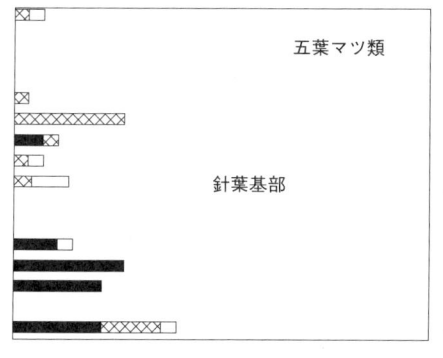

可能な限りの樹種から針葉を採取して内生菌の分離を行ったのですが，温室に植えられていた種では内生菌の分離率が全体的にきわめて低く，場所によって内生菌が異なる可能性が考えられたため，論文には見本園に植えられていた47種・亜種のデータのみを用いました。それでもマツ属全体の半数近いわけですし，この類の調査としては十分対象種の数が多い方だといえるでしょう。なお，針葉上の部位によって内生菌の出現傾向は大きく変わり，とくに基部はそれが顕著でしたので，以降は針葉の中央部と基部から別々に0.5 cm程度の断片を切り取り，それらから内生菌を分離しています。

さて，図1.6がその結果ですが，まず，基本的にマツ属全体を通して出現した内生菌は似たようなメンバーで，*Lophodermium* 属菌と *Phialocephala* 属菌に加えて，マツ皮目枝枯病菌 *Cenangium ferruginosum* がかなり出現しました。一方，それぞれの菌の分離頻度まで見ると，マツの分類群によって特

徴的なパターンが見られました。まず，*Haploxylon* 亜属は *Diploxylon* 亜属と比較して内生菌の分離頻度が全体として顕著に低くなっていました。また，*Diploxylon* 亜属の中でも *Eupitys* 節では *Lophodermium* 属菌も *Phialocephala* 属菌も高頻度で分離され，*Taeda* 節ではいずれも中程度分離されましたが，*Banksia* 節では前者のみ，*Pseudostrobus* 節では後者のみが高頻度で分離されました。

このように，マツ属のなかでは同じような内生菌が出現しましたが，分離頻度まで見れば，内生菌の出現傾向は分類群によってある程度決まってくることがわかりました。このことはマツと内生菌になんらかの共進化的な関係が存在していることを示唆していると思われます。これは多くの種を調べたからわかったことであり，こういった研究ではともかく対象とする生物の種の数を多くすることが大事だということを実感させられました。

1.5 季節変動

さて，つぎに取り組んだのが季節変動の調査です。調査地はこれまでと同じく上賀茂試験地で，アカマツとクロマツが交互の列に植えてある苗畑を利用し，二年間毎月通って針葉の内生菌を調査しました。2年とも同じような結果が得られましたので，ここでは1年目の結果を示します。

その結果（図 1.7），*Lophodermium* 属菌と *Phialocephala* 属菌に加え，*C. ferruginosum* と褐色の未同定菌が高頻度で出現しました。*Lophodermium* 属菌は同じ葉齢ならクロマツよりもアカマツの方が分離頻度が高く，基本的に時間経過とともに分離頻度が上昇しましたが，アカマツでも，クロマツでも秋の時期に顕著な上昇が見られました。*Phialocephala* 属菌も同じ葉齢ではクロマツよりアカマツの方で分離頻度が高くなっていましたが，こちらは7〜8月に当年葉で出現し，その後は徐々に減少しました。他2種の菌はクロマツの方が分離頻度が高く，基本的に1年生以上の齢の針葉で出現しました。このように，内生菌は種類ごとにそれぞれ特徴的な時間的変動をしていることが明らかになりました。興味深いのは針葉上の分布と同様に変動パターン

第1章　マツ針葉の内生菌

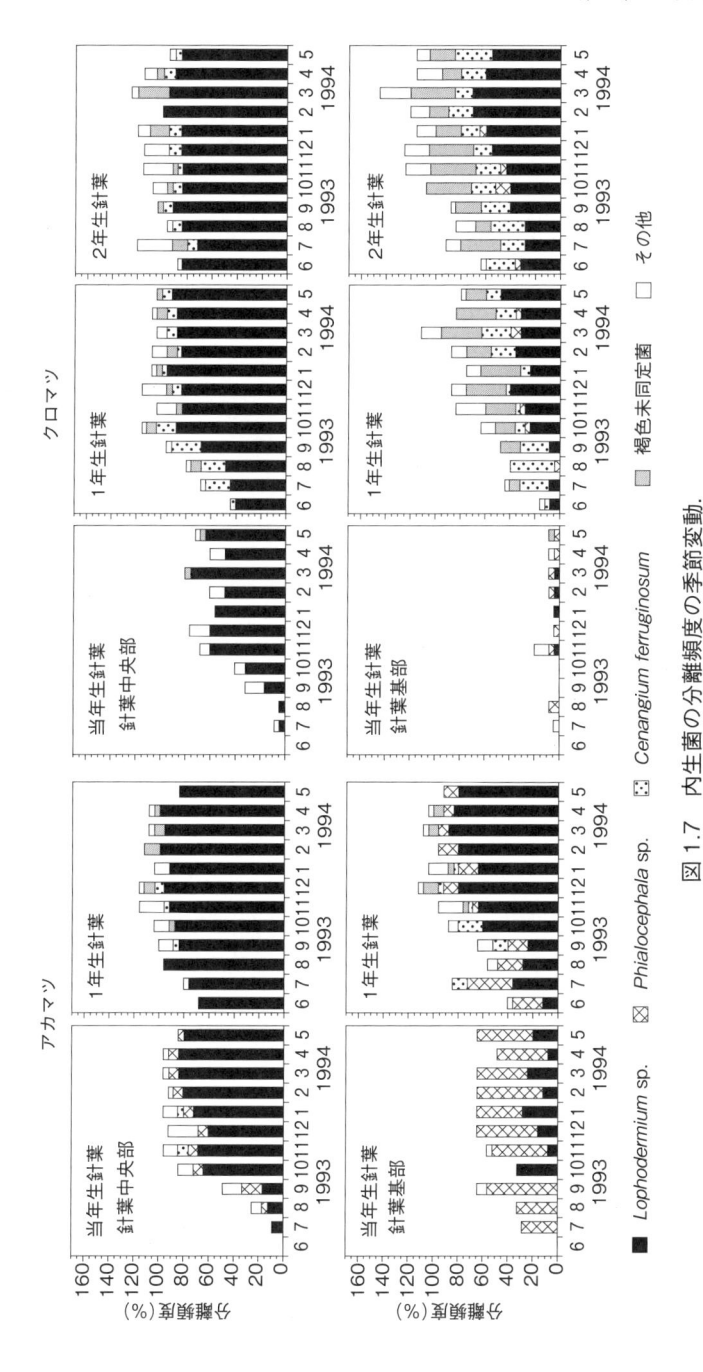

図 1.7　内生菌の分離頻度の季節変動.

アカマツ（左）およびクロマツ（右）の針葉中央部（上段）および基部（下段）．1993年6月〜1994年5月．

■ *Lophodermium* sp.　　⊠ *Phialocephala* sp.　　⊡ *Cenangium ferruginosum*　　▨ 褐色未同定菌　　□ その他

が菌の種類によって違っていることで，時間経過とともに増加する菌もいれば減少する菌もおり，内生菌の多様な生態の一端がうかがえます。

1.6 内生菌の抗菌作用

　さて，ここまででマツ針葉の内生菌の群集としての性質はかなり判明してきましたが，全体をまとめるにあたり，農学部の研究としては農林業において何らかの意義がないものは問題があるという指摘を受けました。そこで，最後に取り組んだのが，内生菌がマツに有益または有害である可能性を示すことでした。マツバノタマバエは元々そのために調べたわけですが，そういう影響を見出すことができなかったので話がややこしくなったわけです。しかし，そこで気がついたのが菌に対する影響でした。内生菌の分離をしていて，培地上で内生菌，とくに *Lophodermium* 属菌のコロニーには他の菌を近づかせにくい傾向があり，以前から気になってはいたのですが，よく考えてみるとこれは抗菌作用の存在を示唆するものです。そこで，おもな内生菌の抗菌性を調べることにしました。図 1.8 は *Lophodermium* 属菌を同じ培地で他の菌と培養（**対峙培養**）したものですが，かなり明瞭な抗菌作用が見てとれます。同様な作用は *Phialocephala* 属菌でも見られました。つまり，マツ針葉の主要な内生菌は抗菌作用をもっており，マツを他の菌から保護している可能性があることを示唆できたわけです。これは最初の方で述べた内生菌の宿主保護作用の一般性を補強する有力な材料といえるでしょう。

1.7 まとめ

　以上のように，マツの針葉に生息する内生菌の存在をアジア地域ではじめて明らかにするとともに，マツ針葉の内生菌の生態的な情報をかなり得ることができました。その概要をまとめてみます。

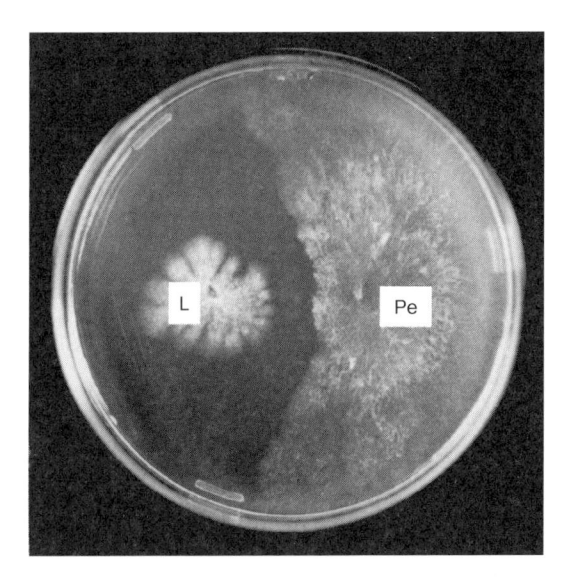

図1.8　内生菌 *Lophodermium* sp.（L）と葉面菌 *Pestalotiopsis* sp.（Pe）の対峙培養.

- 日本のマツの針葉にも内生菌は高頻度で存在しており，その主要なメンバーは *Lophodermium* 属菌，*Phialocephala* 属菌，*Cenangium ferruginosum* といった菌だった．
- 針葉上の内生菌の分布は針葉の部位の影響を受けており，とくに基部では大きく異なっていた．
- マツバノタマバエの虫えいでは内生菌の感染は促進されたが，内生菌はマツバノタマバエに影響しなかった．
- 内生菌の分離傾向はマツの分類群とある程度の関係があった．
- 内生菌は菌ごとに特徴的な季節変動を示した．
- マツ針葉のおもな内生菌は抗菌活性をもっていた．

このように，マツ針葉の内生菌は特定の菌が特定の宿主と密接な関係をもつタイプの共生関係を成立させていること，菌によって時空間的変動パターンは異なっており，群集としては多様な性質の構成者を含むこと，内生菌は

樹木以外の生物ともさまざまな相互作用を行っていることが明らかになりました。なお，この一連の研究をきっかけに，日本国内でも樹木の内生菌の研究が徐々に広がっていくこととなりました。

現在，マツと常緑広葉樹を中心に，樹木の内生菌のリストアップだけでなく，感染経路や組織内での動態，組織の死亡にともなう変化といった生態的性質や，宿主を保護するはたらきや，初期の落葉分解者としてのはたらき（近年はこういった内生菌の落葉後のはたらきもかなり重要なものではないかと注目されています）を明らかにしようと研究を続けていますが，まだまだわからないことは多く，樹木の内生菌はこれからも重要なテーマであると考えています。

（畑　邦彦）

参考文献

Carroll, G. C. (1988) Fungal endophytes in stems and leaves: from latent pathogen to mutualistic symbiont. *Ecology*, **69**: 2-9.

Clay, K. (1989) Clavicipitaceous endophytes of grasses: their potential as biocontrol agents. *Mycological Research*, **92**: 1-12.

Hata, K. and Futai, K. (1993) Effect of needle aging on the total colonization rates of endophytic fungi on *Pinus thunbergii* and *P. densiflora* needles. *Journal of the Japanese Forestry Society*, **75**: 338-341.

Hata, K. and Futai, K. (1995) Endophytic fungi associated with healthy pine needles and needles infested by the pine needle gall midge, *Thecodiplosis japonensis*. *Canadian Journal of Botany*, **73**: 384-390.

Hata, K. and Futai, K. (1996) Variation in fungal endophyte populations in needles of the genus *Pinus*. *Canadian Journal of Botany*, **74**: 103-114.

Hata, K., Futai, K. and Tsuda, M. (1998) Seasonal and needle age-dependent changes of the endophytic mycobiota in *Pinus thunbergii* and *Pinus densiflora* needles. *Canadian Journal of Botany*, **76**: 245-250.

第2章

ともに旅する樹木とキノコ
――ゴヨウマツとともに生きるベニハナイグチの自然史

2.1 DNAレベルで解き明かすキノコの生き様

　森の中に入って肉眼的に観察できる菌類の子実体（キノコ）と遭遇しないことはほとんどないでしょう。大型の子実体が発生していなくても，少し湿った落葉を手に取るとそこには数ミリメートルという小型の子実体を容易に見つけることができます。肉眼的に観察ができるため意外にキノコが菌類，つまり微生物であることを忘れてしまいがちですが，その本体は土壌や落葉など基質中の数マイクロメートルという顕微鏡レベルの菌糸にあり，正真正銘の微生物であるといえます。子実体の発生場所などから，樹木の共生パートナーである菌根菌や落葉の掃除屋である分解菌といった森林生態系における機能が推定されていますが，実は個々の種の分布や生活の様式はわかっているようでわかっていないことが多いのです。

　個々の菌種の分布や生活を知るには，胞子を生産する子実体のみならず菌の本体である菌糸の存在を無視することができません。しかし，菌類の種は基本的には子実体の形態により決められているため，土壌や落葉のような環境中にいる菌糸の形態だけで種を同定するのはなかなか困難なことでした。このような状況は，1990年代後半以降のDNAレベルの分子生物学的な実験手法の普及により一変します。子実体と菌糸由来のDNAの**塩基配列**の類似性からそれらの対応関係を容易に知ることができるようになったのです。現在では，既知の種に関するDNAの塩基配列情報が多く蓄積されている分

類群については，菌糸の塩基配列さえ決定すればその種名を推定することができるようになっています。

　DNA レベルの手法の発達により，同一種内の遺伝的変異の検出も比較的容易に行えるようになり，DNA レベルのタイピング（タイプ分け）ができるようになりました。この様なタイピングに用いられる DNA マーカーには，さまざまな遺伝子領域がターゲットとされます。たとえば，**マイクロサテライト**とよばれるゲノム中に散在する短い繰り返し配列は，その繰り返し回数に変異がみられますが，変異速度が非常に速く個体（菌類では個体の定義が難しいためジェネットとよびます）間にも変異が起こるため個体の識別に用いることができます。このような DNA レベルのタイピングが可能になったことにより，環境中における個体レベル（ジェネットレベル）での菌糸の広がりを，菌糸をたどっていくよりも容易に推定することが可能となりました。その結果，胞子による分散・定着後に数少ない大きなジェネットを維持する種や小さなジェネットを数多く維持する種など，種によって生き様が異なることが明らかにされています。さらに，得られた遺伝的変異のデータを用いた**集団遺伝学**的な解析は，同一種の集団間で胞子を介した分散による遺伝子のやり取りがどの程度あるか，あるいは集団がどういう歴史をたどってきたかなどを推定することができます。DNA レベルでの実験手法は，直接的な観察では知ることのできない個々の菌種の生活を理解するヒントを提供してくれる，現在では欠かすことのできない強力なツールとなっています。

　本章の主役は，ゴヨウマツ（*Pinus parviflora*）と菌根共生するベニハナイグチ（*Suillus pictus*）です（図 2.1）。この種が属するヌメリイグチ属は，美味しい食用キノコを多く含む属として知られていますが，この種に関しては後述のとおり研究材料としての扱いやすさという長所もありました。ベニハナイグチが森林内でどのように分布し，生活しているかを知るために，これまでにいくつかの異なる空間的なスケールで調査を行ってきました。次の 2.2 節以降では，まず材料選択にいたる経緯を定点観察の研究結果から示し，その後，DNA レベルでの分子生物学的手法を用いることにより見えてきたこの種の生き様に関する研究成果を紹介したいと思います。

図2.1　ゴヨウマツとベニハナイグチの菌根共生.

2.2　ゴヨウマツ植栽林における定点観察
研究材料との出会いと生活史の推測

　植物根と菌類との共生関係は菌根共生として知られ，陸上生態系においてもっとも一般的な共生関係の一つとされています。**外生菌根菌**は，森林生態系を構成する多くの樹種と共生し，1本の樹木には複数種の外生菌根菌が共生関係を築いているのが普通であるといわれています。ゴヨウマツもその例外ではありませんが，ここでは，どうして多様な菌種のなかからベニハナイグチを研究材料にするにいたったか，その経緯をまず述べたいと思います。

　目で見えない微生物である菌類を材料とした生態学的研究では，まず研究しようとしている菌類の空間分布のパターンを認識することが非常に重要です。病原菌の場合病徴がそのヒントをくれますが，外生菌根菌の場合は地上に発生する子実体がそれにあたります。その発生分布をみることにより，どのような菌がどのように分布し，そこにどのようなパターンがみられるかを概ね認識できるのです。非破壊的に調査ができることから，私もまずこのような研究からはじめました。

　日本の森林を構成する主要樹種の一つであるマツは，アカマツやクロマツ

に代表される二・三葉マツ類とハイマツやゴヨウマツに代表される五葉マツ類に分けられます。前者と共生する外生菌根菌に関する研究は，マツタケを中心に盛んに行われていましたが，後者に関してはほとんど研究例がない状態でした。そこで，京都大学上賀茂試験地（農学部附属演習林，現フィールド科学教育研究センター）にあるゴヨウマツ植栽林において子実体発生に基づく外生菌根菌相の調査を行うことにしました。植栽林は天然林よりも植生が単純であることから，本来は複雑な土壌微生物の生き様を単純化してみることができるという長所があります。樹齢30年弱のゴヨウマツ植栽林に20×24 mの調査プロットを設け，2000年から3年間，毎週林に通って子実体の発生調査を行いました。発生した子実体の種と発生位置を記録した結果，3年間で891本もの子実体発生を確認することができ，この林には少なくとも4科9属19種の外生菌根菌種が生息していることが明らかになりました。子実体発生数で見た**優占種**は，ベニハナイグチとキチチタケ，オニイグチモドキであることがわかりました。これらの種の発生位置は3年間概ね一致している一方，3種間では互いに分布が排他的であることが明らかになりました。子実体の発生は林内の環境要因の影響を強く受けることが知られています。これら3種については，林冠の開空度が高いところに発生する点では類似していましたが，ベニハナイグチは他の2種よりも**リター層**（落ち葉の層）が薄いところで発生する傾向がみられました。これら子実体観察の結果は，各々の種の生活史を知るうえでは非常に重要な知見ですが，それでもまだ生活史の一部をみているにすぎません。それは，これら菌類の生活の主体は地下部に分布する菌糸体にあるからです。

　しかし，土壌中にある菌糸を肉眼で観察するのはとても難しく，菌糸から菌の種数を決めるためには，子実体から菌糸をたどっていくしかありません。また，たとえ種がわかったとしてもその菌糸が土の中をどこまで伸びているかをたどっていくことはほぼ不可能です。しかし，菌根菌の場合，菌根の存在がその菌糸の分布を教えてくれます。菌根の形態は菌種によって異なることが多いのですが，その形態から菌種を決定するのは一般的に難しいことがほとんどです。ところが，この点をクリアーできたのがベニハナイグチの菌根でした。この菌根は大きいものでは5 mm程にもなる小粒のイモ状（塊茎状）

のもので，特徴的な肌色の**マントル**（**菌套**，根を包んでいる菌糸の層）が発達しているため，野外で肉眼でもその存在を認識できます（図2.1）。他のヌメリイグチ属やショウロ属でも，このような塊茎状の菌根が見られることは知られていますが，マントルの厚さや色，エタノールに対する反応性（白色系のマントルが赤色化する）などで容易に本種を見分けることができます。この特徴のおかげで，比較的容易に林内土壌中でのこの菌の分布を調査することができました。その結果，ゴヨウマツの細根が分布する場所には概ねどこでも本菌が分布していることが明らかになりました。つまり，子実体の分布よりもかなり広く菌糸が分布していることになります。また，現存量の点からみても，ゴヨウマツと共生する全菌根のうち30%程を占め，この林における菌根菌の優占種の一種であることが明らかになりました。

このような調査結果が出るにつれ，ゴヨウマツ根系で優占するこの菌がどのように生活しているかに興味を抱きはじめました。本菌は**無性胞子**を形成せず，**有性胞子**である担子胞子を介した繁殖と菌糸成長による**栄養繁殖**によって分布を広げていると考えられます。しかし，栄養繁殖にどのような特性があるかを知るためには地下部の調査が必須となるため，実証的なデータはほとんどありませんでした。この菌は普通ブラックボックスにされることが多い地下部の調査が行いやすいため，おもに子実体のみで議論されてきたヌメリイグチ属の菌類の生態に新たな知見を見出せるに違いない。そう考えた私は，本菌の繁殖パターンを明らかにできることを期待して，マイクロサテライト領域を対象としたDNAマーカーを用いたジェネット（個体）識別により，ジェネットの空間分布の解明に取り組むことにしました。林内に2 m × 2 m，1 m × 1 m，0.5 m × 0.5 mの菌根採取プロットを作成し，それぞれのプロットの中心部からベニハナイグチの菌根を採取しました。採取した全287試料のDNAを抽出し，DNAマーカーによりジェネットを識別したところ，林内には四つのジェネットが分布し，それぞれのジェネットのサイズは推定25〜30 mにもなることがわかりました（図2.2）。この研究は，菌根菌において林分レベルでの土壌中のジェネット分布を明らかにした数少ない研究となりました。こうして，ベニハナイグチでは菌糸や**菌糸束**による栄養繁殖が生存戦略として重要であろうことがわかったのです。しかし，調査

第1部　森の菌類

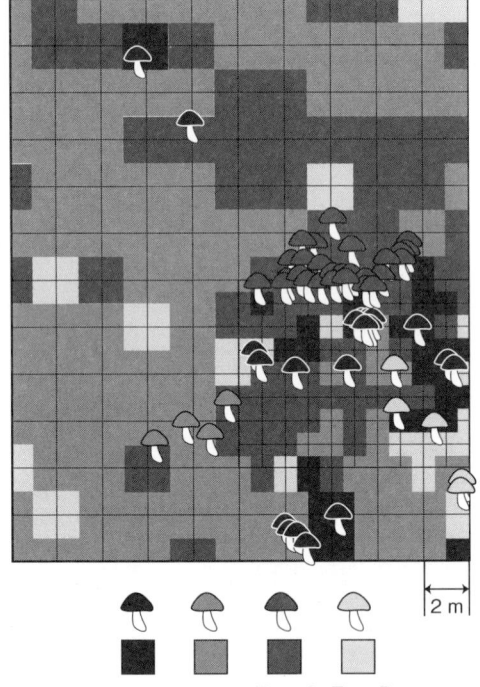

図2.2　ゴヨウマツ植栽林におけるベニハナイグチのジェネット分布.
同色は同じジェネットであることを示す（カラー図は付属CD参照）.

地が植栽林であったため苗を植栽したときに菌を持ち込んだ可能性を否定できないという弱さがありました．そこで，天然のゴヨウマツを対象に同様の調査を行うことで，この点を検証することにしました．

2.3　ゴヨウマツ天然集団における生活史
旅する胞子と居座る菌糸

　自然環境でゴヨウマツは，急傾斜地や乾燥地，岩盤質の尾根などに生育し，純林を形成することはほとんどありません．すなわち，植栽林とはかなり異

なる環境に生育しているのです。さらに，一つの山の中でもゴヨウマツが連続的に高密度で分布することは少なく，多くの場合さまざまな大きさの集団が散在している状態です。このような**宿主樹木の分布状況**では，ベニハナイグチは菌糸成長だけに頼っていては宿主がいなくなったときに種を存続させることができないので，積極的な胞子による分散と定着によって移住を成功させていることが予想されます。

　ゴヨウマツの天然集団を対象とした研究では，まず植栽林で得られた結果を検証することを目的としてベニハナイグチの菌糸成長の結果によるジェネットの分布の評価を行いました。加えて，一つの山系内のゴヨウマツ集団のあいだで胞子分散による遺伝子の交流（**遺伝子流動**）がどれくらい起きているかを検討することにしました。前者の調査については，2005 年および 2006 年には群馬県高峰山中腹のゴヨウマツ集団で，2004 年には岐阜県瓢ヶ岳の集団で行いました。調査方法は植栽林の時と同様に，子実体と菌根の位置を記録後，採取し，DNA マーカーによるジェネット識別を行いました。後者の調査は，2004 年に瓢ヶ岳–片知山山系の約 10 km の範囲内にある 7 地点のゴヨウマツ集団を対象に行いました。各集団内の複数のゴヨウマツから採取した菌根試料を用いて同様に DNA マーカーによるタイピングをした後，集団遺伝学的な解析により，集団間の遺伝的分化を評価しました。

　ジェネット分布の調査の結果，地理的に離れた二つの調査地とも植栽林の結果同様，両端の最大距離が 20 m 近くにもなる大きなジェネットの存在を確認することができました。宿主天然集団においても本菌は定着後，菌糸成長による栄養繁殖でジェネットを存続させ，菌糸束により占有領域を効率的に拡大するという戦略をとっていると推測されました。一方，遺伝的分化に関する調査からは，同一山系内では集団間で明確な遺伝的分化がみられないことがわかりました。この結果は，10 km 範囲内という空間スケールであれば胞子分散によって宿主の集団間で頻繁に遺伝子流動が生じている可能性を示唆しています。

　これらの結果から，本菌ベニハナイグチは，

（1）新しい宿主ゴヨウマツの分布する林分においてこの菌が未だ定着して

いない樹木へと胞子によって移住・定着する
(2) 定着に成功したジェネットは菌糸で長期間にわたり分布を拡大する
(3) 拡大するジェネットはその過程で子実体形成による胞子分散を頻繁に行う
(4) 周辺の未定着木に子孫を移住させる

という繁殖パターンを繰り返すことにより遺伝的多様性を維持していることが示唆されました。

　ここで考えました。このような菌糸の永続性が本当にあるのならば，宿主のゴヨウマツ分布域が変化したら菌もともに移動するのではないか。山系スケールを最小単位として，より広域的な調査を進めれば，日本におけるベニハナイグチの集団の形成過程を明らかにすることができるのではないか。多くの外生菌根菌は子実体の発生に季節性があることや，年によって発生量が異なるため，広域的な試料の採取には困難がともないます。しかしベニハナイグチの場合菌根が容易にわかるので，その場所にこの菌が分布してさえいれば試料の確保は容易にできます。加えて，宿主のゴヨウマツに関して集団遺伝学的研究がすでに行われていて，日本における集団の形成過程が推定されていました。そんなわけで広域的調査に踏み出すことにしたのですが，その前に一点だけ明らかにしておきたいことがありました。それは，ベニハナイグチの宿主特異性に関する問題です。

2.4　室内実験から宿主の好みを知り，分布を予測する

　一般に菌根菌は，種によって宿主の特異性が異なることが知られています。ベニハナイグチが属するヌメリイグチ属は，おもにマツ科樹木とのみ共生関係を結ぶことから，宿主特異性が比較的高い（つまりあるグループの樹木としか菌根を作らない）菌であるといわれています。ベニハナイグチの場合，五葉マツ類に特異性があるといわれていました。しかし，このような宿主特異性にみられる傾向は多くの場合，おもに子実体発生の点から推測されてきた

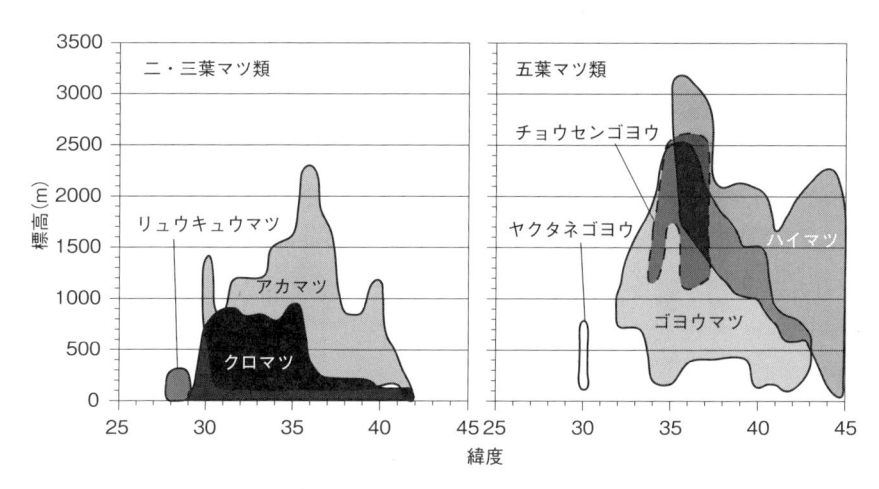

図 2.3 日本におけるマツ属の分布.

のです。つまり，菌根は形成しているが子実体は形成しないという宿主がいる可能性は否定できていないのです。ベニハナイグチが二・三葉マツ類とも共生関係を築いているとすると，アカマツやクロマツが広く分布する日本全域に分布できることになり（図2.3），その集団形成過程の推定に大きな影響を及ぼします。そこで，広域的な分布調査を行う前に本菌の宿主特異性を菌根形成の点から明らかにする必要があると考えました。

アカマツ，クロマツ，ゴヨウマツの無菌苗を用いた菌の接種実験と，本菌の感染源が確実に存在する土壌を用いた釣菌実験を行いました（図2.4）。接種実験は，本菌が二・三葉マツ類に菌根形成する能力を潜在的に有するかどうかを明らかにするために，釣菌実験は，他菌種も存在するより自然環境に近い状態でベニハナイグチが菌根形成するかを評価するために行いました。実験の結果，本菌は二・三葉マツ類の根系でも菌根を形成し，ハルティヒ・ネットとよばれる外生菌根に特徴的な構造も観察されました。このように二・三葉マツ類と共生関係を築く能力を潜在的に有することがわかりましたが，釣菌実験ではゴヨウマツのみと菌根を形成することが明らかになりました。これらの結果から，自然界においては他の菌根菌との競争関係などにより二・三葉マツ類との共生は難しく，生態的な意味で宿主選択性があることが示唆

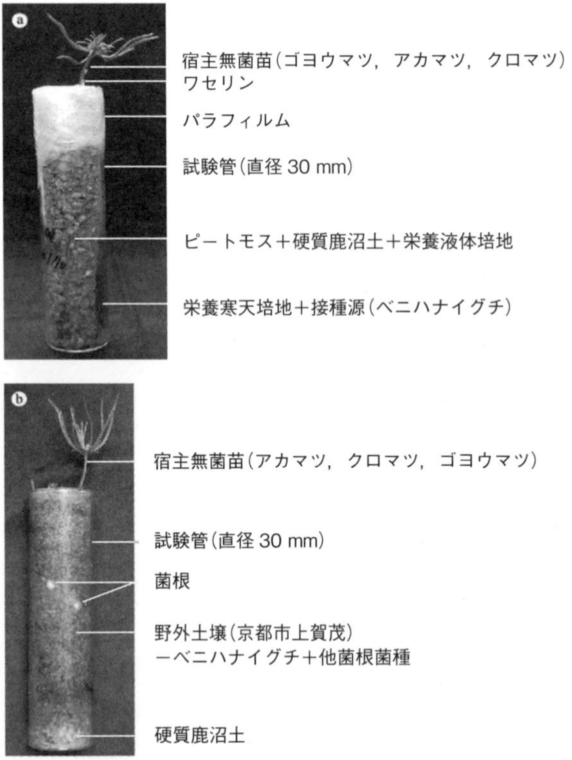

第1部 森の菌類

図2.4 ベニハナイグチの宿主特異性を知るための実験系.
(a) 無菌条件下での接種実験, (b) 釣菌実験.

(a)の図中ラベル:
- 宿主無菌苗(ゴヨウマツ,アカマツ,クロマツ)
- ワセリン
- パラフィルム
- 試験管(直径 30 mm)
- ピートモス＋硬質鹿沼土＋栄養液体培地
- 栄養寒天培地＋接種源(ベニハナイグチ)

(b)の図中ラベル:
- 宿主無菌苗(アカマツ,クロマツ,ゴヨウマツ)
- 試験管(直径 30 mm)
- 菌根
- 野外土壌(京都市上賀茂)
  －ベニハナイグチ＋他菌根菌種
- 硬質鹿沼土

されました.したがって日本では本菌の宿主は五葉マツ類に限定されていると考えられます.ベニハナイグチに関して生活史の特性と宿主特異性についての知見が得られたところで,いよいよ地理的な空間スケールでの研究に着手することになりました.

2.5 日本の五葉マツ類に常にお供しているのか？

　大型の動物や植物と比べ,菌類の多くの種では日本全土の詳細な分布情報

というのはほとんどありません。ベニハナイグチに関しても断片的な情報しかありませんでした。ただ，ベニハナイグチの菌糸成長に最適な温度域は20〜25℃であることから，この温度域の時期が必ずある日本の五葉マツ類分布域において，菌糸成長ができないとの理由で分布が制限されることはないはずです。これまで示したように本種が五葉マツ類の根系で優占する種であるならば，五葉マツ類が生育している場所ではどこでもベニハナイグチの分布を確認できるに違いないと期待していました。

　日本に分布する五葉マツ類は，ハイマツ，ゴヨウマツ，チョウセンゴヨウ，ヤクタネゴヨウの4種が知られています。このうち，チョウセンゴヨウは中部地方，ヤクタネゴヨウは屋久島と種子島に分布が限られています。一方，ハイマツは北海道から中部地方の高山に，ゴヨウマツは北海道から九州の山地に広く分布しています。ハイマツとゴヨウマツを対象にすれば日本全域をカバーできるので，本種の分布調査はこれら2種に絞って行うことにしました。

　調査方法は単純で，何しろ山に登りまくって宿主を探索し，見つかれば根を掘りベニハナイグチの菌根を探すだけです。もちろん，たまたま子実体が発生していれば根も掘らずに本種の分布を確認することはできます。いずれの場合でも次の2.6節で述べる集団遺伝学的解析を行うために異なるジェネットの試料を必要とするため，可能な限り約15 m以上の間隔で試料探索を行いました。2004年および2005年の2年間で日本全域にわたる40地点で調査を行いました（図2.5）。もし本種が日本に広く分布していなかったら博士論文のテーマを変更する必要が生じてくるため，最初の年に宿主の分布の両端の北海道と九州で調査を行い，様子をみることにしました。ハイマツに関しては宿主を探すうえで困ったことはほとんどありませんでしたが，ゴヨウマツに関しては苦労しました。林弥栄先生の著書『日本産針葉樹の分類と分布』（1960年）を頼りに調査地を選択しましたが，ゴヨウマツの分布の端にあたる九州ではゴヨウマツが林を構成することはほとんどありませんでした。私が足を運んだ場所では，傾山を除いて孤立木がほとんどでした。また，南限地で知られる鹿児島県高隈山では孤立木さえも見つけることができなかったのです。加えて，ゴヨウマツが見つかっても崖上など過酷な環境に生育

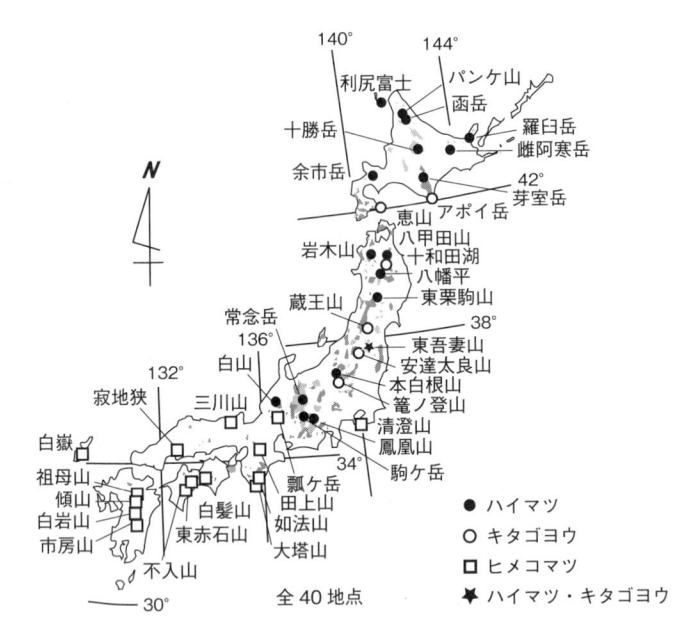

図2.5　ゴヨウマツとハイマツの地理的分布と調査地点.
ゴヨウマツは変種であるヒメコマツとキタゴヨウに分けて示している.

していることが多く，根を掘るのを断念した箇所も多数ありました。ともあれ，北海道から九州までの各地から38地域でベニハナイグチの分布を確認することができました。多くの地点で本種はおそらくゴヨウマツ根系の優占種の一つであったため，菌根の採取を容易に行うことができました。この結果から，ベニハナイグチは日本においては宿主の分布する地域にほぼ普遍的に分布していることが明らかになりました。

2.6　ゴヨウマツとともに旅をしてきたのか？

　ある生物種がたどってきた歴史を推定するには，DNAに刻まれた情報がヒントを与えてくれます。一口にDNAの情報といっても，対象とする遺伝子領域により変異する時間が異なるため，知りたい時間スケールに応じて調

査する遺伝子領域を使い分けることになります。

　まず，より長い時間スケールでの歴史をみるために，九州の傾山，長野県の常念岳，北海道の十勝岳で採取した試料を用い，**rDNA の ITS 領域**の塩基配列をもとに分子系統解析を行いました。この際，先行研究で登録された中国とアメリカ由来の配列データも加えて解析しました。その結果，日本のベニハナイグチの系統はアメリカの系統よりも中国の系統に近いということ，日本には大きく分けて 2 系統分布していることがわかりました。一つの系統は中国吉林省で採取された試料を含むもので，もう一方は中国雲南省の試料と姉妹群を形成するものでした。3 地点すべてで両方の系統を確認できましたが，雲南省に近い系統の占める割合をみてみると，傾山＞常念岳＞十勝岳となり，傾山では半数以上を占めていました。このような結果は，本種の移入経路が北のシベリアと南の朝鮮半島の二つあることを示唆しているのかもしれません。

　本菌の集団の形成過程を推測するには，より進化速度の早い遺伝子領域を対象とした解析が必要であると考えました。そこでつぎに，この目的に通じた**マイクロサテライト領域**をマーカーとした遺伝的変異の解析を行うことで，より短い時間スケールの本菌の歴史を調べてみることにしました。この解析ではさまざまな集団遺伝学的パラメータを算出することでパターンを認識します。ここではそれらの結果の一部を示したいと思います。集団遺伝学的な解析には一つの地域集団の試料数が一定量必要であるため，ここでは，10試料以上採取できた 13 の地域集団に関して遺伝的変異を調べてみることにしました。マイクロサテライト領域の遺伝的変異に基づき，どの集団とどの集団がより近縁か，あるいは遠縁かという集団間の類縁関係を集団系統樹から評価しました。この集団系統樹は，集団間の遺伝的距離をもとに，ここでは近隣結合法とよばれるアルゴリズムで作成しました。その結果，ゴヨウマツの二つの変種ごとでまとまったグループになることがわかりました。また，キタゴヨウ（var. *pentaphylla*）を宿主とする東北以北の集団間で，ヒメコマツ（var. *parviflora*）を宿主とする集団間と比べ遺伝的類似性が高い傾向がみられました（図 2.6）。

　このような，本菌の遺伝的変異の地理的分布にみられたパターンを考察す

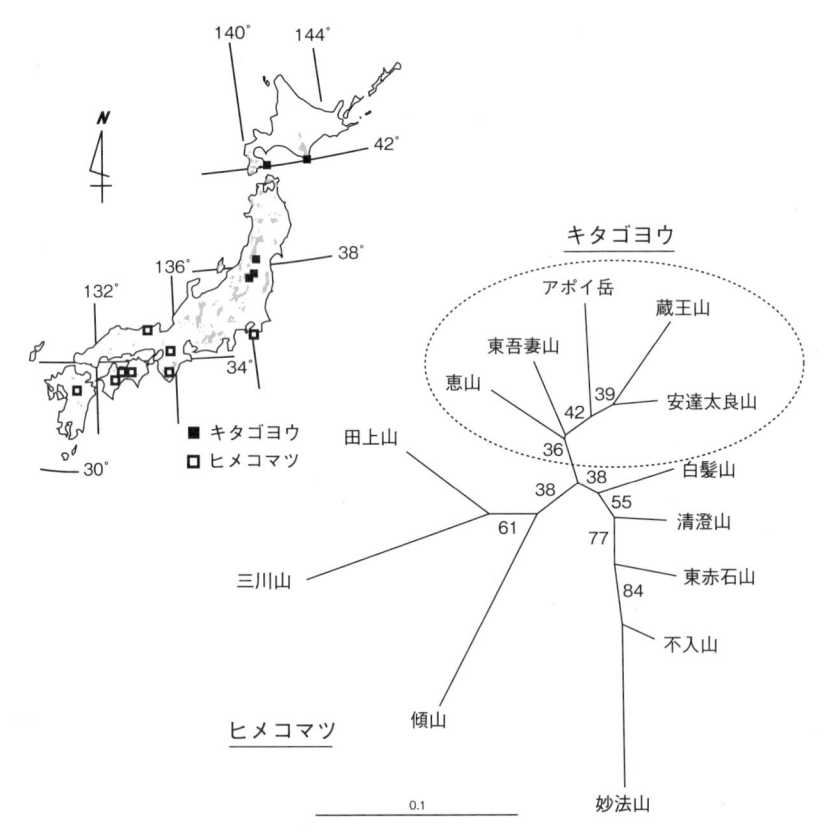

図2.6　ゴヨウマツを宿主とするベニハナイグチ集団の遺伝的類縁関係.

るために，まず宿主ゴヨウマツがたどってきた歴史を簡単に説明します。ゴヨウマツ類の現在の地理的分布は，海面が100m以上低下した最終氷期（約2万年前）の分布がその後の温暖化により変遷して形成されたものです。最終氷期には，関東や新潟から北海道の西部の植生はゴヨウマツがほとんど分布しない亜寒帯針葉樹林だったことが，花粉分析の結果から推測されています。したがって，現在の東北や北海道に分布するキタゴヨウの集団は最終氷期以降に形成された可能性が高いと考えられています。近年のゴヨウマツの集団遺伝学的調査の結果は，この点を支持しています。

　これを踏まえて，もう一度ゴヨウマツの菌根共生パートナーであるベニハ

ナイグチで得られた結果をみてみると，遺伝的類縁関係にみられたパターンは宿主と同様の傾向を示しています．このことから，本菌の日本における地理的分布の成立は宿主の最終氷期以降の分布変遷の影響を少なからず受けていることが推測されました．

一般に生物種における現在の地理的分布の形成には歴史的要因や種の生物的要因以外の要因も影響していると考えられますが，本菌に関しては，宿主のたどった歴史の影響を強く受けている可能性は否定できないと思われます．今後ゴヨウマツ根系で優占する他種との比較研究を行うことで，より具体的にベニハナイグチの分布を決定している要因を明らかにできるかもしれません．

2.7 最後に
日本における菌類系統地理学の発展に向けて

ここまで，私が修士課程と博士課程で取り組んできた研究を紹介してきました．このような研究を進めることができたのは，ゴヨウマツとベニハナイグチという材料にめぐり会えたことが大きかったと感じています．つまり，微生物であっても適当な材料を選択すれば大型の動植物で行われている地理的なスケールでの研究ができるのです．一般に菌類は受動的に分散されるため，地理的なスケールで得られた遺伝的変異の空間パターンを，歴史的要因だけで解釈することはできないことが多いと考えられます．その種のもつ生活史の特性もさることながら，宿主特異性の低い種であれば他種との競争や無機的要因も強く関与してくる可能性が高いでしょう．地理的な分布にみられるパターンからその形成過程を議論するには，その菌の生活史の特性を考慮しながら，菌にとっての空間スケールを常に考え情報を蓄積していく必要があるのかもしれません．

この章の後半で紹介した研究は系統地理学とよばれる分野として扱われています．系統地理学は，生物の遺伝子情報に基づき地理的分布を決定している原理や過程を研究する分野で，生態学，分類学，分子系統学などを基礎にした総合学問です．種内で起こる小進化プロセスと種よりも高次の分類群で

起こる大進化プロセスをつなぎ合わせる分野として，動物や植物では生物多様性研究の重要な一学問分野として認識されています．菌類においても，近年，地球規模での系統地理学的研究が盛んに行われています．しかし，日本に目を向けてみると，動物や植物で日本の地理的特徴を最大限に生かした興味深い系統地理学的研究が多く行われているにも関わらず，それらに随伴している菌類に関してはほとんど研究が行われていないのが実状です．菌類は生態系機能を考えるうえで不可欠な要素であることから，地球環境変動が日本の森林生態系に及ぼす影響の評価をするうえで，菌類の系統地理学的知見は重要な一側面を提供できると考えています．

最後に一つの研究例を紹介し，この章を終わりにしたいと思います．マツタケのシロから頻繁に分離されることで知られる腐生性の微小菌類に**接合菌類**の *Umbelopsis isabellina* という種がいます．この種は，世界中どこにでも生息する，いわゆるコスモポリタンな種として知られています．北海道から沖縄にわたる日本各地のマツ林から本菌を分離し，DNAレベルの遺伝的変異の解析を行ったところ驚くべき結果が最近得られました．日本には，北方に分布する系統と南方に分布する系統がいることがわかり，その分布の境界は温帯と亜熱帯の境界にほぼ一致するのです．宿主の分布にほとんど依存しない本菌でみられたこのような結果は，日本で菌類の系統地理学的研究を行う意義を明確に示しており，大変勇気付けられました．この分野に一人でも多くの生物学を志す若者が興味をもってくれることを期待しています．

（廣瀬　大）

参考文献

Hirose, D., Kikuchi, J., Kanzaki, N. and Futai, K. (2004) Genet distribution of sporocarps and ectomycorrhizas of *Suillus pictus* in a Japanese white pine plantation. *New Phytologist*, **164**: 527-541.

Hirose, D. and Tokumasu, S. (2007) Microsatellite loci from the ectomycorrhizal basidiomycete *Suillus pictus* associated with the genus *Pinus* subgenus *Strobus*. *Molecular Ecology Notes*, **7**: 854-856.

Hirose, D., Shirouzu, T. and Tokumasu, S. (2010) Host range and potential distribution of ectomycorrhizal basidiomycete *Suillus pictus* in Japan. *Fungal Ecology*, **3**: 255-260

第3章

植物の定着に関わる菌類
――海岸クロマツ-ニセアカシア林における菌根共生

3.1 日本の海岸クロマツ林

　海岸というと砂浜，あるいは荒波の打ち寄せる岩場のイメージがすぐに浮かびますが，このような場所に生えている木の大部分はクロマツ（*Pinus thunbergii*）という針葉樹です（図3.1）。日本古来の海岸は「白砂青松」という言葉でよく表現されますが，この言葉はこのような風景に由来しています。大部分の植物は潮風による乾燥，あるいは塩ストレスに耐えられず，海岸で生きることが難しいのですが，クロマツはこれらのストレスにとても強いので，海岸という厳しい環境でもたくましく生きていくことができます。このため，クロマツは海岸の潮風や砂の移動を抑えるために植栽されてきました。この歴史は古く，江戸時代には本格的なクロマツを用いた海岸の整備が進められていたということです。日常生活において意識されることは少ないのですが，海岸クロマツ林は防砂，防風，防潮など多くの機能をもち，海岸地域の住民が生活や農業をはじめとする産業を快適に営むために重要な役割を果たしてきました。しかしながら，最近ではマツノザイセンチュウによる病害によって，茶色い葉をつけて枯死したクロマツが目立ち，きれいな海岸クロマツ林は非常に少なくなっています（第3部参照）。このようなマツ枯れ跡地にはさまざまな広葉樹が侵入している状況が見受けられますが，とくにニセアカシア（*Robinia pseudoacacia*）という樹木が**優占**する海岸林が多く認められます（図3.2）。このニセアカシアは北米原産のマメ科高木種で，**窒素固定**

第1部　森の菌類

図3.1　海岸の岩場に生えるクロマツ.

図3.2　マツ枯れにともなうニセアカシア林の拡大.
落葉したニセアカシアの白い枝が目立つ.

により土壌を肥沃化することや，かく乱後の荒廃地への定着がよいことから，世界各地で移植されている導入種です．日本でも，窒素固定によってマツの成長を高めるであろうと期待され，クロマツの肥料木として海岸林の造成に利用されてきたのですが，ニセアカシアは旺盛な繁殖力をもち日本各地の生態系をかく乱するため，現在では外来侵入生物として問題視されています．

3.2 クロマツと菌根菌

　クロマツが乾燥や塩への高いストレス耐性をもつことは先に述べましたが，このストレス耐性を高めているのが菌根菌とよばれる菌類です。クロマツは，スミスとリードが七つのタイプに区分した菌根タイプのなかで，外生菌根菌（以下，菌根菌）とよばれるタイプの菌根菌と共生しています（Smith and Read 2008）。この仲間の菌根菌のなかには，子実体（キノコ）を作る種類も多く含まれています。クロマツ林でとれる食用のショウロやアミタケも菌根菌です。

　野外における菌根菌の研究手法としては，子実体による地上部の調査と地下部の菌根に関する調査が基本になっています。地下部の菌根に関する調査

Column

　外来侵入植物の侵入のメカニズムとして，土壌微生物の存在が大きな影響をもっていることが明らかにされています。ヤグルマギクの1種である *Centaurea maculosa* は原産地であるヨーロッパからアメリカに侵入して分布域を拡大している草本植物です。原産地であるヨーロッパと侵入地であるアメリカのそれぞれで *C. maculosa* の根圏土壌を採取し，それぞれの土壌における *C. maculosa* の成長を比較すると，微生物による成長の阻害効果はアメリカの土壌よりもヨーロッパの土壌で大きいことがわかりました。このことは，侵入地では *C. maculosa* の天敵となる土壌病原菌が存在しないため，*C. maculosa* は天敵から逃避することに成功した結果，侵入地で分布を拡大することに成功したことを示しています。このように，野外での植物の動態に微生物が大きく関与していることが明らかになってきていますが，とくに樹木については不明な点が多く，どの成長段階での微生物との関係がどの程度将来形成される植生に影響を与えるのかという点については，ほとんどわかっていません。

参考文献

Callaway, R.M., Thelen, G.C., Rodriguez, A. and Holben, W.E. (2004) Soil biota and exotic plant invasion. *Nature*, **427**: 731-733.

は，顕微鏡による観察だけでは種レベルでの分類や種同定が困難なため，現在ではDNAの情報に基づく種分別が一般的になっています（第2章参照）。しかし，私が研究の世界に飛び込んだころは，菌類の研究ではこのような分子生物学的手法を用いた分析が日本にようやく普及しはじめた時期で，海岸クロマツ林については子実体に基づく研究しか行われていませんでした。地上部の子実体に基づく調査では，地下部の菌根に基づく菌根群集の一部しか評価できないことも明らかになっており，海岸クロマツ林についても地下部の菌根を調べる必要がありました。

現在では，海岸クロマツ林の菌根菌に関する研究情報も蓄積されてきています。韓国の海岸クロマツ林における調査では，合計800 m^2 のクロマツ林から23種の菌根菌が観察されています。森林における菌根菌種は0.1 ha（1000 m^2）に13〜35種存在すると見積もられており，海岸クロマツ林における菌根菌の種多様性は他の生態系とほぼ同等なのかもしれません。しかし，海岸林の状態によってクロマツと共生する菌根菌の種多様性は大きく異なるように思われるので，この点を明らかにするためにはさらにさまざまなクロマツ林での調査が必要です。共生している菌根菌としては，日本と韓国の両方の海岸クロマツ林でセノコッカム（*Cenococcum geophilum*）という菌根菌種がどの成長段階のクロマツにも観察されています。セノコッカムは乾燥や塩によるストレス耐性が高い菌根菌であるため，クロマツと非常に密接な関係にあると考えられます。セノコッカム以外にも，海岸で認められる菌根菌には，乾燥ストレスや塩ストレスに非常にすぐれた菌根菌が含まれています。たとえば，海岸でよく子実体が観察されるコツブタケ，チチアワタケ，ヌメリイグチ，ショウロは，海水に近い500 m mol/LのNaCl条件下でも成長することができます。台風などのかく乱による塩害時にも，このような菌根菌が海岸クロマツ林を支えているのかもしれません。

3.3 海岸クロマツ林で菌根研究をはじめる

海岸クロマツ林を歩き回り，問題に感じたのはニセアカシアの存在でした。

ニセアカシアの下には好窒素性のコバンソウという植物が頻繁に観察され，ニセアカシアが周りの植物に大きな影響を与えていることが予想されました。土壌中の窒素が増加すると，樹木の菌根形成が悪くなることや共生する菌種が変わることが報告されていたので，ニセアカシアもこのような影響をクロマツに与えているのではないかという仮説をたてて研究をスタートしました。また，クロマツは養水分に乏しく，他の樹木が侵入できない環境で菌根菌との共生に依存して生きている樹木なので，ニセアカシアによる菌根菌への影響がクロマツにどのように波及するのかも気になりました。これらの点について調査を行うにあたり，もっとも大きな影響が出やすいのはクロマツの実生段階であろうと考え，新たなマツ実生の成長にともなう菌根の形成にニセアカシアがどのように影響するかを調べることにしました。

3.4 ニセアカシアはマツの実生更新に影響するのか？

マツの実生に対するニセアカシアの影響を調べるため，クロマツ林とニセアカシア林の境界にプロットを作製し（図3.3），それぞれの林分でクロマツ実生がどれくらい発生し，どれくらい枯死するのかを調べました。2年間の観察によって，クロマツが優占する場所からニセアカシアが存在する場所に向かってマツ実生の生存率は低下することがわかりました（図3.4）。ニセアカシアが存在する林分は，クロマツが優占する林分と比べて土壌窒素が多く，ニセアカシア以外の広葉樹の侵入によって光環境が暗いため，これらの環境の変化がマツ実生の枯死に関わっていると予想されました。しかし，クロマツは被陰しただけでは枯死しないことが実験的にわかっていましたし，今回認められた程度の窒素量の増加では枯死にいたるとは考えられませんでした。一方で，マツは土壌病害によってその実生更新が左右されているという仮説（菌害回避更新論）に加え，病原菌による感染は窒素の増加や光環境の悪化によって起こりやすくなることがわかっていました。そこで，マツ実生が枯死している原因はきっと病原菌だと考え，病原菌の感染を調査しました。まずは，クロマツ林とニセアカシア林にマツ実生を移植し，枯死した実生を観察

第 1 部　森の菌類

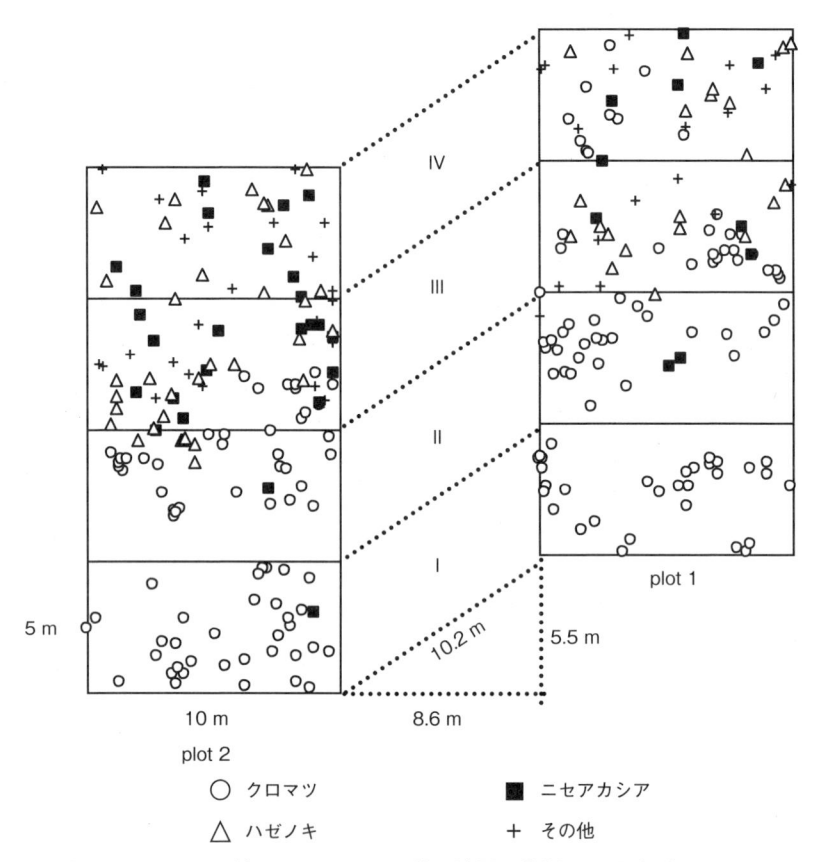

図 3.3　クロマツ林とニセアカシア林の境界に作製した調査プロット.
それぞれのプロットをⅠ～Ⅳの四つのサブプロットに区切った．ⅠからⅣに向かうにつれてクロマツ成木の密度が減少し，ニセアカシア成木の密度が増加する．

凡例：○ クロマツ　■ ニセアカシア　△ ハゼノキ　＋ その他

して病原菌によるものかどうか調べました。クロマツ林とニセアカシア林の両方で枯死した実生の大部分で病原菌によると思われる病徴が観察されました。ただ，ニセアカシア林ではクロマツ林よりも圧倒的に多くの実生苗が病原菌によって枯死していました。つぎに，室内実験によって，光環境と土壌窒素と病原菌をそれぞれ組み合わせて，どの条件下でマツ実生が枯死するのかを調べることにしました。とはいっても，肝心の病原菌がいないことには実験もできないので，無菌的に育てた1ヶ月生クロマツ実生をニセアカシア

第3章　植物の定着に関わる菌類

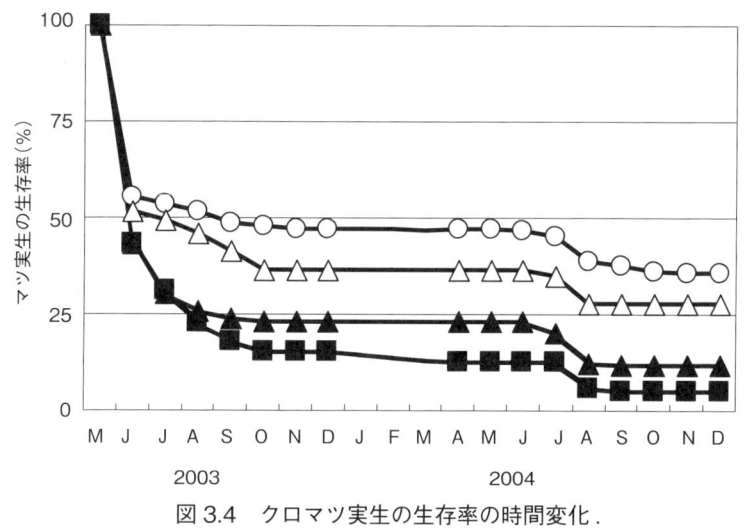

図3.4　クロマツ実生の生存率の時間変化．
それぞれのシンボルは各サブプロットを示す（○，Ⅰ；△，Ⅱ；▲，Ⅲ；■，Ⅳ）．

林に植えて，枯死した実生苗から病原菌を分離するという**釣菌**を行いました。この試験から，黄色〜茶色のコロニーを形成し，**菌核**のような構造を作る菌がよく分離されました。この菌は形態とDNAに基づく情報から，*Cylindrocladium pacificum*という菌であることがわかりました（図3.5）。この菌をマツ実生に接種すると，確かにマツ実生は枯死し，さらに枯死したマツ実生からこの菌を分離することができました。この*Cylindrocladium pacificum*が病原菌として日本で見つかったのははじめてのことで，日本新参種として記載されました。このように，研究をしているとなんとも思わぬところに発見があるものです。光と窒素と病原菌の組み合わせ実験の結果，光環境を暗くしても，土壌窒素を増やしてもマツ実生は枯死しませんでした。しかし，病原菌を加えると実生は枯死し，かつ光環境が暗く，土壌窒素が多いときに病原菌による枯死がもっとも起こりやすいことがわかりました。したがって，ニセアカシアが存在することで光環境や土壌環境が変わり，土壌病害が起こりやすい状況となって，マツ実生が枯死にいたっていると結論付けることができました。

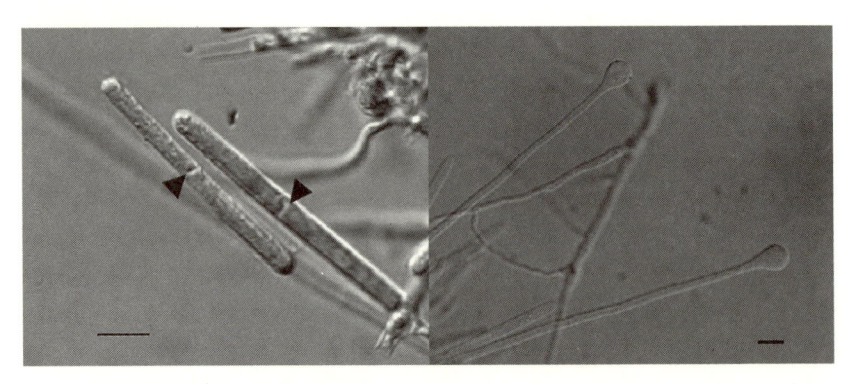

図 3.5 *Cylindrocladium pacificum* の種同定に重要な構造である Conidia（左）と Vesicle（右）．
矢印は隔壁を示す．バーは 10 μm．

3.5　ニセアカシアはマツ実生の菌根共生に影響を与えるのか？

　マツ実生の枯死に病原菌が強く影響していることがわかったわけですが，菌根菌が正常に共生しているときには，病原菌と拮抗することで，病原菌に対する抵抗性を高めていると考えられます．そこで，ニセアカシア林でマツ実生が枯死しやすいのは，ニセアカシアの存在によって菌根共生系が損なわれているからではないかと考え，この点について研究を進めました．

　まず，マツ実生と共生している外生菌根菌の感染率について調査したところ，クロマツ優占林と比べ，ニセアカシア優占林ではマツ実生の根端数が減少しており，この根端のうち菌根化している根端の割合（菌根化率）が低いことがわかりました（図3.6）．また，菌根菌種を調べるため，まず顕微鏡で観察して形態タイプとして分別した後（図3.7），それぞれの形態タイプから DNA を抽出して，その DNA タイプに基づく種分別，および種同定を行いました（図3.8）．すると，クロマツ優占林とニセアカシア優占林ではマツ実生と共生する菌根菌種が異なっていました（図3.6）．クロマツ林ではセノコッカム（*Cenococcum geophilum*）やベニタケ属菌（*Russula* spp.）が優占していましたが，ニセアカシア林ではほとんどの菌根がテングタケ属菌（*Amanita*

第3章 植物の定着に関わる菌類

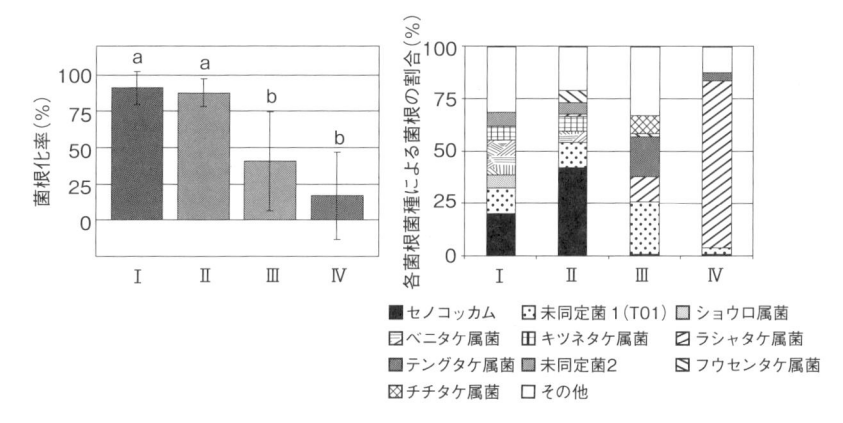

図3.6 クロマツ林とニセアカシア林におけるマツ実生の菌根化率，および共生していた菌根菌の種組成．
左図中の異なるアルファベットはサイト間で菌根化率が有意に異なることを示す（Scheffe's test, $P < 0.05$）．

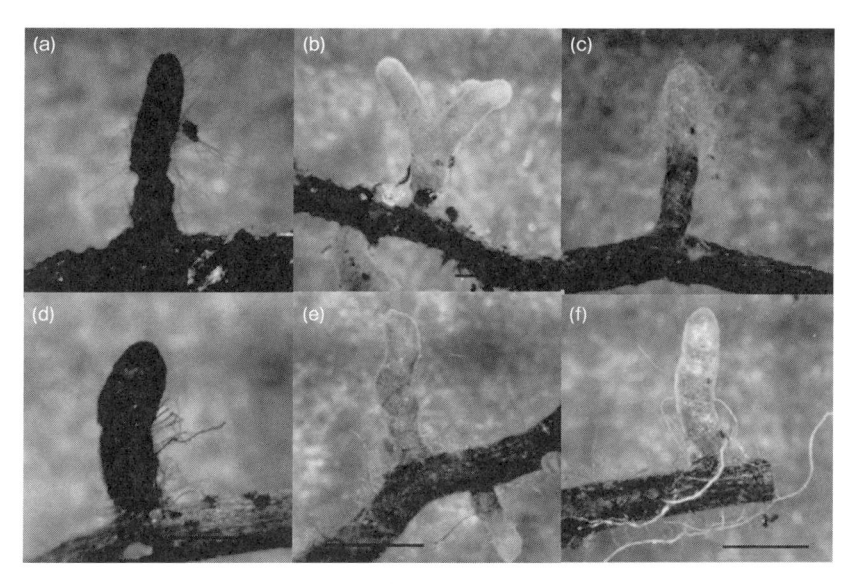

凡例：
- セノコッカム
- 未同定菌1 (T01)
- ショウロ属菌
- ベニタケ属菌
- キツネタケ属菌
- ラシャタケ属菌
- テングタケ属菌
- 未同定菌2
- フウセンタケ属菌
- チチタケ属菌
- その他

図3.7 クロマツ林，およびニセアカシア林で観察された菌根．
(a) セノコッカム，(b) ベニタケ属菌，(c) 未同定菌1 (T01)，(d) ラシャタケ属菌 sp.1，(e) ラシャタケ属菌 sp.2，(f) テングタケ属菌

第1部　森の菌類

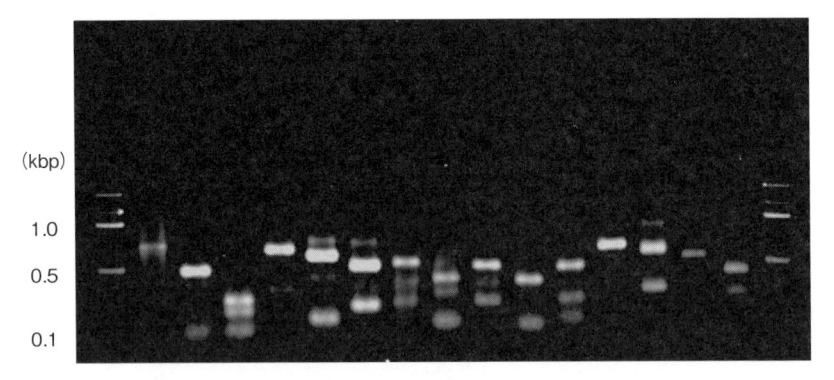

図3.8　PCR-RFLPによる電気泳動像（制限酵素はAluI）.
このバンドパターンによって，同一種か否かを決定する.

sp.) やラシャタケ属菌（Tomentella spp.）による菌根でした。実生1本あたりと共生していた平均菌根菌種数については，クロマツ林では3.9，ニセアカシア林では0.6であり，共生する菌根菌の種数も減少していました。菌根化率が高いほどマツ実生と菌根菌との養分交換が活発に行われていると考えられるので，菌根化率の減少は菌根共生関係の衰退を意味しています。また，共生する菌根菌種数は宿主植物の養分吸収や成長に関与することが報告されています。外生菌根菌の種多様性は非常に高く，1本の根にも数種類の菌根菌が共生しています。これらの菌根菌種は，それぞれ有機態のリンや窒素を利用する能力が異なっているため，多くの種類の菌根菌との共生は，その機能的な多様性につながると考えられます。したがって，種多様性が減少していたニセアカシア林では，マツ実生への菌根菌の役割も単調になっていたと考えられます。

3.6　共生する菌根菌はなぜ変化したのか？

　ここで疑問に感じたのは，マツ実生と共生する菌根菌種が違うのは，土壌中の感染源となる菌の種組成がそもそも違うからなのか，それとも感染源として存在していても植物と共生できる菌種が変わってくるのかということで

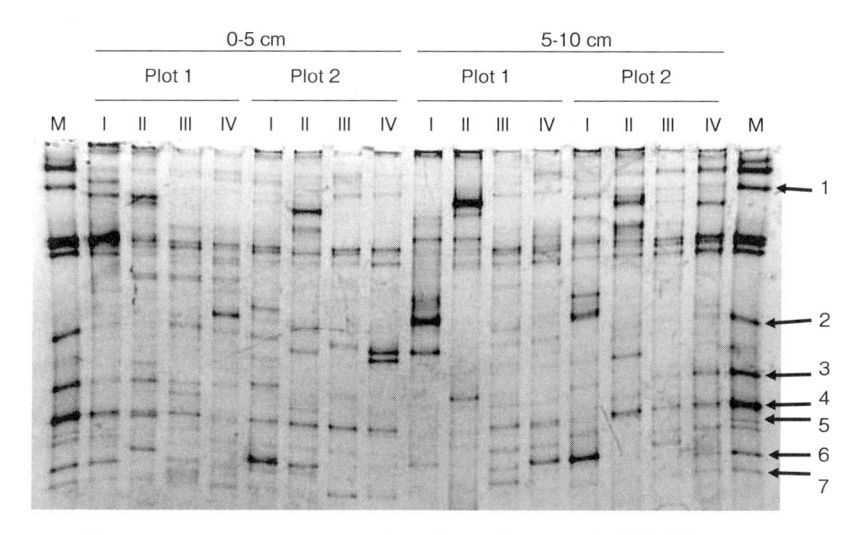

図 3.9 クロマツ林とニセアカシア林の土壌中における菌根菌の存在.
それぞれのバンドは各菌種を示す（1：未同定菌 1；2：フウセンタケ属菌；3：ラシャタケ属菌 sp.1；4：ベニタケ属菌；5：セノコッカム；6：チチタケ属菌；7：ラシャタケ属菌 sp.2）.

した。この点を調べるため，土壌から直接 DNA を抽出して，それぞれの菌の DNA がクロマツ林とニセアカシア林に存在するのかどうかを PCR-DGGE 法という手法を用いて調査しました。この手法を用いることで，土壌中に無数に存在する菌類の DNA を種レベルで分別して調べることが可能です。ただし，DNA の PCR 増幅の際に人工的な DNA（キメラ DNA）ができてしまうなどの問題もあるので，今回はクロマツ林とニセアカシア林のそれぞれでよく観察された 9 種の菌根菌の DNA をマーカーとして使い，これらの菌の存在に的を絞って調査を行いました（図 3.9）。この結果から，土壌表層（0～5 cm）については，調査した 9 種の菌根菌はほぼすべての場所で検出されました。5～10 cm の土壌では，実生の菌根と同様にニセアカシアが優占するサブプロットで検出されない菌も存在しましたが，やはり菌根として観察されなかった菌が土壌から検出されました。したがって，土壌中に胞子や菌糸の形で存在しているにもかかわらず，菌根を形成していない菌根菌が存在するらしいのです。どのような菌根菌が菌根を形成できるのかにつ

第1部 森の菌類

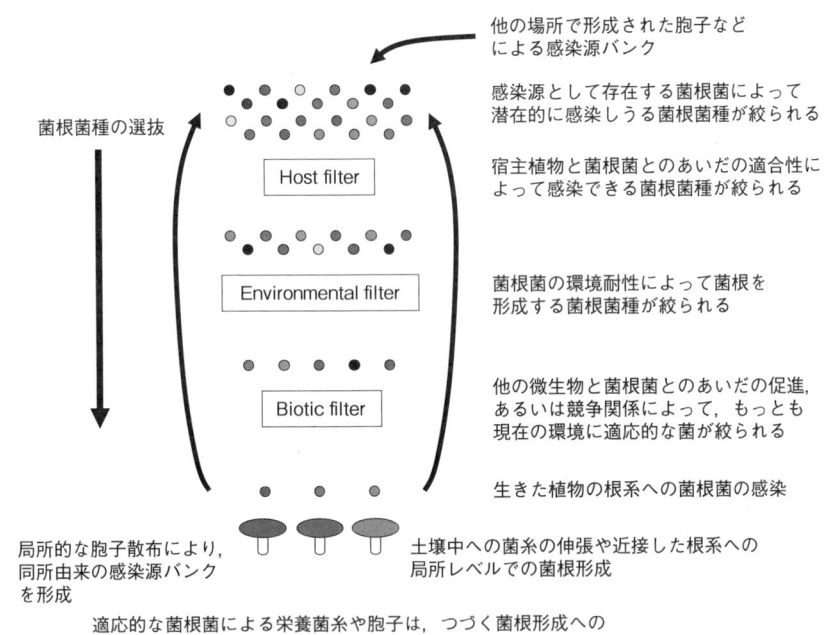

```
他の場所で形成された胞子など
による感染源バンク

菌根菌種の選抜

         ● ● ● ● ● ● ● ● ●
        ○ ● ● ● ● ● ● ● ●
         ● ● ● ● ● ● ●
        ┌─────────────┐
        │ Host filter │          感染源として存在する菌根菌によって
        └─────────────┘          潜在的に感染しうる菌根菌種が絞られる

                                 宿主植物と菌根菌とのあいだの適合性に
                                 よって感染できる菌根菌種が絞られる

         ● ● ● ● ● ● ●
        ┌──────────────────┐
        │Environmental filter│    菌根菌の環境耐性によって菌根を
        └──────────────────┘    形成する菌根菌種が絞られる

         ● ● ● ● ●
        ┌──────────────┐        他の微生物と菌根菌とのあいだの促進,
        │ Biotic filter│        あるいは競争関係によって,もっとも
        └──────────────┘        現在の環境に適応的な菌が絞られる

         ● ● ● ●                生きた植物の根系への菌根菌の感染
```

局所的な胞子散布により,   土壌中への菌糸の伸張や近接した根系への
同所由来の感染源バンク   局所レベルでの菌根形成
を形成

  適応的な菌根菌による栄養菌糸や胞子は,つづく菌根形成への
  感染源バンクとなる(上矢印)

図 3.10 植生遷移にともなう菌根群集構成の概念モデル(Jumpponen and Egerton-Warburton 2005 から作成).

いては,ジュンポネンとエガートン - ワーバートンによって面白いモデルが提唱されています(図 3.10; Jumpponen and Egerton-Warburton 2005)。このモデルは植生遷移にともなう菌根菌種の移り変わりを説明する目的で提唱されていますが,今回の研究のような菌根菌種の移り変わりのメカニズムを考えるうえでも非常に有用と思われます。菌根菌が植物に感染するためには感染源として存在することが前提条件なので,まずは胞子や菌糸として植物根の周りに存在している必要があります。存在する菌根菌が植物根に感染できるか否かについては,宿主植物の影響(Host filter),環境要因の影響(Environmental filter),生物要因の影響(Biotic filter)が考えられます。宿主植物の影響としては,菌根菌が感染できるホストである必要があります。さらに,宿主植物と菌根菌種との適合性や宿主植物の生理的な状態と菌根菌が利用できる炭水化物量によって,宿主植物がどの菌根菌種と菌根を形成するのかが決まりま

す。環境要因の影響としては，水や窒素やリンなどの養水分の制限や重金属などが考えられ，これらの環境要因へのそれぞれの菌根菌種の耐性によって，その環境で適応的な菌根菌種が選択されます。生物要因の影響としては，細菌や腐生菌によるそれぞれの菌根菌種の胞子発芽や成長への影響，そして菌根菌どうしの競争などがあります。そして，これらの条件をすべて満たす菌根菌が菌根を形成できるとこのモデルでは考えています。私の調査地では，ニセアカシアの存在による土壌窒素の増加と光環境の悪化が菌根形成と共生菌種に影響していたので，このモデルをもとに考えてみると，マツ実生の光合成産物の減少と窒素が多い土壌環境への菌根菌の適応性が共生できる菌根菌種を制限していたことになるわけです。

3.7 菌根菌種の変化と機能的特性

クロマツ林とニセアカシア林では，マツ実生と共生する菌根菌の種類が違っていました。では，ニセアカシア林ではどのような能力をもつ菌根菌が菌根を形成していたのでしょうか。森林生態系において植物に不足している養分は窒素とリンですが，ニセアカシア林では窒素が十分に存在しているので，リンが相対的に不足した状態と考えられます。そこで，ニセアカシア林で菌根形成する菌根菌はこのリン吸収能力が高いのではないかという仮説をたてて実験を行いました。土壌中のリンは，鉄やアルミニウムと結合して，水に溶けにくい形で存在しているため，植物は利用することが難しい養分です。菌根菌は，このリンを水に溶ける形に変える酵素（ホスファターゼ）を生産し，リンを効率よく吸収して植物に供給します。したがって，今回はリンの吸収能力の指標として，ホスファターゼ活性を調べることにしました。菌根菌種としては，クロマツ林でよく観察されるチチアワタケ（*Suillus granulatus*），ショウロ属菌（*Rhizopogon* sp.），ニセアカシア林で認められたテングタケ属菌（*Amanita* sp.），2種のラシャタケ属菌（*Tomentella* sp. 1，*Tomentella* sp. 2），そしてどちらの林分でも存在が認められた未同定菌1（T01）を用いました。まずは，それぞれの菌根菌を接種したマツ実生の総重量を調べたところ，菌根

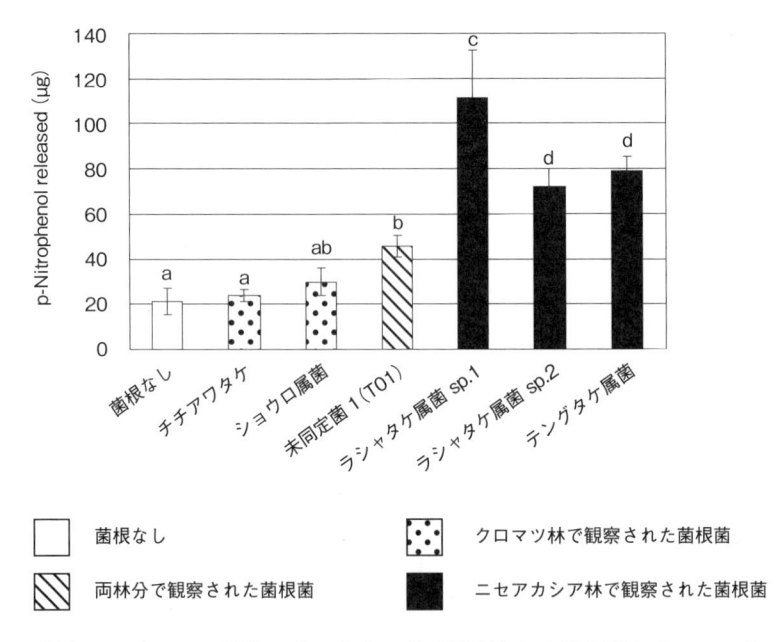

図 3.11 クロマツ林とニセアカシア林で観察された菌根菌のホスファターゼ活性.
図中の異なるアルファベットは処理区間でホスファターゼ活性が有意に異なることを示す（Fisher's LSD test, $P < 0.05$）.

菌非接種苗と比べて菌根菌接種苗では有意に高く，どの菌根菌も植物の成長を促進することがわかりました。ホスファターゼ活性については，非菌根，チチアワタケ，ショウロ属菌の菌根と比べ，2種のラシャタケ属菌とテングタケ属菌の菌根で有意に高く，ニセアカシア林で菌根を形成していた菌種はリンを吸収する能力にすぐれていることがわかりました（図 3.11）。森林ではリンや窒素が不足しているといわれていますが，今回の結果から，窒素が増加した場合，相対的にリンが不足した状況となり，土壌中のリンを効率的に利用できる菌の生育が有利になっている可能性が示唆されました。

3.8 植物と菌根菌と病原菌の相互作用

　先の研究から，マツ実生の枯死に直接的に影響しているのは病原菌であることがわかったのですが，菌根菌は植物の土壌病害を軽減することが知られています。このメカニズムとして，菌根菌と病原菌とのあいだの根への感染をめぐる競争，菌根菌による抗生物質の生産，菌根菌による植物の養分状態や根の形態の改善，菌根菌による植物の防御反応への影響，菌根菌によって促進される拮抗微生物の根系への分布，などが提唱されています。ここで気になったのは，クロマツ林とニセアカシア林で共生する菌根菌種が異なることはマツ実生の土壌病害にどのように影響しているのかという点でした。このことを調べるため，クロマツ林とニセアカシア林のそれぞれで観察された菌根菌を接種したマツ実生苗に，病原菌（$Cylindrocladium\ pacificum$）を接種して，マツ実生の枯死率を調査しました。菌根菌種については，先のリンの吸収能力を調べた際に用いた菌根菌と同じ菌を用いました。この結果，チチアワタケ，ショウロ属菌，テングタケ属菌は実生の生存率を高めました。一方で，ラシャタケ属菌を接種した実生では，菌根菌を接種しないときよりも実生の生存率が低下することがわかりました。ラシャタケ属菌はニセアカシア林で優占していた菌根菌種なので，ニセアカシア林では実生の病害に対する抵抗性を低下させる可能性のある菌根菌が菌根を形成していたといえます。

3.9 植生の定着や種構成への菌根菌の影響

　以上の研究から総合的に考えると，ニセアカシアの存在は，環境条件を変えることでクロマツの生存や成長の鍵となる菌根菌と病原菌に作用し，クロマツにとって好ましくないように微生物との関係を変えていました（図3.12）。本来，乾燥などのストレス環境下で植物の生育を支えている菌根共生ですが，クロマツが本来定着しないような環境下では，この共生がうまく機能していませんでした。光環境や土壌環境に加えて，このような微生物と

第1部　森の菌類

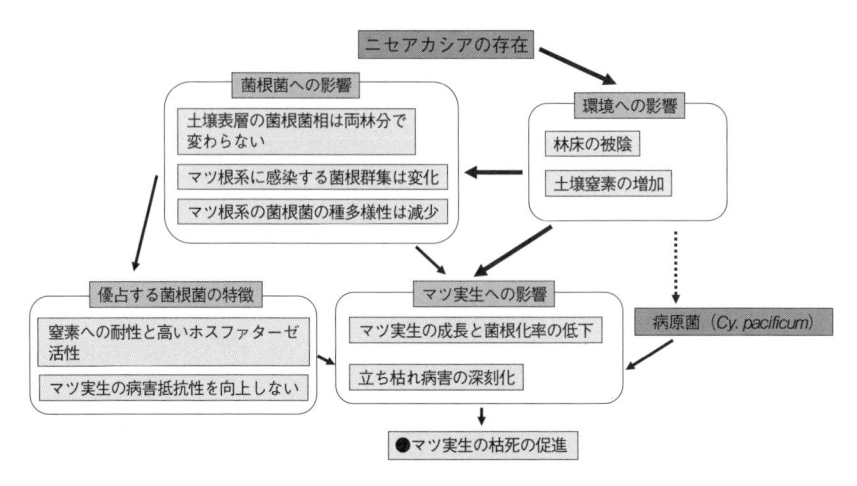

図3.12　本章のまとめ.

植物との関係性の変化がマツ実生の枯死に強く関与していたといえます。クロマツは光環境が暗い場所では育たないといわれますが，この理由は単純にマツが強い光を好むだけではなく，マツの病原菌への抵抗性や菌根菌との共生関係がそのような環境でないとうまく保てないためと考えられます。このように，一見，環境の変化の影響や植物の特性に見えても，微生物が密接に関わっている現象が明らかになってきています。植物と土壌微生物との関係はとても複雑ですが，今後，研究成果を蓄積していくことにより，このような生態系における植生の変化や植物の種多様性維持への微生物の役割も明らかになってくるのではないかと思います。

（谷口武士）

参考文献

Jumpponen, A. and Egerton-Warburton, L.M. (2005) Mycorrhizal fungi in successional environments: A community assembly model incorporating host plant, environmental, and biotic filters. pp. 139-168. In Dighton, J., White, J.F. and Oudemans, P. (eds.), *The Fungal Community. Its Organization and Role in the Ecosystem. Third Edition*. CRC Press, Boca Raton, USA.

倉田益二郎（1949）「菌害回避更新論」『日本森林学会誌』，**31**: 32-34.

Obase, K., Cha, J.Y., Lee, J.K., Lee, S.Y., Lee, J.H. and Chun, K.W. (2009) Ectomycorrhizal fungal communities associated with *Pinus thunbergii* in the eastern coastal pine forests of Korea. *Mycorrhiza*, **20**: 39-49.

小田隆則（2003）『海岸林をつくった人々―白砂青松の誕生』北斗出版，東京．

Smith, S.E. and Read, D.J. (2008) *Mycorrhizal Symbiosis. Third Edition*. Academic Press, Cambridge, UK.

谷口武士・大園享司（2011）「第7章　共生菌・病原菌との相互作用が作り出す植物の種多様性」『シリーズ　現代の生態学・11』（大園享司・鏡味麻衣子編）pp.101-116 共立出版，東京．

Taniguchi, T., Kanzaki, N., Tamai, S., Yamanaka, N. and Futai, K. (2007) Does ectomycorrhizal fungal community structure vary along a Japanese black pine (*Pinus thunbergii*) to black locust (*Robinia pseudoacacia*) gradient? *New Phytologist*, **173**: 322-334.

第4章

クロマツの根圏で起こる微生物間相互作用
——細菌がカビを助ける！

　微生物とは，その名のとおり小さな生物です。それらは**真核生物**と**原核生物**に分けることができ，前者はおもにカビや酵母，後者は細菌です。いずれも小さい生物ですが，カビは肉眼でも目にすることができます。たとえば，パンやミカンなどに生えてくる青緑色のカビはペニシリウム属菌というカビです。あるいは，お風呂場の目地が黒くなっているのを見たことがある人もいるかもしれません。これは石鹸や身体の汚れが入り込み，それを栄養にしてシュードモナス属細菌などの細菌が増殖した後，アウレオバシジウム属菌やアルテルナリア属菌，クラドスポリウム属菌などのカビが生えたことによります。これらがいずれも黒いカビなので，黒く見えるというわけです。また，私達が口にする食品にも微生物は利用されています。乳酸飲料やヨーグルト，納豆や日本酒，ワインなどは，いずれも微生物のはたらきで作られます。微生物というのは，このように私達の身近ないたるところに存在しています。なかでも，とくにたくさんの微生物が生活しているのが土壌です。どのくらいいるのかといいますと，普通の畑には1アール（10 m × 10 m）あたり49.0～52.5 kgのカビ，14.0～17.5 kgの細菌がいます。重さで表すとイメージしづらいかもしれませんので，これをカビの菌糸の長さと細菌の細胞数に換算してみます。土壌中のカビの菌糸の太さが平均で直径3 µm，細菌細胞の体積が平均0.2 µm^{3}であることをもとに計算すると，1アールの畑にいるカビの菌糸は約650万km（地球から月までの距離の約17倍）に達します。一方，細菌の細胞数は1アールで約7000兆となります。とてつもない数です。このように土壌中にはたくさんの微生物がいるわけですから，微生

59

物のあいだには実にさまざまな関係があります。仲のよい微生物，仲の悪い微生物，他者に干渉しない微生物……。こうしてみると，私達人間社会と似ているかもしれません。

　私の所属していた研究室は，鳥取大学乾燥地研究センターと共同研究をしており，センター内のクロマツ林を研究フィールドにしています。クロマツ林は，前章で述べたとおりマツ枯れによる壊滅的な被害を受けたうえに，その対策として行った肥料木の混植や施肥によって，むしろ衰退に拍車がかかった状態になっていました。谷口らの研究から，そうした林分ではクロマツの天然更新が阻害されること，植物の成長に必要な菌根共生関係が乏しくなっていることがわかっていました（前章参照）。つまり，健全なクロマツ林を再生するためには，衰退した菌根共生関係を回復させる必要があるのです。前述のように，微生物は土壌中に多数存在し，なかには他者に影響を与えるものもいます。私はカビと細菌の関係に非常に興味を持っていましたので（コラム「テーマとの出会い」参照），菌根菌に影響を与える細菌について研究をはじめ，その細菌を上手に利用することで衰退している菌根共生関係を回復させたいと考えました。

4.1　クロマツ菌根における細菌相

　まず行ったのは，クロマツの実生にどのような菌根菌がどれくらいの割合で共生しているのか調べることでした。クロマツ実生は根の周辺土壌ごと袋に入れて持ち帰ってくるのですが，それらを温室の水道を使い，篩の上で丁寧に根っこから土を落とします。そして，きれいになった根っこを研究室に運び，顕微鏡を使って菌根数と根端数を数えます。菌根数と根端数を数えることで，根に共生している菌根菌の割合が計算出来ます。この試験では，91.7%以上の根端に菌根菌が共生していました。同時に目視（顕微鏡下）で菌根のタイプ分けを行います。タイプ分けをした菌根は，タイプごとの菌根数を数えることで全菌根数に対する**優占**割合を算出し，PCR-RFLP法によってタイプ間の違いを確認します。さらにDNAの塩基配列を読むことで（シ

ークエンス解析），どんな菌根菌が共生していたかを決定します。その結果，クロマツ実生に共生していた菌根菌の 38.6% が *Cenococcum geophilum*（セノコッカム）であることがわかりました。次いで割合が高かったのは，未同定菌の T01 や ECM58 などです。これらのなかから優占していた 8 種の菌根菌について，その周りにいる細菌を検出することにしました。用いた方法は Denaturing Gradient Gel Electrophoresis（DGGE）法です。DGGE は環境試料から抽出した DNA を使い，特殊なゲル上で試料に含まれている微生物種の比較をすることが可能です。また，バンドとして検出された微生物をさらにシークエンス解析で同定することができます。私は，上記 8 種の菌による菌根から直接 DNA を抽出し，細菌の DNA を特異的に増幅するプライマーを使って DGGE を行いました。その結果，菌根菌種間で細菌群集パターンが異なることがわかりました。とくにクロマツ菌根における優占度の高かったセノコッカムでは，細菌があまり検出されませんでした。セノコッカムは真っ黒な菌糸をたくさん伸ばすので，多くの細菌が検出されるだろうと予想していましたが，この予想は見事にはずれました。セノコッカムに関しては抗菌活性を有するという報告が 1960 年代にあり，今回の結果はこの報告を支持していると考えられます。また，*Burkholderia* spp.（バークホルデリア属細菌）や *Bradyrhizobium* spp.（ブラディリゾビウム属細菌）など，**窒素固定**能力があると報告されている細菌が多くの菌根から検出されたのも興味深い結果でした。

4.2 ヘルパー細菌の探索

1994 年，ガルバイエにより「菌根菌共生の新たな局面（new dimension to the mycorrhizal symbiosis）」という総説が『*New Phytologist*』誌に掲載されました（Garbaye 1994）。それよりさかのぼること 15 年，ボウエンとテオドルーは室内実験によって，何種類かの土壌細菌と根圏細菌が菌根菌 *Rhizopogon luteolus* の生育に影響していることに気づきました。さらに，菌根菌に対する影響は細菌の種類によって異なっており，生育を阻害するものや，逆に促

Note

実験方法

菌根菌を植物へ人為的に共生させることを私達はよく「菌根合成」とよびますが，この菌根合成には，クロマツ種子の表面殺菌と菌根菌の培養，土壌の調整の三つの準備が必要になります。

クロマツ種子の表面殺菌
①クロマツの種子を蒸留水の入ったビーカーに約1日浸けておく。
②その後，種子だけを取り出し，10% $Ca(ClO)_2$ 溶液に移し，45分間攪拌する。
③攪拌後，滅菌水に5分浸し，予め作っておいた1%素寒天培地上へ1粒1粒置いておく。
④種子の状態にもよるが，だいたい1週間くらいで根が出てくる。根の長さは，0.5 mmから1 cmくらいが実験にちょうどよい。

プレート（9 cmシャーレ）1枚におよそ20粒の表面殺菌したクロマツをおくと，ちょうどよいでしょう。また，攪拌している種子を取り出す際には，滅菌した茶漉しを使うと便利です。

土壌の調整
⑤土壌を100 mL容ポリプロピレン容器に70 g充填する。
⑥養分として，ハイポネックス（1000倍希釈液）にグルコース10 g/Lを加えた水溶液を8 mL添加する。
⑦121℃，120分間オートクレーブ滅菌する。
⑧滅菌した土壌は，クリーンベンチ内で，上から見て中心に，直径5 mmほど，深さ約1 cmの穴を開けておく。

菌根菌の培養
⑨Modified Melin-Norkrans（MMN）寒天培地上で予め生育させた菌根菌の菌糸先端を直径6 mmのコルクボーラーで打ち抜きディスクを作る。
⑩そのディスクは，MMN液体培地へ移し，25℃で3日間ほど培養する。
⑪ディスクから菌糸が伸びてきたのを確認し，試験に使用する。

以上のような準備が整ったうえで，いよいよ菌根合成を行います。

菌根合成
⑧で開けた穴に⑪の菌根菌を接種し，25℃で2週間培養します。その後，菌根菌が生育しているのを確認し，菌根菌を接種した穴へ，すでに表面殺菌を終え0.5 cmから1 cmほど根が出た種子（④）を植えていきます。そして，

> 9週間栽培し，栽培後に成長したクロマツの土壌から取り出し，根を洗浄し，顕微鏡下で形成した菌根数を計測します。さらに私の場合は，細菌も使いますのでもう1作業加わります。細菌は，**ポテトデキストロース液体培地**（pH 7.0）10 mL に単離した細菌を接種し，28℃で24時間振とう培養します。培養液の濁度を 600 nm の波長を使い 1.5～2.5 になるよう細菌密度を調整して，クロマツ実生苗を植えた時にその周囲に接種します。

進するものもいました（Bowen and Theodorou 1979）。ガルバイエはそうした菌根菌に影響を与える細菌のうち，菌糸生育を促進するもの，植物との共生を促進するものを「Mycorrhiza helper bacteria（ヘルパー細菌）」と名付けることにしたのです。それから18年，いまでもヘルパー細菌についてはまだまだ研究が進んでいるとはいえない状況です（表4.1）。

では，クロマツ林分にもこのようなヘルパー細菌がいるのでしょうか。DNA に基づく手法によってクロマツ菌根にも細菌がいることがわかりましたので，クロマツ実生の**根圏土壌**から細菌の単離を試みました。培地には，0.1N 水酸化ナトリウム溶液で pH 7.0 に調節した**ポテトデキストロース寒天（PDA）培地**と **LB 培地**を使用しました。**希釈平板法**を用いて根圏土壌中の細菌の数を数えると，1 g の土壌中に少なくとも約 180 万 cfu（コロニー形成単位）の細菌が生息していることがわかりました。そのなかから先程の菌根菌と同じように DNA の配列をもとにタイプ分けをして，最終的に 8 種の細菌を選んでその後の試験に使いました。ヘルパー細菌の探索をした試験方法は二つで（CD 参照），培地上で菌根菌と細菌を対峙培養する方法と，無菌的に栽培したクロマツ実生に特定の細菌を接種し，菌根共生が発達するかどうか菌根化率で評価する方法です。

対峙培養の結果は，図 4.1-a のようになりました。菌根菌のみを培地上で生育させた場合菌糸が 21.5 mm 生育するのに対し，試験に用いた 8 種の細菌中 5 種が菌根菌の生育を阻害しました。しかし唯一，*Ralstonia* sp.（ラルストニア属細菌）と対峙培養した菌根菌で 28.8 mm と有意に生育を促進していました。

つぎに菌根化についてみてみますと，*Bacillus* sp. 1（バチルス属細菌）や

表 4.1 外生菌根共生に大きな効果をもつヘルパー細菌の例.

菌根菌	ヘルパー細菌	宿主植物	ヘルパー細菌分離源	報告されているヘルパー効果
Amanita muscaria, Suillus bovinus	Streptomyces	Picea abies, Pinus sylvestris	A. muscaria-containing spruce stand	1.2-1.7 倍増加
Hebeloma crustuliniforme	Unidentified bacterial isolates	Fagus sylvatica	Soil	1.3-1.7 倍増加
Laccaria bicolor/laccata	Pseudomonas fluorescens, Pseudomonas sp., Bacillus sp.	Pseudostuga menziesii	L. laccata sporocarps and mycorrhizas	1.2-1.4 倍増加
Laccaria fraterna, Laccaria laccata	Bacillus sp., Pseudomonas sp.	Eucalyptus diversicolor	Sporocarps and ectomycorrhizas of L. fraterna	1.8-3.9 倍増加
Lactarius rufus	Paenibacillus sp., Burkholderia sp.	Pinus sylvestris	L. rufus ectomycorrhizas	1.9-2.4 倍増加
Pisolithus alba	Pseudomonas monteilii, Pseudomonas	Acacia holosericea	Rhizosphere	2.2 倍増加
Pisolithus sp.	Fluorescent pseudomonads	Acacia holosericea	Rhizosphere, mycorrhizosphere, galls	1.7-2.3 倍増加
Rhizopogon vinicolor, Laccaria laccata	Arthrobacter sp.	Pinus sylvestris	Culture collection	1.2-1.3 倍増加
Rhizopogon luteolus	Unidentified bacterial isolates	Pinus radiata	Rhizopogon luteolus ectomycorrhizas	1.2-2.3 倍増加
Different species of Scleroderma and Pisolithus	Pseudomonas monteilli	Different Acacia species	Rhizosphere	1.4-2.8 倍増加
Suillus luteus	Bacillus sp.	Pinus sylvestris	S. luteus ectomycorrhizas	2.1 倍増加

Frey-Klett et al. (2007) より一部改変.

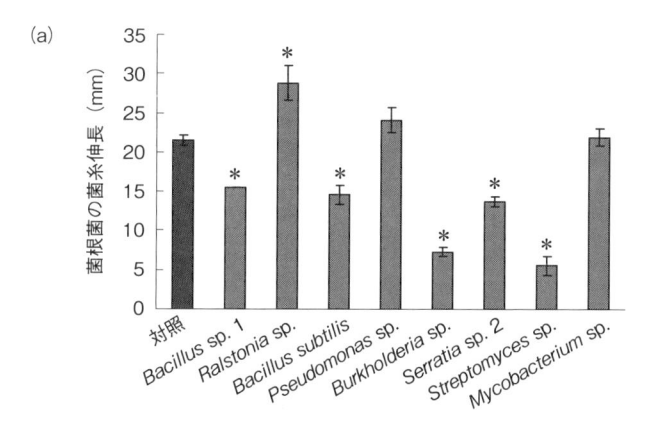

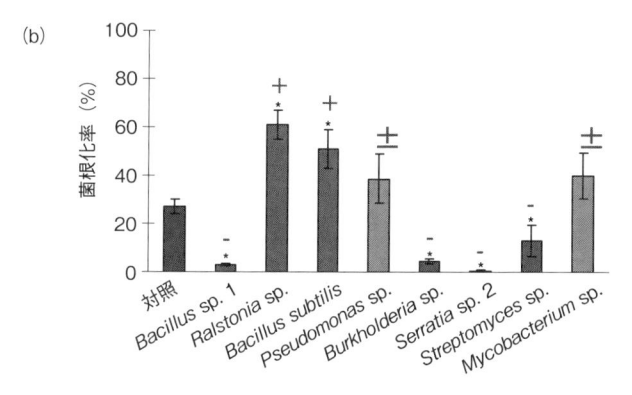

第 4 章　クロマツの根圏で起こる微生物間相互作用

(a)

(b)

図 4.1　(a) 対峙培養結果，(b) 菌根化．
＊：コントロールとの有意差あり（P < 0.05）；＋：コントロールと比較してプラスに作用；－：コントロールと比較してマイナスに作用；±：コントロールと同程度．バーは標準誤差を示す．

　Burkholderia sp.（バークホルデリア属細菌），*Serratia* sp. 2（セラチア属細菌），*Streptomyces* sp.（ストレプトマイセス属細菌）は，コントロール（対照）と比較して有意に菌根化を抑制していました。そして，*Pseudomonas* sp.（シュードモナス属細菌）と *Mycobacterium* sp.（マイコバクテリウム属細菌）については，コントロールとの差はありませんでした。それらに対して，菌糸伸長を促進した先程のラルストニア属細菌では，有意に菌根化が促進されていたのです（図 4.1-b）。また，ラルストニア属細菌の他にも *Bacillus subtilis*（バチルス・

Column

テーマとの出会い ― わたしの場合

　私は修士課程まで，トリコデルマ属菌という菌類を用いてフザリウム属菌が引き起こすタアサイ萎黄病の防除をしようと日々研究をしていました。そのなかで土壌中の微生物の複雑さを痛感し，個々の微生物だけを見ていては見えない何かがあると感じるようになりました。これまでとは異なる視点で研究を行いたいとの思いから，博士課程から他大学へ編入学しようとインターネットでいろいろな大学の研究室ホームページを検討したなかに，京都大学大学院農学研究科地域環境科学専攻の微生物環境制御学研究室がありました。ホームページの内容を読むと，「自然界において繰り広げられる複雑で多様な生物間相互関係を微生物学的な視点から研究し，理解しようとしています。その研究手法は分子生物学的レベルから生態学的レベルまで多岐にわたりますが，室内実験と屋外での調査・研究を互いにフィードバックさせながら自然の実態に肉薄したいと考えています」とあります。その内容にとても共感した私は，ここだ！この研究室しかないと思い，すぐに二井一禎教授にメールを書きました。二井教授は快く私を迎え入れてくださり，2005年春，無事に研究室の一員になれました。こうして研究室の一員になれた私に二井先生は，「菌根菌を研究対象にしてみませんか？」と提案して下さいました（菌根菌については，第2章と第3章で説明されているので，そちらを見てください）。それから，どんな研究をしようかとずっと考えていました。いろいろと論文を読みましたが，なかなか気が乗らない。そんな日が続いていましたが，ある日，「Pathogenic fungus harbours endosymbiotic bacteria for toxin production（病原菌は毒素を生産するために内部共生細菌をかくまっている）」というパルティダ・マルティネズとハートウェックの論文を見つけました。とても衝撃的だったのを覚えています。カビの中に細菌が住んでいて，その細菌が稲の病気となる化合物を作り出しているというのです。それからというもの，カビと細菌の関係が気になり論文を読みふけりました。すると2006年の『New Phytologist』という雑誌に「Endobacteria or bacterial endosymbionts? To be or not to be（内生細菌なのか細菌性の内部共生者なのか　いる方がいいのか　いない方がいいのか）」というタイトルのルミーニらの短報が掲載されました。2006年の時点では，カビの中に存在する細菌の報告が6報ほどあり（表4.2），そのなかには菌根菌の菌糸の中に細菌が存在するという報告もありました。「これだ！」。こうして，菌根菌と細菌の関係について研究するという方向性がようやく定まったわけです。

表 4.2 カビと細菌の共生と生物学的特長.

	カビ／細菌組合せ				
	Gigaspora margarita／*Ca. G. gigasporarum*	*Rhizopus microsporus*／*Burkholderia* sp.	*Geosiphon pyriforme*／*Nostoc punctiforme*	*Laccaria bicolor*／*Paenibacillus* spp.	*Tuber borchii*／CFB phylogroup
パートナー（カビ）	グロムス門	接合菌	グロムス門	担子菌	子嚢菌
菌株	BEG34	ATCC 62417	GEO1	S238N	ATCC 96540
菌糸形態	多核体	多核体	多核体	隔壁	隔壁
共生形態	菌糸，胞子，胞子様構造細胞	菌糸	嚢状部	菌糸	菌糸，子嚢果
パートナー（細菌）	β-proteobacteria	β-proteobacteria	Cyanobacteria	Firmicutes	Bacteroidetes
細菌ゲノムサイズ (MB)	1.4	n.d.	9.78	n.d.	n.d.
共生細菌状態					
Free-living	No	n.d.	Yes	n.d.	n.d.
Culturable	No	Yes	Yes	Yes	No
共生タイプ	継続的	周期的	周期的	n.d.	n.d.
代謝物の効果	n.d.	Rhizoxin生産	アセチレン還元（N_2固定？）	n.d.	n.d.

n.d.: 検出限界以下，CFB: Cytophaga-Flexibacter-Bacteroides, *Ca. G. gigasporarum*: *Candidatus* Glomeribacter gigasporarum.

サブチリス）で菌根化が促進されていました。こうして，シャーレ上での菌糸伸長と植物体での菌根化をいずれも促進したことから，ラルストニア属細菌はヘルパー細菌であると判断しました。その際，菌根化のみを促進したバチルス・サブチリスについても，ヘルパー細菌の候補として試験することにしました。これについては後ほどお話します。

さて，植物体を用いた試験では試験終了後に植物体の乾燥重量も測定したのですが，接種した細菌によってその重量に差が出ました。とくにバークホルデリア属細菌を接種したクロマツの根は，他の個体よりも大きく育っていました。私は，この細菌は，ヘルパー細菌ではないもののクロマツに対するPlant growth promoting rhizobacteria（PGPR）であると考えています。今回の試験ではクロマツを9週間しか育てませんでしたが，菌根菌を接種したクロマツと菌根菌を接種せずにPGPRのみを接種したクロマツとのあいだで，どれくらいクロマツの生育に差がでてくるのか興味があります。クロマツに対する影響としては，菌根菌では養水分の吸収改善が考えられますが，PGPRの場合は植物ホルモン様物質の生産による一過性の促進であると考えられます。つまり，クロマツの生育には菌根共生が不可欠だけれども，PGPRでクロマツ根の初期生育を促進するなど，活用方法を工夫すれば間接的に菌根共生をうながすことにつながるかもしれません。

4.3　ヘルパー細菌の菌根菌特異性

ヘルパー細菌2種（ラルストニア属細菌とバチルス・サブチリス）について，そのヘルパー効果は菌根菌に広く適応されるのか，それとも特定の菌根菌種に特異的なものなのか検討しました。試験方法は前項と同じです。ただし，菌根菌はヘルパー細菌探索時に用いた *Suillus granulatus*（チチアワタケ）の他に，セノコッカム，*Pisolithus tinctorius*（コツブタケ），*Rhizopogon* 属菌，*Wilcoxina mikolae* も使用して菌糸伸長と菌根化率について検討しました。まずラルストニア属細菌は，チチアワタケと *W. mikolae* の菌糸伸長を促進しましたが，セノコッカム，コツブタケ，*Rhizopogon* 属菌の菌糸には影響しませ

表 4.3 ヘルパー細菌の菌根菌 5 種に対する効果.

	菌糸伸長		菌根形成	
	Ralstonia sp.	*B. subtilis*	*Ralstonia* sp.	*B. subtilis*
W. mikolae	↑	↑	↑	→
Rhizopogon sp.	→	↓	→	↓
P. tinctorius	→	→	→	→
C. geophilum	→	→	↓	→
S. granulatus	↑	→	↑	↑

んでした．また，菌根形成については，チチアワタケと *W. mikolae* では促進し，コツブタケ，*Rhizopogon* 属菌に対しては影響がありませんでした．しかし，セノコッカムの菌根形成は阻害されました．このようにラルストニア属細菌では，菌糸伸長と菌根形成に対する促進効果が並行関係にありましたが，一方バチルス・サブチリスではそのような並行関係が認められませんでした（表4.3）．このことから，ラルストニア属細菌とバチルス・サブチリスの菌根菌に対する効果は，菌根菌の種類により異なることが明らかとなり，菌根菌促進プロセスも異なることが示唆されました．

4.4 細菌密度とヘルパー効果

ヘルパー細菌の初期密度とヘルパー効果について検討しました．試験方法はこれまでと同様ですが，ヘルパー細菌の菌密度を 10^3 から 10^9 cells/L までの 7 段階に調整し，それぞれを接種して行いました．その結果，ラルストニア属細菌は初期密度が 10^8 cells/L 以上のとき菌根共生を促進しましたが，バチルス・サブチリスでは 10^7 cells/L でもっとも菌根共生が促進され，それより密度が高くても低くても，コントロールと有意な差はありませんでした．土壌の比重を 1 と考えた場合，ラルストニア属では 10^6 cells/g 以上，バチルス・サブチリスでは 10^5 cells/g で菌根共生を促進することになります．鳥取

の調査地では，このラルストニア属細菌がクロマツの根圏土壌中に 10^7 cells/g，非根圏土壌中には 10^6 cells/g 存在することが，リアルタイム PCR 法による定量結果から明らかになりました。つまり，根圏には，菌根共生が促進されうる十分な密度のヘルパー細菌が存在していることになります。

ある種の細菌は，同種および異種のあいだで細胞同士のコミュニケーションを行い，菌体密度を感知しています（クオーラムセンシング）。クオルモン（菌体密度感知シグナル）という物質が鍵になっています。細菌が細胞外に放出するクオルモンは，細菌の増殖にともなって濃度が高まります。そのクオルモンの濃度が限界値を超えると，その信号が各細菌に感知され，特定の遺伝子群の発現が誘導されるのです。**グラム陰性菌**ではアシルホモセリンラクトン（AHL）タイプのクオルモンを利用するものが多く，**グラム陽性菌**では，A-factor と呼ばれるクオルモンが知られています。私は，ヘルパー細菌（ラルストニア属；グラム陰性細菌）のヘルパー効果が細菌密度依存型であったことから，こうしたクオルモンが菌根菌に対するヘルパー効果に関与しているのではないかと考えています。

4.5 ヘルパーメカニズム

ヘルパー効果の菌根菌特異性の項でそのプロセスが異なると書きましたが，考えられるプロセスは三つあります。一つは，細菌が促進物質を生産し，その促進物質が菌根菌に作用するというもの。二つ目は，菌根菌が分泌する**二次代謝産物**を細菌が分解することで，菌根菌が自身に抑制的な影響を出さずに生育ができるというもの。そして三つ目は，細菌が菌根菌に作用するのではなく，植物側に作用するというものです。今回分離されたヘルパー細菌 2 種ではどうかというと，菌糸伸長と菌根化に対する作用様式から，ラルストニア属細菌は促進物質を生産することで菌根菌に作用しており，バチルス・サブチリスは植物側に作用しているのではないかと考えています。レアーらは，*Streptomyces* 属細菌 AcH505 株のヘルパー効果の本質が，外敵に対する植物の防御反応を抑制することで菌根菌が感染しやすくなることにあると示

しました（Lehr et al. 2007）。一方ドゥボーらは，温室や苗畑でヘルパー効果を示したバチルス・サブチリスが室内実験では菌糸伸長を促進しないという現象をとらえ，菌根菌の二次代謝産物の分解に関与していると推察しています（Deveau et al. 2007）。私の単離したバチルス・サブチリスは，抗菌性環状ペプチド（ItulinAとSarfactin）を生産することが確認されています。対峙培養で菌糸伸長を抑制したのもそのためです。菌根化については今後検証する必要がありますが，ドゥボーが主張しているように，植物の外敵に対する防御反応を抑制しているという説が正しいのかもしれません。

　こうしたヘルパーメカニズムについての研究は，フランスとドイツの研究チームが先行しています。使用されている細菌は *Pseudomonas fluorescens* BBc6R8株と *Streptomyces* nov. sp. 505株の2種類です。ここでは，ドイツの研究チームの研究内容を少し紹介します。彼らが使用している *Streptomyces* sp. 505株は非常に興味深い**放線菌**（**グラム陽性細菌**）で，菌根菌（ベニテングタケ *Amanita muscaria*）の菌糸伸長は促進するけども，用いた2種の植物病原菌（*Armillaria obscura* と *Heterobasidion annosum*）の菌糸伸長は阻害するというものです。菌根菌と植物病原菌に対するこの細菌の効果の違いは何なのでしょうか。彼らは，遺伝子の発現と実際に効果を引き起こす物質を探索しました。

　Streptomyces 属細菌には，菌根菌の菌糸伸長を促進するAcH505株の他に，促進しないAcH504株があります。両者のあいだでcyclophilin（*AmCyp40*）遺伝子の発現に大きな違いが見られました。AcH505株ではこの遺伝子の顕著な発現が確認されたのに対して，AcH504株では確認されなかったというのです。Cyclophilinは，酵母では細胞の十分な増殖とストレス耐性に関与しているといわれています。さらに，AcH505株の培養上清からは，AuxofuranとWS-5995B，Cという物質が単離されました。Auxofuranは菌根菌 *A. muscaria* の菌糸伸長を促進することが報告されており，一方，WS-5995BとCは植物病原菌の菌糸伸長を抑制する物質とされています。これら三つの物質生産は，pHに大きく依存しており，細菌を培養する培地のpHが酸性側のときAuxofuranが，培地のpHが中性付近ではWS-5995が生産されます。しかし，細菌を培養する培地にいずれの物質を加えても，先程の

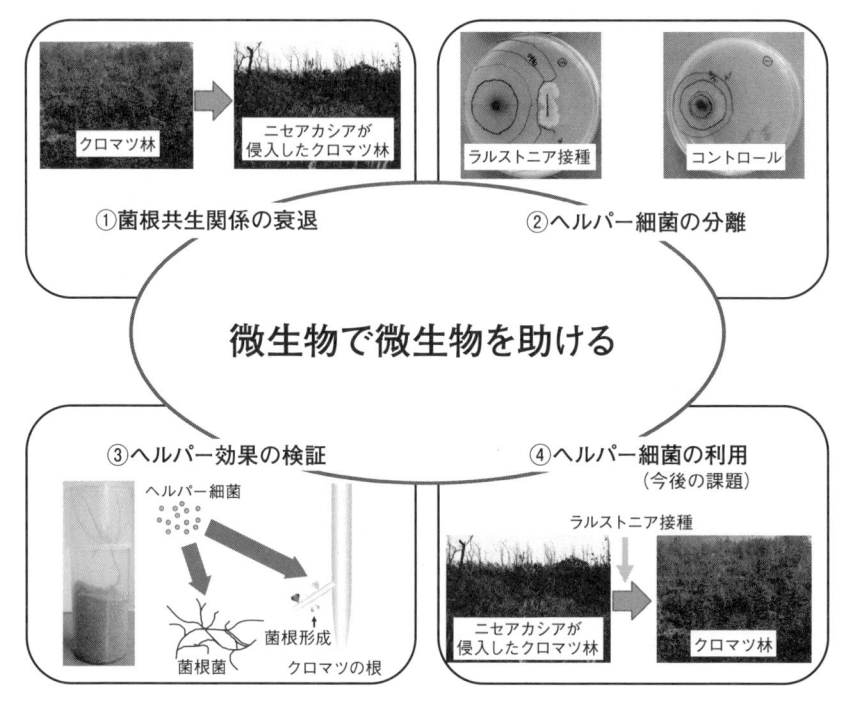

図 4.2 本章のまとめ.

AmCyp40 遺伝子の発現には明確な変化が生じず,これらの生理活性物質-遺伝子-菌糸伸長への影響という3者を結びつけるにはいたっていません。これらの物質の機能に関しては,再度検証する必要がありそうです。

2005年にパルティダ・マルティネズとハートウェックの「Pathogenic fungus harbours endosymbiotic bacteria for toxin production」を読んでから,あっという間に6年が経過しました。その間,リゾプス属菌に共生していたバークホルデリア属細菌の種が決定され,ゲノム配列も解読されました。また,このリゾプス属菌は,菌糸の中に細菌が存在しなければ繁殖できないこともわかりました。そして,菌糸に内在する細菌がそれほどめずらしいものではないことが少しずつわかってきました。2008年には,臨床上で分離された接合菌28株のうち15株（54%）で菌糸の中に細菌が存在することが確認され,その16S rDNAゲノムの33%がバークホルデリア属細菌のものと

87%以上の相同性があることが示されました。また，2010年には414株もの植物内生糸状菌の菌糸を調べ，そのうち75株から細菌が検出されたという報告もあります。今後さらに研究が進み，菌類と細菌の関係が明らかになっていくものと思われます。

(片岡良太)

参考文献

Bowen, G.D. and Theodorou, C. (1979) Interactions between bacteria and ectomycorrhizal fungi. *Soil Biology and Biochemistry*, **11**: 119-126.

Deveau, D., Palin, B., Delaruelle, C., Peter, M., Kohler, A., Pierrat, J., Saniguet, A., Garbaye, J., Martin, F. and Frey-Klett, P. (2007) The mycorrhiza helper *Pseudomonas fluorescens* BBc6R8 has a specific priming effect on the growth, morphology and gene expression of the ectomycorrhizal fungus *Laccaria bicolor* S238N. *New Phytologist*, **175**: 743-755.

Frey-Klett, P., Garbaye, J. and Tarkka, M. (2007) Tansley Review The mycorrhiza helper bacteria revisited. *New phytologist*, **176**: 22-36.

Garbaye, J. (1994) Tansley Review No.76 Helper bacteria: a new dimension to the mycorrhizal symbiosis. *New Phytologist*, **128**: 197-210.

Lehr, A. Nina, Schrey, D. Silvia, Bauer, R., Hampp, R. and Tarkka, M. (2007) Suppression of plant defence response by a mycorrhiza helper bacteria. *New Phytologist*, **174**: 892-903.

Lumini, E., Ghignone, S., Bianciotto, V. and Bonfante, P. (2006) Endobacteria or Bacterial Endosymbionts? To Be or Not to Be. *New Phytologist*, p 205.

Partida-Martinez, L.P. and Hertweck, C. (2005) Pathogenic fungus harbours endosymbiotic bacteria for toxin production. *Nature*, **437**: 884-888.

Partida-Martinez, L., Monajembashi, S., Greulich, K. and Hertweck, C. (2007) Maintenance of a bacterial–fungal mutualism through endosymbiont-dependent host reproduction. *Current Biology*, **17**: 773–777.

Riedlinger, J., Schrey, S.D., Tarkka, M.T., Hampp, R., Kapur, M. and Fiedler, H-P. (2006) Auxofuran, a novel metabolite that stimulates the growth of fly agaric, is produced by the mycorrhiza helper bacterium *Streptomyces* strain AcH 505. *Applied Environmental Microbiology*, **72**: 3550-3557.

Schrey, D. Silvia, Schellhammer, M., Ecke, M., Hampp, R. and Tarkka, T. (2005) Mycorrhizahelper bacterium *Streptomyces* AcH 505 induces differential gene expression in the ectomycorrhizal fungus *Amanita muscaria*. *New Phytologist*, **168**: 205-216.

第5章

糞生菌のはなし

5.1 糞の登場

　約4億年前頃の地球，陸にあがった植物と菌類はまず陸上に菌根共生の森をつくり，菌根のバージョンアップをはかりながら，しだいに地球上の陸地を支配する森をつくりあげました。森の中では，林冠から土壌中までのさまざまな生息域で植物・菌類・動物がさらに多様化を果たし，実にさまざまな生物が暮らす現在の森林の姿となったのです。

　そんな森の中で暮らす動物は，森の中で排泄を行い，そこで寿命をまっとうします。その結果，森の中には動物の糞や遺体が取り残されることになります。つまり，そこに菌類のあらたな生息場所がうまれることになったわけです。動物の排泄物や死体は分解の過程でアンモニアをはなち，周囲の土壌に影響をあたえます。それを契機にアンモニア菌という一群の菌類が発生し，森の中で相応の役割を果たしています（次章参照）。そして動物が日常的に排泄する糞，その有機物に満ちた魅力的な資源を有効利用しようと，細菌類から担子菌類までのさまざまな微生物がのりだしてきます。それが糞生菌とよばれる菌類です。

5.2　糞生菌とは

　動物の糞の上に独特の菌類が見られることは古くから知られており，多くの菌学者の興味を引いてきました。このような菌の中には，土壌など他の環境や他の基質（栄養源）の上でも生息が確認されているものもありますが，多くの菌はその生活環の大部分を動物の糞に依存しています。これらの菌を**糞生菌類**（coprophilous fungi もしくは fimicolous fungi）とよびます。糞の中には動物が消化吸収できなかった有機物や窒素をはじめ多くのミネラル成分が含まれており，加えて消化管の粘膜や消化管の付属腺の分泌物など，豊富な物質が存在します。その資源をめぐって，細菌，**変形菌類**，線虫類やダニなどの動物，そして菌類が，糞の分解という役割を担いながら共同生活を営むのです。糞は動物が生息する地球上のあらゆる環境と場所で普遍的にみられる資源であり，その多様な環境に残された糞の上で，さまざまな糞生菌がそれぞれ独自の暮らしを展開しています。

　典型的な糞生菌の生活環は以下のようなものです（図5.1）。まず，糞上で成長した糞生菌が周囲に胞子を分散させます。胞子は周囲の草上に付着して（図5.2），草食獣に食べられます。消化管内に取り込まれた糞生菌の胞子は，糞とともに環境中へと放出され，そしてふたたび糞上で胞子から生活史をスタートして子実体を形成させます（図5.3）。多くの菌では，動物の消化管内を通過することで酵素などの作用を受けて，胞子発芽が促進されることが知られています。最初から糞に胞子という散布体を含ませるのは，糞という資源を独占するための戦略なのでしょう。消化管をとおることにより胞子発芽が促進されるのは，糞という特殊環境に適応した糞生菌が，糞という資源に出会ったときにのみ生活を開始するための創意工夫といえます。そして糞上では多様な菌が，**接合菌類～子嚢菌類～担子菌類**と，ある程度の秩序をもって**遷移**的に発生します（図5.4，表5.1）。この遷移現象は，遊離の糖類を利用する菌類から，しだいにセルロースのような難分解性の基質を利用できる菌類へ遷移すると，栄養要求の面から説明されてきましたが，菌種間での捕食や寄生，抗生物質による攻防等が知られており，実態はかなり複雑です。

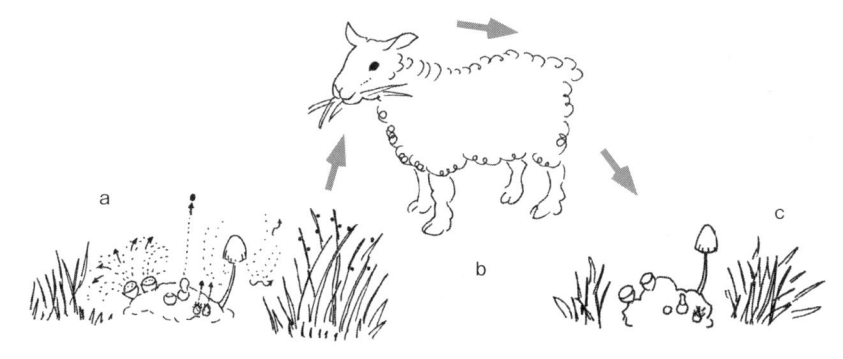

図 5.1　糞生菌の生活.
a. 糞の上には様々な糞生菌の子実体が生じ，それぞれ独特の方法で胞子を散布する．多くの胞子は表面に粘性があり周辺の草本類に付着し，動物に食べられるのを待つ．b. 動物に食べられた胞子は動物の消化管の中を通る．消化管を通過することは多くの菌にとって発芽促進効果がある．c. 多様な胞子を含んだ糞はふたたび地上に落とされ，その上で糞生菌が生育しキノコをつくり，再度胞子散布を行うことになる（Bell 1983 を改変）．

　糞を排泄する動物によって糞生菌相は異なるのですが，草食獣の糞生菌相はある程度似通っており，また多様性が高いことが知られています。このことは前述の動物の餌となる草の上に胞子を飛散・付着させる糞生菌の生活様式と深い関係があります。糞生菌は温血動物とともに進化したとも考えられており，たしかにウマ，シカ，ウサギなど草食獣の糞には多様な糞生菌が見られ，次いで鳥の糞からもさまざまな菌が分離されています。さらに，両生類（アズマヒキガエル），昆虫（カブトムシ，クワガタ，イラガなど）など，多様な動物の糞からも糞生菌は発生することが報告されています。

　糞は豊富な栄養資源である一方，糞生菌にとっては，いつかは沈没する小さな「島」のようなものでもあります。その島から，いかに効率よく胞子を飛散・脱出させ，繁殖を成功させるか。その工夫の数々は，糞という環境への「**適応度**」と考えられるでしょう。そして案の定，それぞれの糞生菌はたいへん興味深い独特の胞子散布様式をもっています。また，糞という非常に小型の限られた資源を効率よく利用するため，糞生菌はさまざまな工夫をしています。糞上に多くの菌種が存在するほど糞はゆるやかに分解し，多様な菌が一つの糞上でうまく生育・胞子形成を行う現象や，成長の遅い菌が抗菌

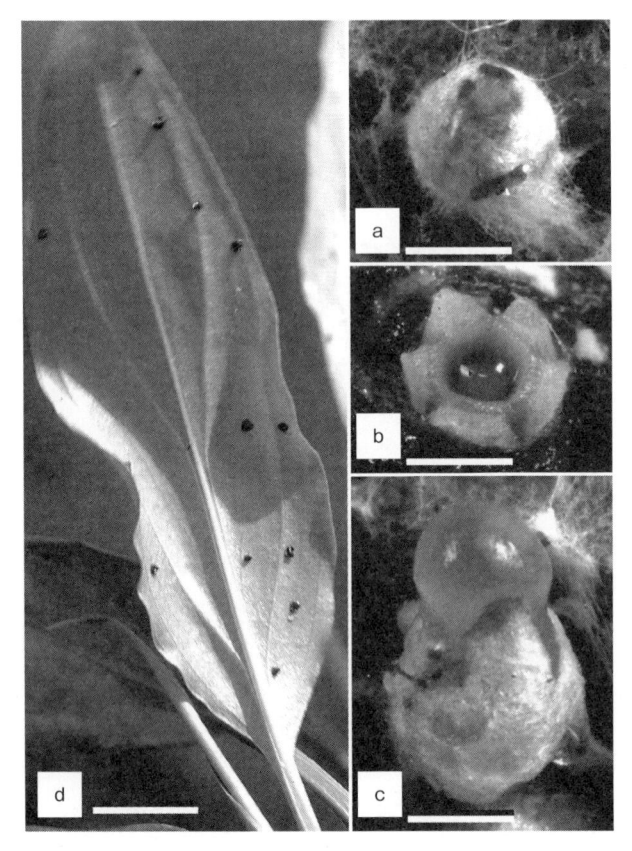

図 5.2 タマハジキタケ属菌 *Sphaerobolus* sp.（担子菌門ヒメツチグリ目）の胞子塊発射.

写真はすべて千葉県内の施設栽培の鉢植えに発生したタマハジキタケ属菌の子実体. 感染は輸入堆肥からと推定された. タマハジキタケ *Sphaerobolus stellatus* は, 糞上や堆肥, 枯れ枝などの植物遺体上に発生する. 直径 1 ミリ程度の子実体から, 数十センチから数メートルの高さに, 粘着性のある胞子塊（グレバ）を射出する. 胞子塊は粘性をもち付近の植物の葉などに付着する. 再度動物の消化管内に取り込まれ糞とともに排泄される. その胞子散布様式は大昔から菌学者の注目をあつめ, リンネ以前の菌学者 P.A. ミケリーによる著書『*Nova Plantarum Genera*（植物の新しい属）』（1729 年）にも詳しい図入で紹介されている.

a-c：若い子実体（a）が成熟すると, 丸い子実体頂部が裂開し, 中に見える球状の胞子塊（b）が層状となった外被内にある柵状組織の膨圧により発射され, 胞子塊を包んでいた組織も外側に風船状に飛び出す.

d：発射された胞子塊は粘性があり周囲の植物の葉の表面に付着し草食動物に食べられるのを待つ. スケール：a-c：1 mm, d：2 cm.

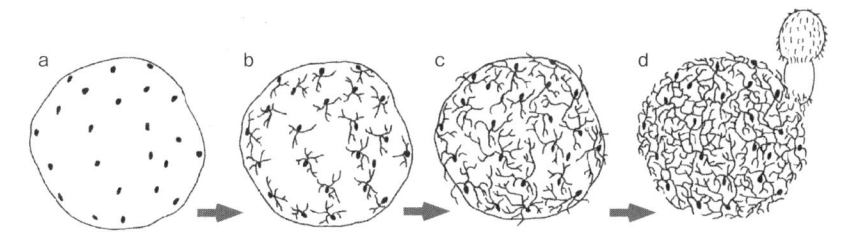

図 5.3　糞生菌の成長（担子菌門ハラタケ目を例として）．
糞の表面や中にはすでに沢山の胞子が含まれており，糞が地上に排泄されたあと，胞子は発芽して糞の限られた資源を効率よく利用する．
a．動物から排泄された時点で，すでに糞の内外には担子胞子が存在．b．担子胞子が発芽し一次菌糸が成長．c．一次菌糸が互いに接合し二次菌糸となる．d．二次菌糸が糞全体に増殖しの子実体原基が形成され子実体となる（Buller 1931; Kendrick 2000 を改変）．

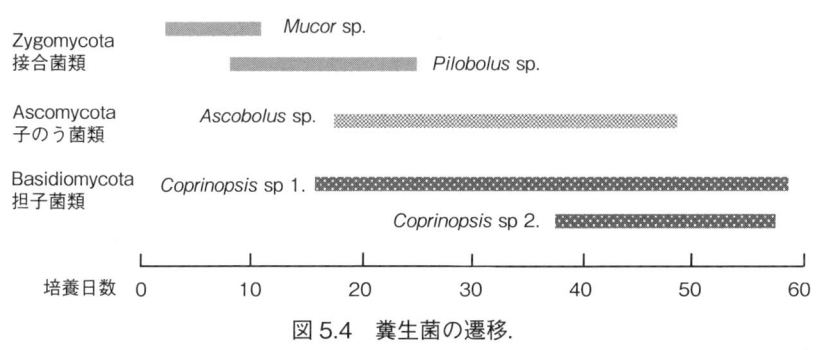

図 5.4　糞生菌の遷移．
糞上にはさまざまな分類群の菌が順序よく発生する．各菌類が利用する糞の中の資源のうつりかわり（易分解性の糖など→難分解性のセルロースなど）や菌種間での捕食や寄生などが，発生する菌の遷移現象に反映すると説明されている．直径 9 cm，高さ 6.5 cm の腰高シャーレに長野県産ニホンジカの糞を約 10 個入れ培養．

物質を生産して他の菌の成長を調整する現象など，面白い関係が知られています．糞上の菌は，限られた資源を有効に活用し，「沈みゆく島」から胞子という散布体を無事脱出させるためのさまざまな工夫をこらしているのです（図5.2）．このようにミクロコスモスとしての糞は菌類生態学の魅力的な材料であり，糞生菌の観察は菌類生態学の良い入門教材であるといわれるのももっともなことなのです．

表 5.1 糞生菌類として知られる主な菌の分類学的位置.

接合菌門
 ハエカビ目 Entomophthorales
  バシディオボルス科：バシディオボルス *Basidiobolus*
 キクセラ目 Kickxellales
  キクセラ科：ブラシカビ *Coemansia*
 ケカビ目 Mucorales
  ケカビ科：マキエダケカビ *Helicostylum*, ヒゲカビ *Phycomyces*
     ミズタマカビ *Pilobolus*, エダカビ *Piptocephalis*
子嚢菌門
 ホネタケ目 Onygenales
  ギムノアスクス科：ギムノアスクス *Gymnoascus*
  アルトロデルマ科：アルトロデルマ *Arthroderma*
 フンタマカビ目 Sordariales
  ケダマカビ科：ケダマカビ *Chaetomium*
  コニオカエタ科：コニオカエタ *Coniochaeta*
  ラシオスファエリア科：ポドスポラ *Podospora*
  フンタマカビ科：ポドソルダリア *Podosordaria*, ソルダリア *Sordaria*
 チャワンタケ目 Pezizales
  アスコボルス科：スイライカビ *Ascobolus*
  アスコデスミス科：アスコデスミス *Ascodesmis*,
     ヨードファナス *Iodophanus*, サッコボラス *Saccobolus*
 クロイボタケ目 Dothideales
  スポロルミア科：デリチア *Delitschia*, スポロルミエラ *Sporormiella*
担子菌門
 ハラタケ目 Agaricales
  ハラタケ科：マグソヒトヨタケ *Coprinus*
  オキナタケ科：キオキナタケ *Bolbitius*, ヒカゲタケ *Panaeolus*
  ナヨタケ科：ジンガサタケ *Anellaria*, *Coprinellus*, *Coprinopsis*, *Parasola*
  モエギタケ科：キバフンタケ *Stropharia*
 ニセショウロ目 Sclerodermatales
  タマハジキタケ科：タマハジキタケ *Sphaerobolus*

参考：Krug and Benny et al.（2004）など

5.3 糞生菌の種類と日本における研究

 糞生菌類の研究は 300 年ほど前から欧米を中心に進められてきましたが，いまだに新しい種類の菌類が続々と発見されています．前世紀末に出版された菌学書『*Sylloge Fungorum*』には糞生菌として 187 属 757 種が記録されて

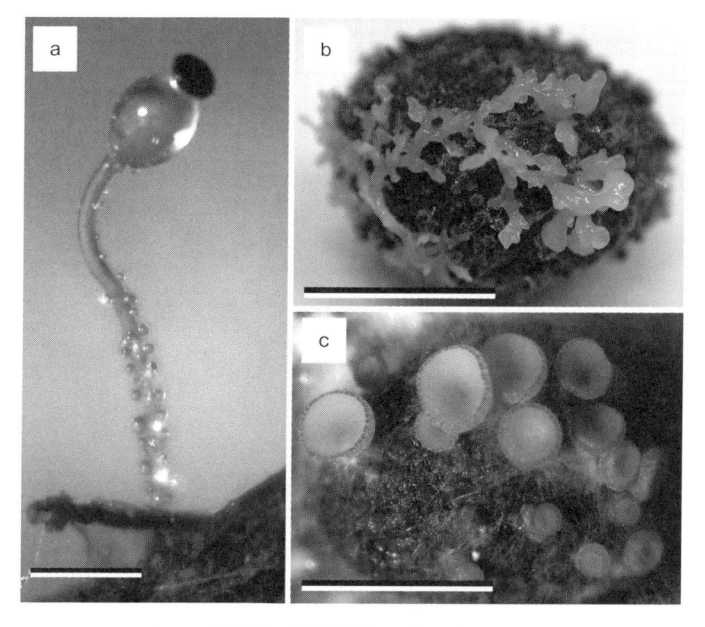

図 5.5 糞生菌のいろいろ.
a. ミズタマカビ属菌（*Pilobolus* sp.）．代表的な接合菌門に属する糞生菌で，頭部には黒い扁平の胞子囊，その下に膨らんだ透明の胞子囊下囊，その下の胞子囊柄表面には水滴が見られる．胞子囊を光の方向に向けて射出する（長野県茅野市で採集されたウマの糞）．b. 糞上にあらわれた変形菌類の変形体（東京都八王子市で採集されたノウサギの糞）．c. 糞上に発生した子囊菌門チャワンタケ目菌（*Pseudombrophila* sp.）の子実体（千葉市動物公園で採集されたノウサギの糞）．　スケール：a：1 mm，b，c：5 mm．写真はすべて寶田浩太郎氏撮影．

おり，現在では変形菌門から5目8科22属（図5.5b），接合菌門から7目10科52属（図5.5a），子囊菌門から13目36科136属（図5.5c，図5.6），担子菌門から6目14科27属（図5.7）の糞生菌が報告されています．とくに代表的な分類群を表5.1に挙げましたが，これらは糞生菌とされた全菌種のほんの一部なのです．糞生菌の多様な分類群や研究史については章末の文献を参照してください．

　日本における糞生菌の研究は第二次世界大戦後にはじまります．接合菌類，子囊菌類に属する糞生酵母，子囊菌類チャワンタケ目やクロサイワイタケ目

第1部 森の菌類

図 5.6　糞生のハチスタケ（子嚢菌門クロサイワイタケ目）．

ハチスタケ *Podosordaria jugoyasan* (Hara) Furuya & Udagawa はウサギの糞上に見られる稀菌として大正時代に原 摂祐に発見され，戦後ウサギノミミカキタケ *Poronia leporina* として発表されたが（原 1959），冬虫夏草にも同様の和名があり，また新種であることが判明したためハチスタケ *Poronia jugoyasan* Hara として記載され（原 1960），Furuya & Udagawa (1976) により現在の属とされた．「はちす」はハスの古名であり，子座 (stroma) に子嚢殻が埋没する様がハスの実がハスの花托に埋もれている様に似ていることに由来する．また種小名の *jugoyasan* について，原記載に「ウサギと月の昔話から取った」とあり，満月を意味する「十五夜」に愛称をつけたもの．写真撮影者の浅井郁夫氏によれば，従来，希菌とされてきたが，晩秋〜冬の時期に海岸のノウサギの糞上に頻度高くみられる普通種であるという．a，b：子実体，c，d：子座，e，f：子座断面．場所と採集日；a：茨城県，11月13日，b，c：千葉県，10月30日，d，e：千葉県，1月5日，f：茨城県，12月29日．スケール；c，d：1 cm，e，f：2 mm．写真は全て浅井郁夫氏撮影．発生はすべてノウサギの糞上．

図 5.7　ヒトヨタケ類（担子菌門ハラタケ目）の糞生菌.

ヒトヨタケの仲間は遷移の後期にみられるもっとも主要な糞生担子菌類．a．ツバヒナヒトヨタケ *Coprinopsis ephemeroides* は柄の途中にツバをもち幼菌は橙色の美しいキノコで比較的広汎な草食獣の糞から発生し培養も容易．b．ヒトヨタケ類の未知種が大量に糞上に発生している様子．c, d．シラゲウシグソヒトヨタケ *Coprinopsis candidolanata*（c，糞上）とトフンヒトヨタケ *Coprinopsis stercorea*（d，培養子実体）は 2005 年に日本新産として報告された（Fukiharu et al. 2005）．大型の子実体をつくる担子菌類でも糞生菌からは未調査の種類が数多く発生する．すべて八ヶ岳のニホンカモシカの糞上．スケール：a, b：10 mm，c：1 mm，d：5 mm．写真はすべて寶田浩太郎氏撮影．

（図 5.6），不完全菌類にそれぞれ属する糞生菌類が報告されてきました．なかでもこの分野における宇田川俊一博士と古谷航平博士の日本産糞生子囊菌類相の解明に関する貢献は大きいものがあります．しかし依然として日本における糞生菌研究は欧米に比べ遅れており，とくに多くの種類が報告されている糞生子囊菌類に比べて糞生担子菌類の情報は少ないのが現状です．たとえば日本で広く利用されている図鑑に図示された担子菌門ハラタケ目 491種のうちで，糞生という表示があるのは 15 種のみです．実験室内の分離（図 5.7，5.9）に基づく糞生担子菌類相の研究も日本ではほとんど行われておらず，多くの知見は野外での発生情報（図 5.8）に基づくものです．ここで，目立つ大型の子実体をつくる菌でありながら，意外と知見の少ない糞生担子菌類

第1部　森の菌類

図5.8　ヒカゲタケ属 Panaeolus sp.（担子菌門ハラタケ目）の糞生菌.
シカ類などの糞は野外で大量にみられ，ときに大型の担子菌類の子実体もみられる．長野県茅野市，2004年10月13日．ニホンカモシカの糞上．

図5.9　湿室分離法と観察.
a. 腰高シャーレに約半分のミズゴケを敷き，ろ紙を置き，十分量の水を入れてオートクレーブ滅菌し湿室とする．ろ紙の上に糞が重ならないように糞を並べ，光のあたる窓辺などに置き観察する（直射日光はさける）．写真のシャーレは直径9 cm，高さ6.5 cmのもの．
b. 発生してくる菌は，柄付針やピンセットを用いて実体顕微鏡下で菌を取り出し，顕微鏡観察や分離を行う．

についてふれておきましょう。

5.4　糞生のヒトヨタケ類（担子菌門ハラタケ目）

　ヒトヨタケ類（ハラタケ科の *Coprinus*，ナヨタケ科の *Coprinellus*，*Coprinopsis*，*Parasola*）をはじめとして，オキナタケ科（キオキナタケ *Bolbitius variicolor* など）や，モエギタケ科（トフンタケ *Psilocybe coprophila* など）に糞生菌がみられます（表5.1）。催幻覚成分であるシロシンやシロシビンを含有し，現在麻薬原料植物に指定されているワライタケ *Panaeolus papilionaceus*（オキナタケ科）やトフンタケなども糞生菌として知られています。ヒトヨタケ属 *Coprinus* の名はギリシャ語の「Kopros = 糞」に由来し，ヒトヨタケ類には糞生の生態をもつものが多く知られています。たとえば欧州産ヒトヨタケ類125種のうち40種が糞生であるといわれていますし，日本産の場合約40種のうち8種が糞生菌です。ウマやウシ糞上に発生するマグソヒトヨタケ *Coprinus sterquilinus* やウシグソヒトヨタケ *Coprinopsis cinerea* など野外でよく見られるものもありますが，後述の湿室分離法（図5.9）を行うと未知種を含む多数の小型のヒトヨタケ類を観察することができます（図5.7）。ヒトヨタケ類の正確な同定，記載のためには，幼菌時の傘の被膜等の形態情報が必須であり，そのためには分離培養が必要になりますが，糞上に発生した菌は，通常の人工培地では担胞子発芽や子実体形成を行わないものも多いのです。そのため，まだ記載がとれていない未知の糞生ヒトヨタケ類もかなり多くあると考えられます。

5.5　糞生菌の観察・培養

　糞生菌は比較的容易に発生させることができます。野外で採集した糞は蒸れないよう紙袋などで持ち帰り，直ちに観察を開始しない場合には，室温・日陰にて十分に乾燥させ，通気のよい室内の暗所に保存します。数年間室温

で保存したものでも糞生菌は発生しますが，変形菌類や接合菌類などは見られなくなり，担子菌類などの発生も少なくなります。

　菌を発生させるときに用いられるのが，湿室分離法（図5.9）です。湿室には腰高シャーレが適しており，その中に内容積の約1/2量までミズゴケを平らに詰め，その上にろ紙を1枚置き，水を加え，全体をオートクレーブ滅菌したものを湿室として用います。乾燥した状態の糞は数分間，または数時間滅菌水中に浸潤し，水分を十分に含ませます。水分を含ませた糞試料をろ紙上に重ならないよう数個をまとめて並べ，シャーレの蓋をします。糞の培養温度は室温で十分ですが，培養温度や期間によって発生する菌の種類が変わること，また遷移開始時期や発生期間が変わること（図5.10）が知られています。光の条件は必須ですが，直射日光は避けます。腰高シャーレは高価なので，ペットボトル容器やキノコ栽培瓶を利用した培養法もあります。

　糞生菌の発生は，室温におくと開始数日後から約2ヶ月間継続します。糞上に発生した糞生菌は必要に応じて分離培養し，分類的な調査を行います。分離した糞生菌を培地上で培養する場合，簡単に培養できるものもありますが，通常の培地では子実体を形成しないものもたくさんあります。また，担子胞子や子嚢胞子の発芽が容易でない種が非常に多く，そのような種では胞子発芽促進のためにフェノール，フェノール化合物，酢酸ソーダ等の化学処理を行って胞子を発芽させたうえで，**栄養菌糸**の培養を行います。さらに，糞上には同所的に多数の菌が存在するため，単離作業は意外に難しく分離には細心の注意と技術が必要です。たとえばヒトヨタケ類は，通常の培地でも担胞子発芽，菌糸成長，子実体形成が非常に良好な場合が多いのですが，糞生の多くのヒトヨタケ類は，通常の培地上ではこれらがいずれも困難であることも多いのです。そのため，糞生菌のなかには未知種もいまだに数多く含まれていると考えた方がいいでしょう。

　人為的に飼料で飼育される家畜や動物園の動物の糞（ウマ，ウシ，ヒツジ，ヤギ，ウサギ等）にも糞生菌は発生しますが，種類は平凡であることが多く，野生動物の糞の方が多様で新規の菌を発見することが期待できます。糞生菌の生活環を考えると（図5.1），野生植物等を食べる野生種の方が糞生菌も多様であることは容易に推測できます。野生のニホンジカやカモシカ，ノウサ

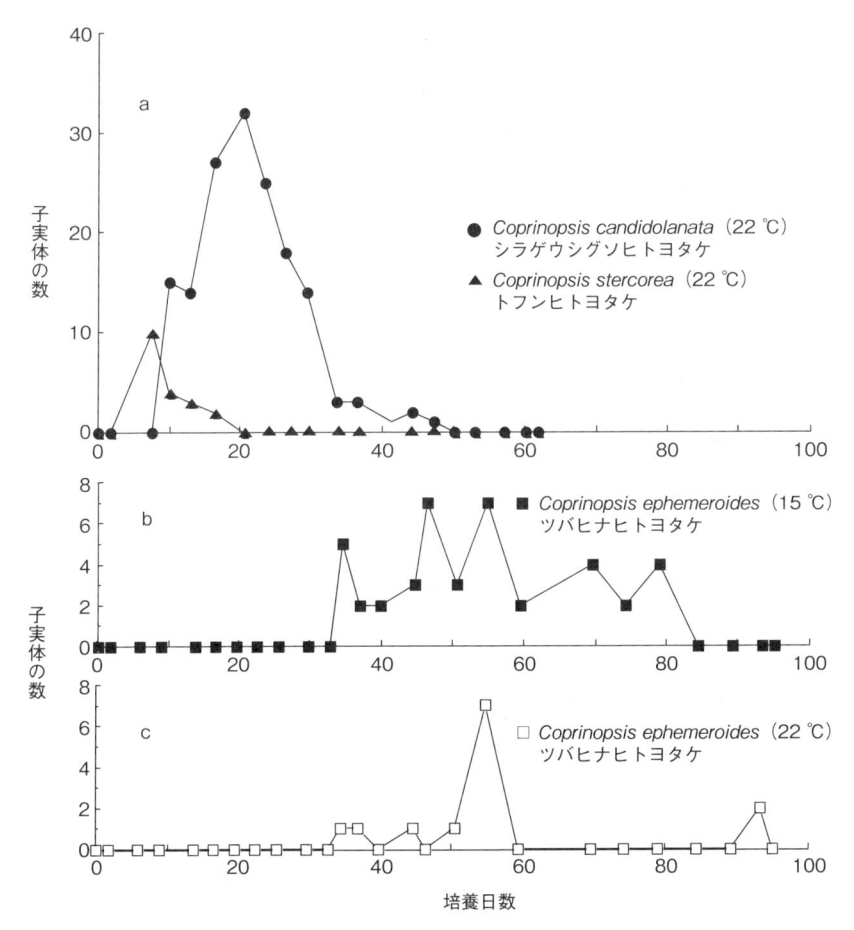

図 5.10 糞生ヒトヨタケ類（担子菌門ハラタケ目）の発生時期や種類と培養温度．直径 9 cm，高さ 6.5 cm の腰高シャーレで糞を約 10 個入れ培養した結果．a：2 種のヒトヨタケ類が同じ糞上に時期をずらして発生．b，c：糞の種類や培養温度が異なると発生消長も変化（a，b：八ヶ岳で採集したニホンカモシカの糞，c：千葉県で採集したニホンジカの糞．Fukiharu et al. 2005 を改変）．

ギ等の糞は大量に採集することができ，不潔感が少なく，扱いやすく，室内に容易に持ち帰ることができ，しかも菌を発生させやすいという利点があります（図5.9）．野外でも大量に排泄された場所であれば大型の担子菌類が見られますが（図5.8），観察できる季節が限定されます．ホンドタヌキは「タ

ヌキの溜め糞」といわれるように野外の特定の場所に排泄するので，運良く溜め糞場を発見できればそこはよい観察場所となります。ときに糞の周囲の土壌から，糞から直接発生しないアンモニア菌類（次章参照）がみられることもありますが，これは糞生菌ではありません。馬糞は競馬場や馬の厩舎が身近にあれば比較的手に入れやすい材料です。牛糞は水分が多くて通気性が悪く，やや扱いにくいうえに，菌の発生も遅いという特徴があります。それ以外にも，クマ，イタチ，テン，ネズミ類，ニホンキジ，カブトムシ，クワガタ類，イラガ類など多様な糞からも興味深い糞生菌を観察することができるという報告があります。

さらに詳しい糞生菌の分離・培養法に関しては参考文献を参照してください。

(吹春俊光)

参考文献

Bell, A. (1983) *Dung fungi – an illustrated guide to Coprophilous fungi in New Zealand*, Victoria Univ. Press, Wellington, NZ.

Bell, A. (2001) *An illustrated guide to the coprophilous Ascomycetes of Australia*, CBS, Utrecht, The Netherlands.

Dix, N. J. and Webster, J. (1995) *Fungal Ecology*. Chapman & Hall, London, UK.

Doveri, F. (2004) *Fungi fimicoli Italici*, A.M.B., Trento, Italy.

古谷航平（2008）「3.5 糞生菌類の世界：その巧みな生活」『国立科学博物館叢書9 菌類のふしぎ―形とはたらきの驚異の多様性』（国立科学博物館編）pp.135-140 東海大学出版，東京．

Ingold, C.T. (1971) *Fungal spores — their liberation and dispersal*, Oxford Univ. Press, London, UK.

Krug, J.C. and Benny, G.L. et al. (2004) Coprophilous fungi. pp. 467-499. In Mueller, G. M., Bills, G. F. and Foster, M. S. (eds.), *Biodiversity of Fungi*, Elsevier Academic Press, Burlington, USA.

Webster, J. (1970)Presidential Address, coprophilous fungui. *Trans. Brit. mycol. Soc.*, **54**: 161-180.

Wicklow, D.T. (1981) The coprophilous fungal community: mycological system for examining ecological ideas. pp. 47-76. In Wicklow, D.T. and Carroll, G.C. (eds.) *The Fungal Community*. Marcel Dekker, Inc., New York, USA.

Wicklow, D.T. (1992) The coprophilous fungal community: an experimental system. pp. 715-728. In Carroll,G.C. and Wicklow,D.T. (eds.) *The Fungal Community* (2nd ed.). Marcel Dekker, Ink., New York, USA.

第6章

アンモニア菌
—— 森の清掃スペシャリスト

　ここでは，動物の遺体や排泄物が分解した跡地が通常の状態に回復する過程での，アンモニア菌とよばれる菌類の果たす役割について紹介します。

　アンモニア菌とは，森林などの非耕地へアンモニア水，尿素，易分解性のアミノ酸やタンパク質，または強アルカリを実験的に突然施与した後に特異的に子実体（キノコ）などを発生させる菌類群です。まず，不完全菌，子嚢菌のチャワンタケ類，および担子菌の小型ハラタケ類などの腐生性の種（以下，前期菌とする）が出現し（図6.1），後に大型ハラタケ類の菌根性の種（以下，後期菌とする）が出現します。

　アンモニア菌は，林地に大量の尿素を撒いた後に発生したことからはじめてその存在が理解されるようになりました。これらが尿素施与に反応するということは，尿素施与によって再現される現象が野外では自然に起こっていることを示唆しています。野外の土壌でアンモニアの濃度が突然上昇する現象としては，林地に放置された動物の排泄物や死体など，窒素化合物であるタンパク質を含む物体が分解することが挙げられます。アンモニア菌はこのような場所で発生するため，動物の排泄物・死体分解跡菌とよぶこともできるでしょう。

　生態系におけるアンモニア菌のはたらきは，動物の排泄物や死体の分解によって生じた物質をまず前期菌が栄養源として吸収・利用し，つづいて菌根性である後期菌が吸収した物質の一部を菌根を介して宿主樹木へと転流することによって，その地を浄化する（掃除する）ことだといえます。しかし，この浄化機能については，「腐生菌はさまざまな有機物を分解し，菌根菌は

図 6.1　遷移の前期に出現するアンモニア菌.
左上：チギレザラミカビ（*Amblyosporium botrytis*）；右上：イバリスイライカビ（*Ascobolus denudatus*）；左下：イバリシメジ（*Tephrocybe tesquorum*）；右下：ザラミノヒトヨタケモドキ（*Coprinus echinosporus*）.

吸収した養分を樹木へ供給する」という一般に認識された菌類のはたらきから推定されていただけでした．そこで私は，アンモニア菌の増殖による動物の排泄物や死体の分解跡の浄化プロセスを，野外調査と室内実験を組み合わせることによって詳細に解析することにしました．

　自然条件下で動物の排泄物や死体の分解跡を見つけるのはなかなか簡単なことではなく，計画的にそのような場所で菌学的研究を行うことは困難です．しかし，前述のように尿素やアンモニアなどの窒素化合物を土壌に添加することで，分解跡に類似した条件を作り出すことができます．つまり，出現するアンモニア菌の種類と順（**遷移**）は，尿素やアンモニアの施与後と，動物の排泄物や死体の分解跡とでほぼ同じになるはずです．また，土壌有機物層の黒化や水素イオン濃度（以下，pH とする）および含水率の上昇などの変化も，両所で同様に起こっていると仮定し，それを実証することから研究をスタートしました．

6.1　アンモニア菌が出現する土壌の特徴

　アンモニア菌が増殖するメカニズムを知るうえで，これらの菌が出現する土壌環境について把握しておく必要があります。そこで，アンモニア菌の発生を調査するため，尿素施与試験を京都大学上賀茂試験地のアカマツ林で行いました。顆粒状の尿素を4月に施与してアンモニア菌の出現を観察し，それと並行して土壌環境の変化を調査しました。

　その結果，尿素施与後の土壌には次のような菌が出現しました。

　前期（尿素施与後3ヶ月間）：チギレザラミカビ（*Amblyosporium botrytis*），イバリスイライカビ（*Ascobolus denudatus*），イバリシメジ（*Tephrocybe tesquorum*），ウネミノイバリチャワンタケ（*Peziza urinophila*），トキイロニョウソチャワンタケ（*Pseudombrophila petrakii*），ザラミノヒトヨタケモドキ（*Coprinus echinosporus*），イバリチャワンタケ（*Peziza moravecii*）。

　後期（尿素施与後4ヶ月目以降）：オオキツネタケ（*Laccaria bicolor*），アカヒダワカフサタケ（*Hebeloma vinosophyllum*），ナガエノスギタケダマシ（*Hebeloma radicosoides*），タマツキカレバタケ（*Collybia cookei*），サクラタケ（*Mycena pura*）。キヒダタケ（*Phylloporus bellus*），ベニタケ属菌（*Russula* sp.）。

　上記のうち，サクラタケ，キヒダタケおよびベニタケ属菌を除いた他の菌はアンモニア菌としてすでに知られています。尿素を施与しなかった区では，これらのアンモニア菌はいずれも現れませんでした。

　アンモニア菌の発生する土壌環境の特徴もいろいろと明らかになりました（表6.1）。それらの結果をもとに，尿素施与後の窒素の形態変化とアンモニア菌群集の遷移の関係について，前期（前期菌が出現する時期）と後期（後期菌が出現する時期）とに分けて考えてみましょう（図6.2）。

　まず，尿素の分解により土壌中のアンモニア量が急増します。アンモニアは，前期菌や，同時期に土壌中で増殖する細菌によって栄養として吸収され，アミノ酸やタンパク質となります。さらに細菌が細菌食性線虫の餌となることで線虫の生体成分ともなります。こうして生体に取り込まれた（同化された）窒素は，これらの生物の死滅後，前期菌や細菌のはたらきにより分解（**無機化**）

表 6.1 尿素を施与した土壌における，アンモニア菌群集の遷移の前期および後期の構成菌と，それぞれの時期の土壌環境のまとめ．

	前期	後期
構成菌	不完全菌 子嚢菌チャワンタケ類 担子菌小型ハラタケ類	担子菌大型ハラタケ類
土壌環境		
pH 値	7〜9	4〜5
含水率 [a]	上昇	同じか低下
アンモニア態窒素 [a]	650〜2000 倍に増加	740 倍から徐々に減少
硝酸態窒素 [a]	変化せず	一時的に 80〜170 倍に増加
有機物組成 [a]	メタノール抽出物増加 水溶性炭水化物減少	メタノール抽出物減少 水溶性炭水化物減少
硝化活性	はじめはほとんど無いが，後に上昇	はじめは高いが，後に徐々に低下
全細菌数 [a]	260〜580 倍に増加	310 倍から徐々に減少
硝化細菌数		
アンモニア酸化細菌	検出できず	$2.9 \times 10^5 \sim 1.4 \times 10^8$ に増加
亜硝酸酸化細菌 [a]	減少	$900 \sim 1.0 \times 10^5$ 倍に増加
線虫数 [a]	一旦減少した後，7〜12 倍に増加	同じか，わずかに減少

[a] 対照区（非施与区）との比較．

されることで，ふたたびアンモニアとして土壌中に遊離されます．つまり，窒素は土壌中で同化と再無機化とを繰り返しながら，高い値で動的平衡状態にあるのです．アンモニアを硝酸にする**硝化細菌**はまだこの時期には増加していないため，硝化は進まず硝酸も増加していません．

　後期になると，硝化細菌の増加とともに硝酸が増加します．硝酸はその後，脱窒，土壌下層への流亡によって次第に減少します．また，この時期に再生してきた樹木の植物根や後期菌によって吸収されている可能性も考えられます．

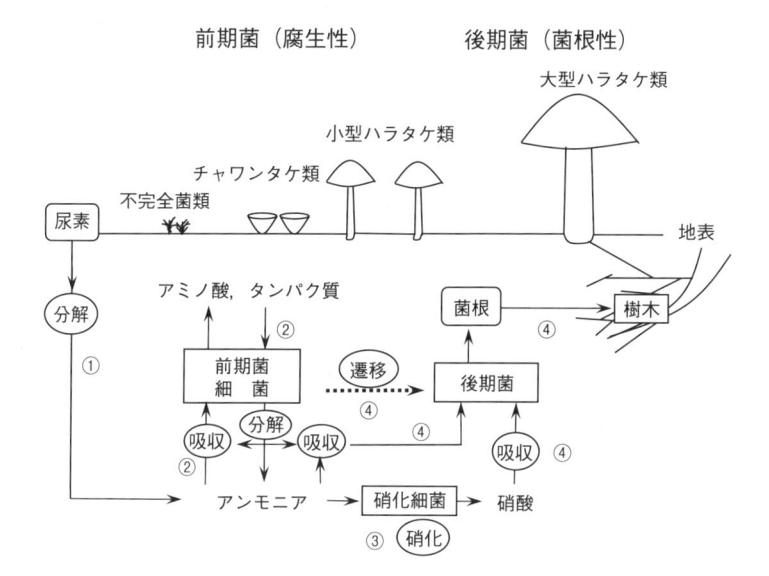

図 6.2　尿素施与後の窒素の形態変化とアンモニア菌の増殖.
①尿素の分解によって土壌中のアンモニアが急増し，土壌はアルカリ性になる．②アンモニア菌の前期菌が増殖を開始．前期菌および同時期に土壌中で増殖する細菌によってアンモニアは吸収・固定（同化）され，生物体を構成するアミノ酸やタンパク質になり，その後，排泄物として排泄されたり，遺体として放置される．これらは前期菌や細菌によって分解（無機化）されてふたたびアンモニアとなる．③アンモニアから硝酸への変換過程に関わる細菌（硝化細菌）の増殖とともにアンモニアは減少して硝酸が増加し，土壌は酸性になる．④後期菌が増殖．後期菌は，吸収した窒素を菌根を介して，共生関係にある樹木に供給する．こうして窒素は土壌から除去される．

6.2　菌の出現（子実体形成）と栄養菌糸の増殖の関係

　野外調査によってアンモニア菌やそれを取り巻く環境の動態を明らかにすることができたので，つぎに**栄養菌糸**の増殖様式を解き明かすことでアンモニア菌の出現メカニズムに迫りました．

　尿素を施与した土壌を密閉容器に入れて滅菌し，そこへ菌を接種して，子実体発生と栄養菌糸増殖との関係を調べました（図 6.3）．接種菌には前期菌のイバリシメジを用いました．その結果，①接種後まず菌糸が増殖し，それ

第1部　森の菌類

図6.3　イバリシメジ菌接種後の菌糸の拡がりと子実体の形成.
尿素添加量は, 左から右へ, 0 (mg尿素／g生土), 5, 10, 20である. 尿素を加えないで滅菌した土壌においては, 接種後の菌糸の増殖は認められず, 子実体も出現しなかった.

に続いて子実体が形成されること, ②尿素を施与した土壌においてのみ菌糸が増殖して子実体が出現すること, ③菌糸量と子実体出現量は尿素の施与により増加した土壌中のアンモニア量に比例すること, ④菌糸量は子実体出現量に比例することがわかりました。尿素施与を行った野外調査でも, 同様の現象が起きていたことが推測されます。この実験ではイバリシメジのみを用いたのですが, 後述する栄養生理実験でアンモニア菌のほとんどがイバリシメジ同様の特性を有していたことから, アンモニア菌は一般に, 窒素量が増加した土壌で増殖し, 子実体を出現させていると考えられます。

6.3　アンモニア菌が有する特異な生育様式

　土壌環境のうち, pH, アンモニア量および硝酸量はアンモニア菌群集遷移の前期と後期とで大きく異なっており, 前期菌および後期菌はそれぞれの

表6.2 アンモニア菌の栄養生理のまとめ．窒素源利用能は，各菌の窒素源の利用能の傾向を，○（よく利用する），△（少し利用する），×（利用しない）で表している．

	前期菌	後期菌	対照菌
栄養菌糸成長への最適pH	7か8	6（または5）	5か6
成長可能なpH	4（または3）～8（または9）	3～8	3～6（または7）
窒素源利用能			
アンモニア態	○	△	○
硝酸態	×	○	×
アミノ酸	○	○	△
アミン	×	×	×
尿素	○	○	△
アルブミン	○	○	○
有機物分解能	高い	低い	調査せず

時期におけるこれらの環境条件に適応して増殖し，子実体を出現させているものとみられます．また前期，後期を通じて通常よりも水溶性炭水化物量の少ない状態がつづいており，栄養源を得るためには高分子有機物を分解する能力が重要であることが示唆されました．

　そこで，アンモニア菌の増殖機構を明らかにするために菌の栄養生理を実験的に調べてみました（表6.2）．

(a) 菌糸成長へのpHの影響

　培地のpHを，3～9まで，1単位の間隔で調節した液体培地で菌を培養し，その成長量を測定しました．通常，菌の成長にともなって培地成分が菌に吸収され，また有機酸などが菌体から培地中に排出されるなどして，培地のpHが初期に設定した値から変化する場合があります．そこで培養中の培地pHを一定に保つために，培地には適宜緩衝剤を加えました．

　アンモニア菌の前期菌を6種10菌株，後期菌を3種5菌株用いました．対照として，腐生菌2種2菌株と菌根菌3種3菌株も併せて調べました．その結果，前期菌の菌糸成長の最適pHは7または8にあり，後期菌のそれ

は 5 または 6 にあることがわかりました（表 6.2）。つまり, ①アンモニア菌の菌糸成長に適した pH はそれぞれの菌が出現している時期の土壌の pH に一致しており, ②前期菌は通常の土壌中（pH 3〜4）でも増殖が可能であり, また③後期菌は前期菌の出現時期（pH 7〜8）にも増殖が可能であるといえます。

(b) 窒素源利用能

アンモニア菌各種の窒素源を利用する能力は, 様々な窒素源を含む培地での成長量によって評価しました。MMN 培地の成分の一部を改変したものを基本培地として, そこへ次のような窒素化合物をそれぞれ加えました。塩化アンモニウム, 硫酸アンモニウム, 硝酸ナトリウム, 硝酸カリウム, グリシン, アスパラギン, エチレンジアミン, プトレシン, 尿素および血清アルブミン（窒素含量 14.5% および炭素含量 49.5%）の 10 種です。これらはアンモニアおよび硝酸の類縁体のほか, 動物の排泄物や死体に含まれ, あるいは分解産物として低分子窒素化合物を生じるタンパク質やアミノ酸, アミンです。添加量はいずれも培地 1 L 中に窒素濃度にして 200 mg とし, 培地に含まれる炭素と窒素は 20：1 になるようにしました。培地 pH の初期設定値は, 前期菌については 7.0, 後期菌および対照菌については 5.0 にしました。

その結果, アンモニア菌のうち前期菌はアンモニアや, アミノ酸およびアルブミンなどの有機態窒素を利用する種が多く, 硝酸を利用する種はほとんどいませんでした（表 6.2）。一方, 後期菌の多くは, アンモニアや有機態窒素に加えて硝酸もよく利用していました。

このように, 窒素源利用能は各アンモニア菌が出現する状況に対応していました。つまり, 前期菌の出現時期にはアンモニアが豊富で硝酸は少ない状態です。逆に, 後期菌の出現時期にはアンモニアは減少し硝酸は増加しています。このようにアンモニア菌が「使えるもの」と「そこにあるもの」をうまく対応させていることは非常に興味深い事象です。

用いた菌のなかには実験がうまくいかなかったものもあります。たとえば前期菌のうち, ウネミノイバリチャワンタケとトキイロニョウソチャワンタケは, 今回使用したどの条件でもほとんど成長しませんでした。用いた窒素

源の濃度が適切でなかったか，あるいは基本培地の組成が適していなかったためと考えられます。ただし，培地 pH は要因ではないでしょう。というのも，菌糸成長への pH の影響を調べた際，今回の実験と同じ pH 7 でも両菌は良好に成長していたからです。

(c) 有機物分解能

アンモニア菌は，森林土壌において，植物由来の有機物だけでなく動物由来の有機物も利用していると考えられます。そのため，有機物分解能は，植物由来の物質であるセルロースとリグニンだけでなく，生物全般に共通する物質であるタンパク質および脂質，微生物や動物由来の物質であるキチンについても調べました。またこのとき，利用しやすい栄養源の存在が分解能力に及ぼす影響を明らかにするため，水溶性炭水化物であるブドウ糖の添加による影響も調べました。

その結果，前期菌は有機物を分解する能力をもっていました（表6.2）。ブドウ糖を培地に添加すると，リグニン以外の有機物分解能は低下しましたが，リグニン分解能はブドウ糖添加により高くなりました。このことは，リグニン以外の有機物の分解能は炭素源を得るために作用していることを意味しています。リグニンの分解能については，リグニン自体を栄養源とするためというのではなく他の栄養源を獲得するために，また，リグニンは植物組織内でのセルロース分解の障害ともなることから，リグニンを取り除くために機能していることが考えられます。一方，後期菌は全般に有機物を分解する能力が低いようでした。今回調べた後期菌のオオキツネタケやワカフサタケ属菌は外生菌根菌と位置付けられ，ほとんどの場合，外生菌根を形成する樹木の林で出現して外生菌根を形成します。後期菌は有機物分解能が低いという結果や，これまでの野外観察の結果から，後期菌の炭素源の獲得は有機物の分解によるのではなく，共生関係にある樹木からの光合成産物の供給に頼っているものと考えられます。

キチンおよびタンパク質は，炭素源としてだけでなく窒素源としても利用可能です。アンモニア菌のなかにも窒素源としてタンパク質の一つであるアルブミンを利用できる種がいます。しかし，尿素を施与した土壌は，アンモ

ニア菌にとって窒素源は豊富ですが利用しやすい炭素源は不足した状態であり，前期菌にとっては，キチンやタンパク質はやはり炭素源として有効なのでしょう。

(d) イバリシメジにおける胞子形成

ここまで，尿素施与後にアンモニア菌が発生する土壌環境とそれにうまく適応した菌の栄養生理について紹介してきました。つぎに，アンモニアの大量賦与という特殊な事象を機に増殖するアンモニア菌の，特異な生活スタイルを紹介します。

ハラタケ目菌は，通常は子実体（キノコ）を形成してそのヒダの部分で担子胞子（**有性胞子**）を形成します。しかし，アンモニア菌イバリシメジはこの他に，子実体を形成しないで栄養菌糸から直接に担子胞子を形成することができます。この特性，つまり菌糸体生**担子器**および菌糸体生担子胞子を形成する菌は，イバリシメジ以外のハラタケ目担子菌では2種報告されているのみです。今回，イバリシメジをスライド培養（滅菌したスライドグラスに寒天片を置き，そこへ菌を接種して培養する方法。スライドグラス上を拡がった菌糸をそのまま顕微鏡下において観察できる）で培養したところ，接種2〜4週間後，スライドグラス上に拡がった菌糸に粉末状の塊が見られました。この部分を検鏡すると，子実体のヒダにおけるのと同じ形態をした担子器および担子胞子が形成されていました。この担子胞子をブドウ糖・酵母エキス培地上に置いたところ，この胞子はうまく発芽し，さらにブドウ糖・ソイトン培地に移すとそこで子実体が形成されました。このように，菌糸上に直接形成された担子胞子は子実体上に形成される担子胞子と同様の増殖能力をもっていました。このほか，イバリシメジは尿素施与土壌の抽出物を含む寒天培地において子実体を形成しましたが，この培地に1%のブドウ糖を加えると，子実体は形成されずに**子実体原基**様の菌糸塊が形成され，その表面には担子器および担子胞子が形成されていました。ここで観察されたようなイバリシメジの特性は，子実体形成にいたらないようなわずかな栄養分が賦与された場合や，正常な子実体が形成されなかった場合であっても，菌糸体生担子胞子を形成して生活史をまっとうさせるのに有効です。

野外の自然条件下でもこのことを支持するような現象が観察されています。イバリシメジはふつう，腐りつつある肉質キノコの上，人間の一回の放尿の跡，犬および猫の死体の分解跡，などに出現します。また，クロスズメバチの死体（600匹；風乾重21.2 g）を実験的に林床の有機物層に添加したところ，本種の子実体が2個発生していました（相良私信）。さらに，実験室内で生重10 gの有機物層土壌へ100 mg-Nの尿素を施与したときにも本種の子実体が形成され，子実体原基様のものに担子器および担子胞子が形成されていました（相良私信）。これらの観察結果は，イバリシメジが，一過的に生じた局所的な好適環境で速やかに子実体を形成する能力を有していること，完全な子実体を形成できない条件下でも担子胞子を形成できることを示しています。

6.4　アンモニア菌の増殖と遷移のメカニズム

　ここまで紹介したいくつかの実験の結果より，尿素を施与した土壌においてはアンモニア菌の増殖は以下のように進むと考えられます。アンモニアの増加とともにpHが上昇した土壌中において，アンモニア菌は，そこに存在する胞子または菌糸から増殖を開始します。これらの菌は，土壌中に生じたさまざまな窒素化合物を窒素源として利用します。植物由来の高分子有機物の分解能が高い前期菌は土壌有機物から，分解能が低い後期菌は共生関係にある樹木から，炭素源を獲得します。栄養成長と並行して，これらの菌は地表にキノコなどの生殖器官を形成します。

　つぎに，前期菌から後期菌への遷移の機構についてです。栄養生理実験の結果，各々のアンモニア菌の利用可能な無機窒素の形態と菌糸成長の最適pHが，各菌の出現するタイミングにおける土壌中の無機窒素の形態およびpHに一致していることがわかりました。この事実に基づいて考えると，前期菌は，アンモニアをよく利用し菌糸成長の最適pHを弱アルカリ性から中性の域にもつことから，尿素施肥後の早い時期に増殖します。その後，数ヶ月も経つとアンモニアは減少して硝酸が増加し，土壌は酸性になるので前期

菌の増殖は止まります。一方，後期菌はアンモニアに加えて硝酸をもよく利用し，また菌糸成長の最適pHが酸性側にあることから，尿素施肥後初期よりもむしろ土壌が酸性化した後の時期に増殖するのに適しています。このように，遷移を規定しているのは，土壌中の窒素の形態とその量およびpHの変化と，それに対応する菌の栄養生理であると考えられます。

　ここでは無機態窒素の変動に注目しましたが，尿素施与後には細菌や真菌（とくにアンモニア菌）などの生物体，またはそれらの代謝産物として，土壌中の有機態窒素（尿素，アミノ酸，水溶性タンパク質およびアミン）も増加しているはずです。私の研究では土壌の有機態窒素については調査していないため，アンモニア菌群集の遷移にともなう有機態窒素の推移は不明です。ただし，有機態窒素の利用能は前期菌と後期菌とで明瞭な差が認められなかったことから，有機態窒素は遷移の要因としては重視しなくてもよいと思われます。

6.5　窒素が与えられていないときのアンモニア菌のすがた

　では，通常の状態（窒素が与えられていない状態）の土壌では，アンモニア菌はどのような形態で存在しているのでしょうか。多くのアンモニア菌は分離培養が比較的容易で，純粋培養下で栄養菌糸がよく成長することから，通常の状態の土壌においても，土壌有機物を利用しながら腐生的に生存していると考えられます。また，一部のアンモニア菌では胞子発芽がアルカリ性であることとアンモニアの存在との複合条件により刺激されますので，それらの菌は胞子の状態で土壌中に存在していて，アンモニアが急増したときに発芽して増殖を開始するのでしょう。

　アンモニア菌に好適な環境には，哺乳類のみならず，鳥類，さらには昆虫類の排泄物や死体の分解跡も含まれますので，アンモニア菌が増殖する機会は想像以上に多く，普遍的であると思われます。なかには，栄養菌糸の成長にとどまって子実体の出現にはいたらない場合や，菌糸体生担子胞子を生じる場合もあるでしょう。そのような微視的にしか確認できない場合でも，ア

ンモニア菌は栄養菌糸あるいは胞子として存在していて，巨視的な大増殖（子実体出現）の源になります。このように，通常の状態でアンモニア菌は胞子と栄養菌糸の両方の形態をとっていると考えられます。

　アンモニア菌は樹木の根から分泌されるアミノ酸などの窒素化合物を利用して，根面や根圏などで生存している可能性もあります。このことは，アカマツ林で採取した樹木の細根を滅菌水で洗浄した後，ポットに入れて尿素を添加したところ，前期菌5種が出現したという相良直彦氏の実験からも示唆されます。

　アンモニア菌のうち外生菌根性の後期菌は，尿素施与後に菌根を形成しますが，通常の状態でも菌根として存在している可能性があります。なぜなら，菌根を形成すれば，根から分泌されるアミノ酸などの窒素化合物を効率的に獲得してそれによって生存できると考えられるからです。腐生性とされる前期菌や一部の後期菌については菌根を形成するかどうか確認されていませんが，可能性は否定できません。アンモニア菌と同じく特殊な環境に出現する焼け跡菌（焚き火や大火の後に見られるカビの総称）のなかで，腐生性とされてきた子嚢菌のチャワンタケ類数種が培養下で外生菌根を形成するとわかったからです。アンモニア菌の前期菌にもチャワンタケ類数種が含まれるので，それらの菌根形成能力も明らかにする必要があります。

6.6　動物の排泄物や死体の分解跡土壌の浄化

　ここまで紹介してきた一連の研究は，尿素施与地と動物の排泄物や死体の分解跡地はほぼ同じ状況にあると仮定して行ったものです。結果は，従来の見解を実証するものでした。すなわち，アンモニア菌は動物の排泄物や死体の分解によって生じる様々な窒素化合物をよく利用しており，前期菌は腐生的に，後期菌は共生的に植物と菌根関係を成立させて，増殖していました。このようなアンモニア菌による窒素分の回収と生態系内での循環こそが，動物の排泄物や死体の分解跡を浄化する機能の実体であり，森林生態系の存続に対してアンモニア菌が果たしている役割なのです。　　　　　（山中高史）

参考文献

Sagara, N. (1975) Ammonia fungi—a chemoecological grouping of terrestrial fungi. *Contributions from the Biological Laboratory Kyoto University*, **24**:205-276.

Sagara, N. (1995) Association of ectomycorrhizal fungi with decomposed animal wastes in forest habitats: a cleaning symbiosis? *Canadian Journal of Botany*, **73** (Suppl. 1), S1423-S1433.

Sagara, N., Yamanaka, T. and Tibbett, M. (2008) Soil fungi associated with graves and latrines: towards a forensic mycology. pp. 67-107. In Tibbett, M. and Carter, D.O. (eds.), *Soil Analysis in Forensic Taphonomy: Chemical and Biological Effects of Buried Human Remains*. CRC Press, Boca Raton, USA.

第2部

線虫たち

小さくても個性派です

自然とふれあう機会が昔より減ったとはいえ，幼い頃から昆虫や植物，キノコに興味をもつ人はたくさんいます。しかし，「線虫」に興味をもつ子供など聞いたことがありません。線虫を研究材料にしていても，それを一般の人に説明するのは苦労します。

　「線虫」とは無脊椎動物の一グループ，「線形動物門」に属する生物の総称です。例外はあるものの，その名のとおり細長い糸（線）状の体型をもち，長さは0.2 mmから数メートルに及びますが，ほとんどは2 mm以下の小さな生きものです。生活様式は多様で，土壌中や水中，枯れ木の中など，湿った環境で微生物や微小動物を餌にして生活しているものから，他の動植物に寄生して生きているものまで，実に多岐にわたっています。ごく一部，それなりに名前を知られている線虫としては，モデル生物として遺伝子研究の材料に使われるシー・エレガンス（Caenorhabditis elegans）や，マツ枯れの病原体として知られるマツノザイセンチュウ，寄生虫として人間にも関わりのあるカイチュウやギョウチュウなどを挙げることができます。そういう生き物なので，線虫を評して

「長さ1，2 mmくらいのミミズみたいなもの」

「寄生虫の仲間」

などといわれることも多いのですが，これらは正確ではありません。

　見た目にはミミズのようですが，構造上，ミミズのように伸び縮みすることはなく，卵から何回かの脱皮を経て成長していくことから，動物のなかでも，昆虫やクモ，ダニ，甲殻類などが属する「脱皮動物下界」という大きなグループに分類されているのです。一番近い仲間は，カマキリの腹部から出てくるハリガネムシだといわれています。

　人間に関わりのある寄生性の線虫が比較的知られているために「寄生虫」としてのイメージが強いのですが，むしろ大半の種類は微生物を餌とし，生態系における分解者として機能するものが多く，微生物と，より大型の節足動物をつなぐ存在として位置づけられます。

　線虫の生活は乾燥とのたたかいです。細長い体のほぼすべてが軟組織でできているため，そのままで空気中に放置されると，数分ともたず干からびてしまいます。また，体が小さく，単体での移動能力も低いため，急な環境変化から逃れる方法がありません。このため，彼らは体を生理的に変化させて耐久性を高めたり，他の動植物を利用して新しい環境へ移動するなど，さまざまな生存戦略を発達させてきました。

線虫のなかでももっとも多いのは，湿った環境，土壌中，水中，枯れ木の中などで菌類やバクテリア，他の微小動物を餌にして生活しているもので，これらはそれぞれ自由生活線虫，捕食性線虫とよばれます。これらの線虫のなかには環境悪化にともなって，栄養（餌）の不足や乾燥状態に耐性のある「**耐久型幼虫**」というステージに脱皮し，休眠することによって，環境の回復を待つものもたくさんいます。また，一部のものは，この耐久型幼虫ステージで他の動物，とくに節足動物の体内に侵入，あるいは体の隙間など乾燥しない場所に付着して移動分散し，より好適な環境に運ばれるよう適応しています。このように他の生物を乗り物として利用する移動分散を「便乗」とよび，このような生活戦略をとる線虫を便乗線虫とよびます。面白いのは，一部の便乗線虫では，昆虫が死亡するまでその体表にとどまり，死体上で増殖した微生物，おもにバクテリアを餌にして増殖するという性質をもつ点です。昆虫死体という栄養分豊富な基質（栄養源）を利用するのに特化した種であるといえるでしょう。さらに，これを一歩進めて，昆虫病原性線虫といわれるグループでは共生バクテリアを用いて積極的に**宿主**昆虫を死亡させ，この死体上で増殖したバクテリアを餌にしています。死体ができないなら，細菌を使って積極的に死体を作ってしまうということなのかもしれません。

　「便乗」線虫の場合には，線虫は他の動物からシェルターと移動能力を借りるだけですが，なかには乗り物となる動物から栄養分まで吸収してしまうこともあります。これらは寄生性線虫，いわゆる寄生虫とよばれます。寄生性線虫の宿主や寄生様式はさまざまで，脊椎動物に寄生するものだけでも消化管に寄生して栄養吸収をするカイチュウやギョウチュウの仲間から，組織特異性が低く，**血体腔**に侵入して栄養分を吸いつくすことによって宿主を殺生するものまで知られています。また，昆虫などの節足動物に寄生するものでは，消化管に寄生し栄養吸収するもの，血体腔内や内部生殖器官での栄養吸収により宿主を栄養不良に陥らせ，不妊化したり，最終的には死亡させるものなどがいます。ただし，これらの種類は宿主を動けなくしたり即座に殺したりすることはないので，宿主の移動分散手段としての機能が大きく損なわれることはなく，線虫自身はうまく移動を果たします。なんとも絶妙なバランス感覚です。

　線虫の寄生を受けるのは動物だけではありません。植物寄生性線虫は農業上非常に深刻な問題となっています。とくに大きな問題となるのは，植物の根に寄生し，根の組織を変形，または壊死させるネコブセンチュウ，ネグサ

レセンチュウ，シストセンチュウ類です。これらの線虫の寄生によって植物体は栄養吸収を阻害され，収量が低下したり，枯死したりすることもあります。また，みずからが植物に寄生するだけでなく，植物病原ウイルスを媒介する線虫も多数知られており，これらは国際的にも重要な植物検疫（植物（作物）輸出入などでその国にいない病原体が感染していないかどうかの検査）の対象となっています。彼らの生息場所は土壌という比較的安定した環境であるため，特殊な耐久ステージを形成するものは少ないのですが，シストセンチュウなどは卵をもった雌成虫が堅いシストを形成し，卵を外環境から保護することにより，乾燥条件下でも長期間の生存が可能です。

　線状の軟組織でできた体という制約をもちながらも，他の多くの生物を利用しながら，線虫はここまで多様化してきました。この第 2 部ではこれら線虫の生活を，ほんの一部ではありますが紹介しようと思います。

（神崎菜摘）

第7章

昆虫嗜好性線虫の生活
——進化も生態も媒介昆虫が決めている？

　昆虫となんらかの関わりをもつ線虫を「昆虫嗜好性線虫（entomogenous nematodes）」とよびます。広義の「昆虫嗜好性線虫」には昆虫病原性線虫（*Steinernema* 属，*Heterorhabditis* 属など，昆虫病原細菌と共生し，昆虫を発病，死亡させる線虫），昆虫寄生性線虫（*Sphaerularia* 属，*Iotonchium* 属，*Parasitylenchus* 属など，昆虫に寄生し，栄養を奪うことにより不妊化，死亡させる線虫），捕食寄生線虫（寄生し，栄養吸収して宿主昆虫を死亡させるシヘンチュウ類）なども含まれますが，ここでは狭義の昆虫嗜好性線虫，すなわち，昆虫と直接的な栄養関係をもたない，もしくは昆虫のパフォーマンスに影響を与えないような，弱い寄生能力しかもたない「昆虫便乗線虫（phoretic nematodes）」を話題にします。マツ材線虫病（通称：松くい虫，マツ枯れ）の病原体であるマツノザイセンチュウや，*Caenorhabditis elegans*（シー・エレガンス，第10章）とともにモデル生物となっている *Pristionchus pacificus*（世界的にコガネムシ類の昆虫から頻繁に検出されています）などが，ここに含まれます。これら線虫の簡単な生活史を図7.1に示します。いずれの場合も昆虫への便乗は，**耐久型幼虫**という特徴的な発育ステージのときに行います。

　昆虫嗜好性線虫には多様な仲間が含まれます。昆虫との関係では，媒介してくれる昆虫の種特異性が非常に高く，その昆虫の生息環境周辺からしか検出されないもの，寄生性でもないのに，特定の種の昆虫虫体からしか検出例がないものが知られる一方，媒介昆虫特異性が低く，偶発的な便乗関係が報告されているものまで，媒介昆虫に対する依存度は線虫の種によって大きく異なっています。何を餌にするかという点についても，糸状菌食性，細菌食

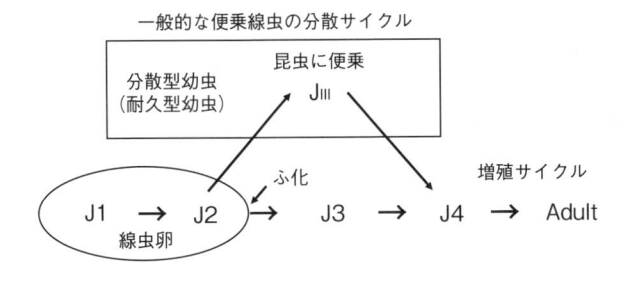

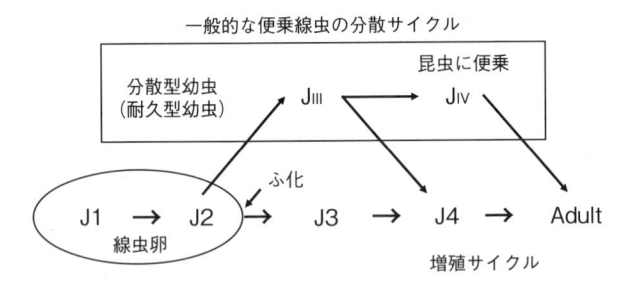

```
        一般的な便乗線虫の分散サイクル
   ┌─────────────────────────┐
   │ 分散型幼虫      昆虫に便乗 │
   │ (耐久型幼虫)   J_III      │
   └─────────────────────────┘
                              増殖サイクル
    J1 → J2  ⇄ふ化 J3 → J4 → Adult
      線虫卵
```

```
        一般的な便乗線虫の分散サイクル
   ┌─────────────────────────────┐
   │ 分散型幼虫         昆虫に便乗 │
   │ (耐久型幼虫)   J_III → J_IV  │
   └─────────────────────────────┘

    J1 → J2  ⇄ふ化 J3 → J4 → Adult
      線虫卵                増殖サイクル
```

図 7.1 一般的な昆虫嗜好性（便乗性）線虫の生活史.
線虫は通常，卵から 4 期の幼虫ステージを経て成虫になるが，
幼虫期に分散サイクルと増殖サイクルがある．

性，植物寄生性，線虫捕食性などさまざまであり，一部の種では，線虫が昆虫にとっての有害生物，たとえば昆虫病原糸状菌などを摂食することでその密度を低下させ，昆虫の生存率を向上させるというかたちの**相利共生**の可能性も示されています．

　マツノザイセンチュウの場合は，枯死したマツの樹体内で増殖した線虫のなかから**分散型第 4 期幼虫**という昆虫便乗ステージが発生し，これが同じ材内で羽化したマツノマダラカミキリの気管内に侵入します．カミキリの気管に侵入した線虫は，カミキリが健全なマツの枝を摂食した傷口（後食痕）からマツに侵入し，これを枯死させます．枯死したマツにはカミキリが産卵し，この卵から成長した成虫が次の媒介昆虫としてマツノザイセンチュウを新たな健全木に運びます（第 3 部参照）．

　マツノザイセンチュウは，マツ材線虫病，という重要森林病害の病原体と

して有名ですが、ほとんどの昆虫嗜好性線虫はとくになんらかの病害を引き起こすこともなく、バクテリア、菌類などを食餌源として腐生的な生活をしています。このような一見地味な生活をする昆虫嗜好性線虫ですが、その生活史、形態、昆虫との関係は意外なほど多様性に富んでいます。

本章ではマツノザイセンチュウの近縁種群（*Bursaphelenchus* 属）を例に、昆虫嗜好性線虫に関する研究の一端を紹介してみましょう。

7.1　クワノザイセンチュウの生活史

クワノザイセンチュウはキボシカミキリを媒介昆虫として利用する糸状菌食性線虫の一種です。植物に対する病原性はなく、キボシカミキリの幼虫が、**宿主**であるクワ科植物の材内に形成した坑道の周辺で、糸状菌を摂食して生活しています。この線虫は分類学的にはマツノザイセンチュウに非常に近縁で、形態的には専門家でなければほとんど見分けが付かない程度に似ています。

私達がこの線虫を見つけたのは偶然でした。マツノザイセンチュウとマツノマダラカミキリの相互関係を研究していた前原紀敏氏（第11章担当）が、マツノザイセンチュウを伝搬する能力をマツノマダラカミキリと比較するためにキボシカミキリの採卵をしていたところ、このカミキリの産卵痕周辺にマツノザイセンチュウによく似た線虫がいたのです。その時点では新種の線虫なのか、マツノザイセンチュウの混入なのか（よく考えればそんなことは起こらないのですが）はっきりとはしなかったため、この線虫はいったん培養され、詳しく観察されることになりました。その結果、この線虫は新種であることが明らかになりクワノザイセンチュウ（*B. conicaudatus*）として**新種記載**されたのです。

つぎに、この線虫の生活史を明らかにし、その特徴をマツノザイセンチュウや、同じく近縁種であるニセマツノザイセンチュウと比べてみることにしました。明らかになったクワノザイセンチュウの生活史とは次のようなものです（図7.2）。

第 2 部　線虫たち

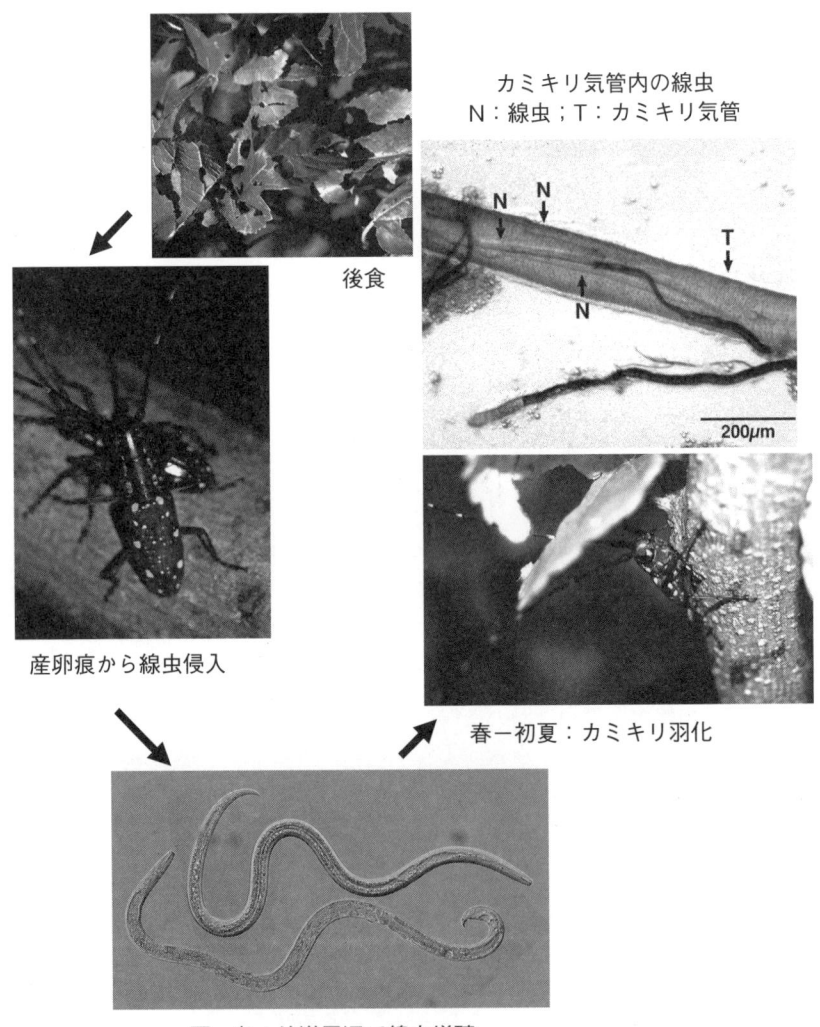

後食

カミキリ気管内の線虫
N：線虫；T：カミキリ気管

産卵痕から線虫侵入

春－初夏：カミキリ羽化

夏－冬：坑道周辺で線虫増殖

図 7.2　クワノザイセンチュウとキボシカミキリの生活環.

　春から初夏にかけて羽化するキボシカミキリの**蛹室**の周りでクワノザイセンチュウの分散型第 4 期幼虫が現れ，カミキリの気管内に侵入します．羽化したキボシカミキリはクワ科植物の葉や若枝の先端など，やわらかい部分を

第7章　昆虫嗜好性線虫の生活

せっせと摂食し，性成熟のための栄養分にします（後食）。性成熟したカミキリは交尾を行いますが，この際，線虫もカミキリ雌雄間で乗り移ることがあります。雌雄どちらからでも他方に乗り移ることがあるため，線虫はどうやらカミキリの雌雄を見分けることはできないようです。交尾後，雌のカミキリは健全な植物の幹にできた壊死部分や弱った太枝など，防御反応の弱い部分に産卵します。このとき間違って健全部分に産卵すると，クワ科植物独特の防御反応である白色乳液によって，卵がふ化せず死亡してしまうことが多いのです。線虫はこのとき，カミキリの卵とともに宿主樹木に侵入することになります。産卵された卵は10日ほどでふ化し，内樹皮を摂食しはじめます。この間，線虫は分散型第4期幼虫から成虫に脱皮し，周囲の植物細胞や，侵入してきた菌類を摂食し，交尾，産卵をはじめます。そして，カミキリ幼虫の成長にともない，その摂食によって生じた材の壊死部分に繁殖した菌類を餌として増殖するのです。線虫の材内での分布範囲を調べたところ，カミキリ幼虫坑道周辺の壊死部分に限定されており，そのすぐ隣の健全材にはほとんど線虫はいませんでした。材内で成長をつづけたカミキリの幼虫は次の春から初夏にかけて，蛹化，羽化し，この成虫がまた分散型第4期幼虫線虫をともなって脱出します。この生活史では，線虫はカミキリに**垂直伝搬**する効率が高くなり，それを反映してか，カミキリの線虫保持率は非常に高い値になりますが，一方，保持線虫数は比較的小さい値にとどまります。これは線虫の増殖できる空間がカミキリの幼虫坑道周辺に限られるためだと考えられます。

　このようなクワノザイセンチュウの生活史を，マツノザイセンチュウ，ニセマツノザイセンチュウと比較しますといろいろと異なっていることがわかります。マツノザイセンチュウに関しては本書第3部に述べられているのでそちらを参考にしてください。とくにここで述べておきたいのは，線虫が媒介昆虫にどれだけ依存した生活を送っているかの違いです。

　上にも述べたとおり，クワノザイセンチュウは，移動分散から餌の確保まで，生活上重要な部分をほとんどすべてキボシカミキリに依存しています。これに対して，マツノザイセンチュウやニセマツノザイセンチュウはその宿主樹木であるマツ類に対して強度，もしくは弱度の病原性をもっているため，

樹木に侵入した後にこれを枯死させ，そこに繁殖した菌類を餌として増殖することが可能です。つまり，マツノザイセンチュウやニセマツノザイセンチュウの場合，餌資源を自分で作り出すことができ，また，枯死したマツが媒介昆虫の産卵に用いられることになり，媒介者に産卵可能な資源を提供するという，一種の相利的な共生関係が成立しているのです。

他の昆虫便乗線虫，たとえば，キクイムシに便乗してその坑道内で糸状菌を摂食するものなど，視野を広げて便乗線虫と媒介昆虫の関係を見てみると，クワノザイセンチュウのように媒介昆虫にほとんど依存して生活するというスタイルの方がより一般的な関係だと考えられます。

7.2　クワノザイセンチュウとキボシカミキリの共種分化

クワノザイセンチュウの生活史は多くの昆虫嗜好性線虫と同様，媒介昆虫に分散だけでなく餌や生活場所の確保まで強く依存するものでした。このような生活史をもつ線虫は，おそらくその**種分化**や生息域の選択を媒介昆虫にゆだねているに違いありません。このような視点でクワノザイセンチュウとキボシカミキリの**共種分化**関係を検証してみました。

キボシカミキリは日本全国，とくに関東以南に広く分布しますが，本来は南方系の種類で，南西諸島では地史的な分化に対応した多数の亜種が存在することが知られています。これらの亜種は，日本列島形成以前に現在の中国から九州につながる琉球陸橋にシマグワとともに分布を広げ，琉球列島の成立にともなう地理的分断によって亜種化したものと考えられています。日本国内からは，キボシカミキリ原亜種西日本型，東日本型（本州，九州，四国など広く分布），ミヤケキボシカミキリ（三宅島，御蔵島），ヤクキボシカミキリ（屋久島，種子島），トカラキボシカミキリ（トカラ列島），アマミキボシカミキリ（奄美大島，徳之島），オキノエラブキボシカミキリ（沖永良部島，与論島），オキナワキボシカミキリ（沖縄本島，久米島など），ミヤコキボシカミキリ（宮古島），イシガキキボシカミキリ（石垣島，西表島，竹富島など），ヨナグニキボシカミキリ（与那国島）の10亜種が知られています。また，中

国大陸からはいくつかの亜種が，台湾からは 2 亜種が報告されています．多くの亜種では基本的に黒い体に黄色あるいは白色のはっきりした斑紋をもっていますが，アマミ，オキノエラブ，オキナワ，ミヤコの 4 亜種は茶色から茶褐色の体にやや不明瞭な白色の斑紋をもち，一見まったく異なる外観をしているため，かつては別種とされていました．

キボシカミキリとクワノザイセンチュウの共種分化（亜種レベル）の可能性を調べるため，国内で入手可能な 10 亜種（11 タイプ）のカミキリすべてを採集しました．そして，カミキリとそこに便乗する線虫のミトコンドリア DNA の塩基配列に基づいてそれぞれの**系統樹**を作成し，それらを比較しました．

カミキリと線虫の系統解析の結果，カミキリは 4 グループ，線虫は 5 グループにそれぞれ分けられました．線虫とカミキリそれぞれの系統関係と分布を図 7.3 に示します．カミキリについては，グループ 1 が西日本型・ヤク・ミヤケ，グループ 2 がトカラ，グループ 3 がアマミ・オキノエラブ・オキナワ・ミヤコ，グループ 4 がイシガキ・ヨナグニ・東日本型となりました．かつて別種とされたキボシカミキリの 4 亜種は各々きれいにひとまとまりになり，形態的特徴と系統関係の一致が示されました．東日本型は，台湾，あるいはイシガキ，ヨナグニとは地理的に近い中国南部からの移入個体群であるという説もあり，ここで得られた系統解析の結果はこの移入個体群説を強く支持するものとなりました．これに対して線虫では，グループ 1 が西日本型とヤク，グループ 2 がトカラ，グループ 3 がアマミ・オキノエラブ・オキナワ，グループ 4 がミヤコ・イシガキ・ヨナグニ・東日本型，最後に，ミヤケが他のどの個体群とも離れて別のグループ（グループ 5）を作りました．図 7.4 で示したように，線虫とカミキリの系統関係を対応させた場合，2 カ所で明らかな不一致が見られますが，それ以外では，グループのレベルで概ね両者の系統関係が対応していることがうかがえます．また，この対応したそれぞれの系統グループは日本列島の地史的背景とも対応していると考えられました．本州西部から南西諸島，台湾にかけての地史について，太田英利氏はは虫類と両生類の地理系統関係を解析した結果から図 7.5 に示したような仮説を提唱しました（Ota 1998）．もしカミキリと線虫それぞれの系統グル

第 2 部　線虫たち

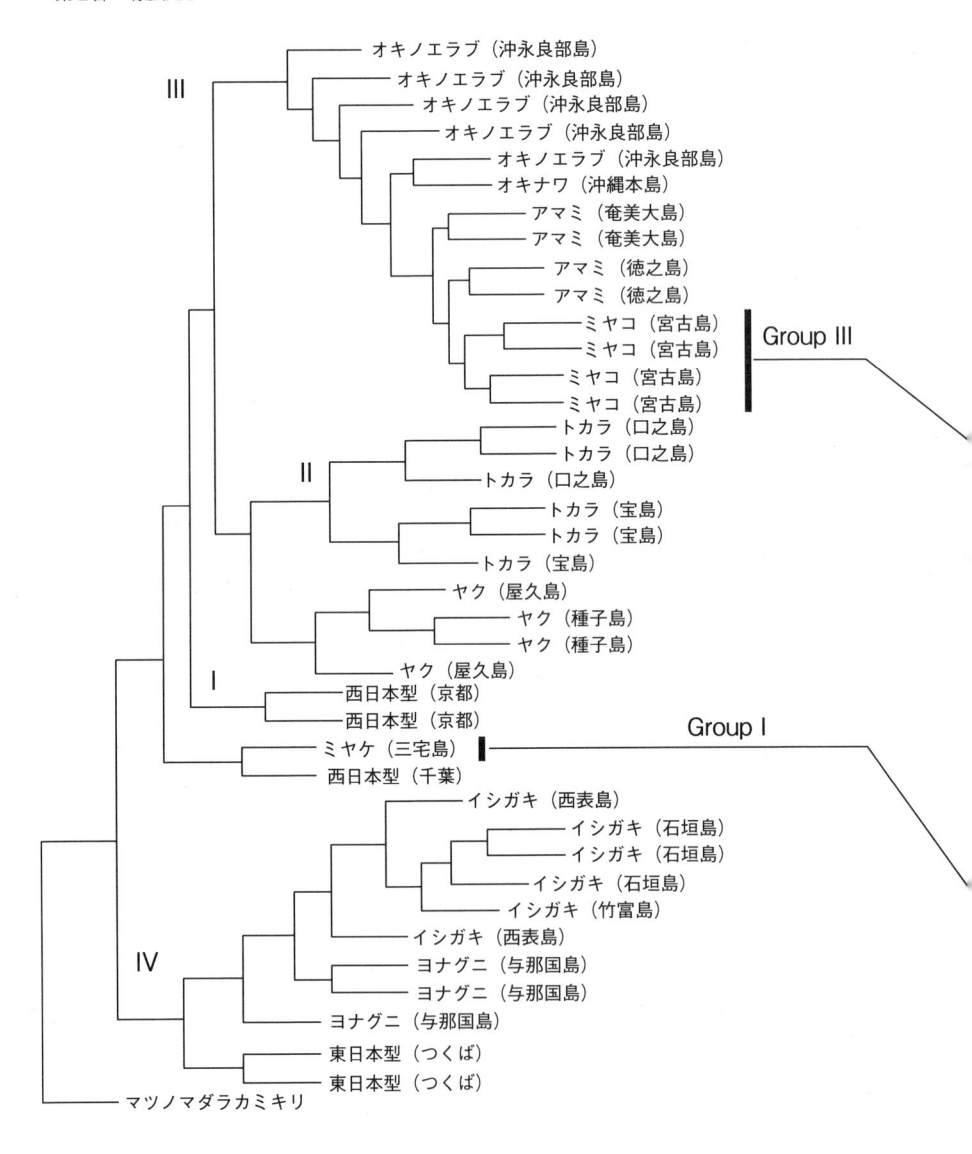

```
III ┬─ オキノエラブ（沖永良部島）
    ├─ オキノエラブ（沖永良部島）
    ├─ オキノエラブ（沖永良部島）
    ├─ オキノエラブ（沖永良部島）
    ├─ オキノエラブ（沖永良部島）
    ├─ オキナワ（沖縄本島）
    ├─ アマミ（奄美大島）
    ├─ アマミ（奄美大島）
    ├─ アマミ（徳之島）
    ├─ アマミ（徳之島）
    ├─ ミヤコ（宮古島）
    ├─ ミヤコ（宮古島）      ┤ Group III
    ├─ ミヤコ（宮古島）
    └─ ミヤコ（宮古島）

II  ┬─ トカラ（口之島）
    ├─ トカラ（口之島）
    ├─ トカラ（口之島）
    ├─ トカラ（宝島）
    ├─ トカラ（宝島）
    └─ トカラ（宝島）

    ┬─ ヤク（屋久島）
    ├─ ヤク（種子島）
    ├─ ヤク（種子島）
    └─ ヤク（屋久島）

I   ┬─ 西日本型（京都）
    └─ 西日本型（京都）

    ┬─ ミヤケ（三宅島）      ┤ Group I
    └─ 西日本型（千葉）

IV  ┬─ イシガキ（西表島）
    ├─ イシガキ（石垣島）
    ├─ イシガキ（石垣島）
    ├─ イシガキ（石垣島）
    ├─ イシガキ（竹富島）
    ├─ イシガキ（西表島）
    ├─ ヨナグニ（与那国島）
    ├─ ヨナグニ（与那国島）
    └─ ヨナグニ（与那国島）

    ┬─ 東日本型（つくば）
    └─ 東日本型（つくば）

─── マツノマダラカミキリ
```

図 7.3　キボシカミキリ（左）とそこから得られたクワノザイセンチュウ（右）の系統関係の対応.

114

第7章　昆虫嗜好性線虫の生活

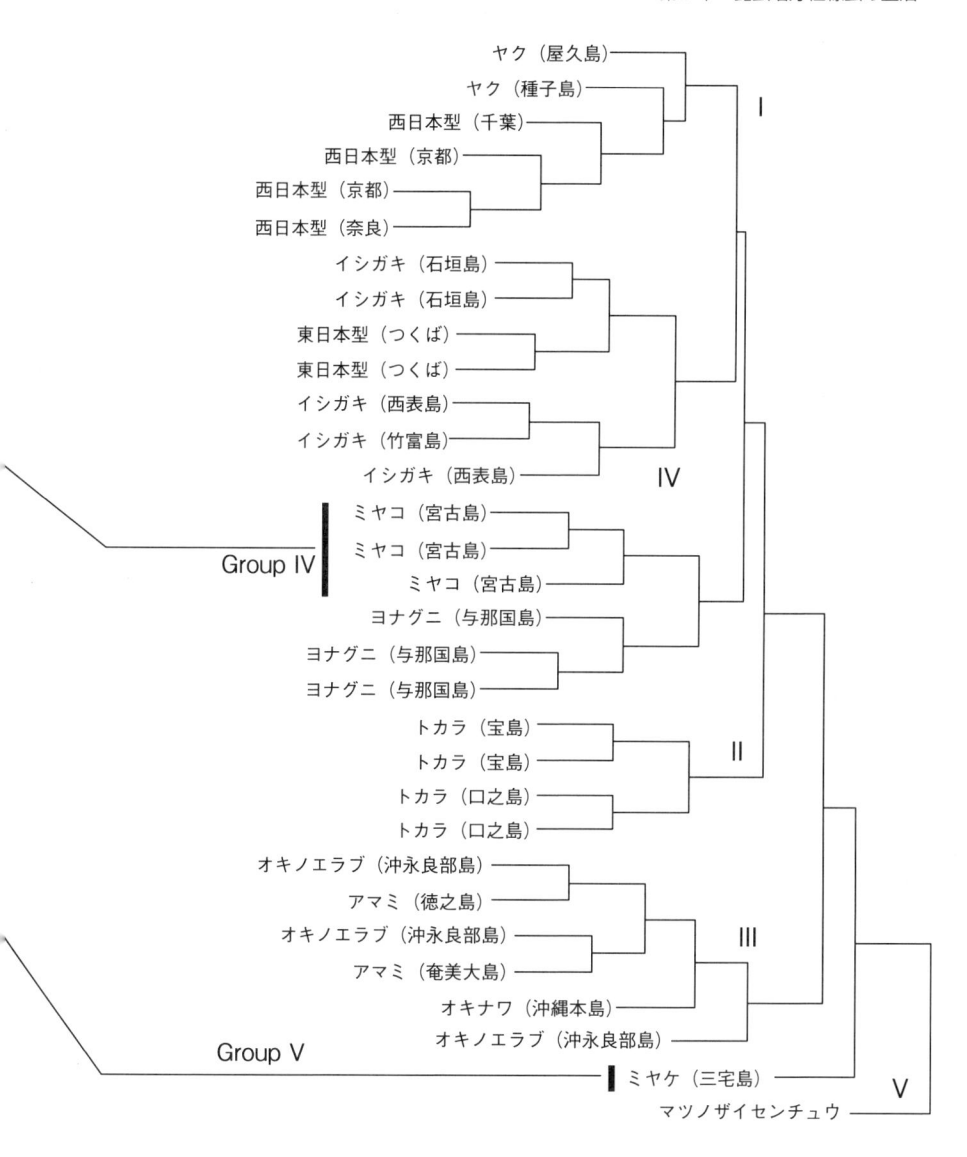

```
                    ┌─ ヤク（屋久島）
                  ┌─┤                      ┐
                  │ └─ ヤク（種子島）        │ I
                  │                        │
                ┌─┤   ┌─ 西日本型（千葉）    ┘
                │ │ ┌─┤
                │ └─┤ └─ 西日本型（京都）
                │   │
                │   └─┬─ 西日本型（京都）
                │     └─ 西日本型（奈良）
              ┌─┤
              │ │     ┌─ イシガキ（石垣島）
              │ │   ┌─┤
              │ │   │ └─ イシガキ（石垣島）
              │ │ ┌─┤
              │ │ │ │ ┌─ 東日本型（つくば）
              │ └─┤ └─┤
              │   │   └─ 東日本型（つくば）
              │   │
              │   │   ┌─ イシガキ（西表島）
              │   │ ┌─┤
              │   └─┤ └─ イシガキ（竹富島）    IV
              │     │
              │     └─ イシガキ（西表島）
          ┌───┤
          │   │ ┃ ┌─ ミヤコ（宮古島）
Group IV  │   │ ┃┌┤
          │   │ ┃│└─ ミヤコ（宮古島）
          │   │ ┃│
          │   │ ┃└── ミヤコ（宮古島）
          │   └─┤
          │     │ ┌── ヨナグニ（与那国島）
          │     │ │
          │     └─┤ ┌─ ヨナグニ（与那国島）
          │       └─┤
          │         └─ ヨナグニ（与那国島）
          │
          │       ┌─ トカラ（宝島）
          │     ┌─┤
          │     │ └─ トカラ（宝島）       II
          │   ┌─┤
          │   │ │ ┌─ トカラ（口之島）
          │   │ └─┤
          │   │   └─ トカラ（口之島）
          │   │
          │   │     ┌─ オキノエラブ（沖永良部島）
          │   │   ┌─┤
          │   │   │ └─ アマミ（徳之島）
          │   │ ┌─┤
          │   │ │ │ ┌─ オキノエラブ（沖永良部島）
          │   └─┤ └─┤
          │     │   └─ アマミ（奄美大島）      III
          │     │
          │     │ ┌── オキナワ（沖縄本島）
          │     └─┤
          │       └── オキノエラブ（沖永良部島）
          │
Group V   │       ┃┌── ミヤケ（三宅島）
          └───────┤                          V
                  └─── マツノザイセンチュウ
```

115

第2部 線虫たち

線虫

本州東部
Group IV

三宅島
Group V?

東日本型
Group IV

本州西部，屋久島，
種子島 Group I

西日本型，ミヤケキボシ，
ヤクキボシ
Group I

トカラ列島
Group II

トカラキボシ
Group II

奄美，沖縄諸島
Group III

アマミキボシ，オキノエラブキボシ
オキナワキボシ，ミヤコキボシ
Group III

石垣，西表，
竹富，与那国
Group IV

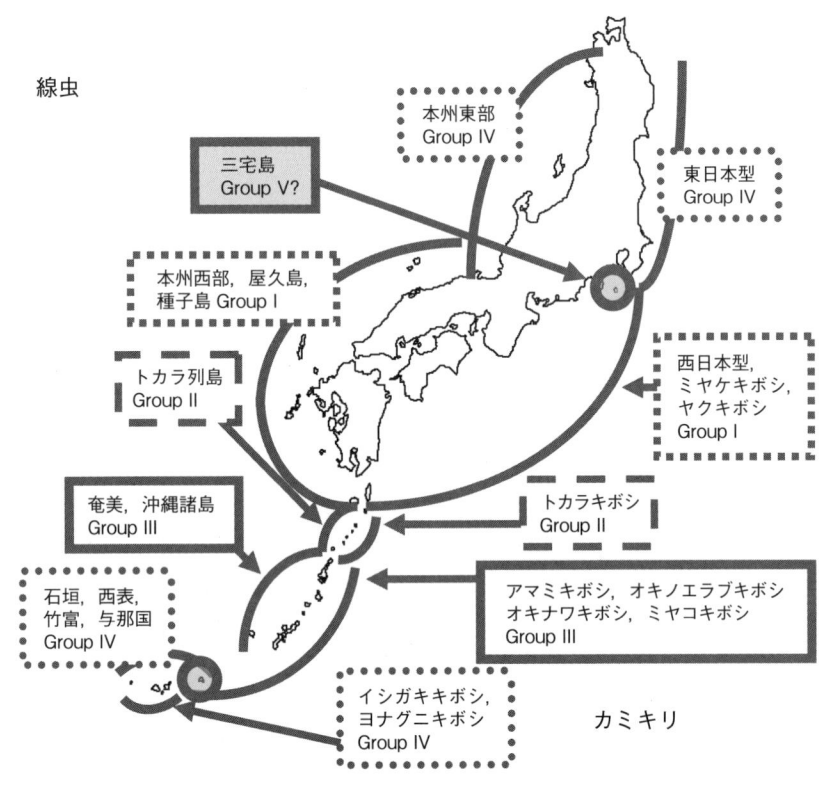

イシガキキボシ，
ヨナグニキボシ
Group IV

カミキリ

図7.4 キボシカミキリ（右）とクワノザイセンチュウ（左）の系統グループの分布．

ープが南西諸島の地理的分断によって生じたとすると，次のような過程が考えられます．

　日本列島形成以前，キボシカミキリの原種と線虫が琉球陸橋へ侵入し，定着します（A）．つづいて，最初の琉球陸橋の分断により奄美から沖縄にかけて大きな島ができます（B）．石垣から台湾にかけてはいくつかの島に分断され，中国大陸からは切り離されます．グループI（屋久島，種子島以北），III（奄美から沖縄）のカミキリと線虫はこのときの分断によって生じたものと考えられます．石垣から台湾，中国大陸にかけて細かい分断が起こっていますが，このとき取り残された個体群はかなり縮小したか，もしくは絶滅し

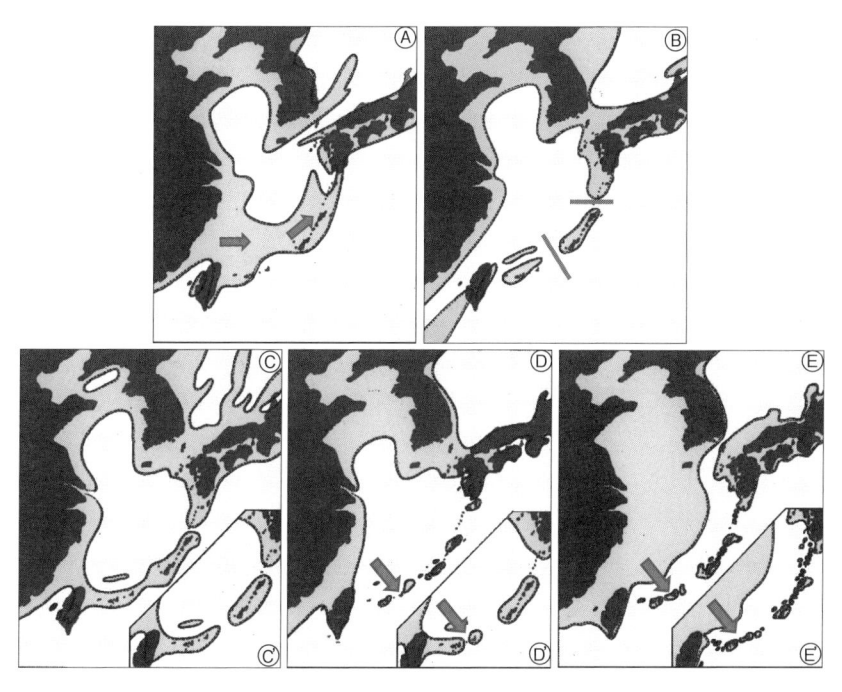

図 7.5 琉球列島の形成過程に関する仮説.

A：約 1000 万年前
キボシカミキリ原種が琉球陸橋に侵入（矢印）.
B：約 500 万年前
琉球陸橋の部分的沈降が起こり，奄美 – 沖縄本島が他から隔離される．Group III がこの頃に起源したと考えられる．
C：約 150 万年前
琉球陸橋が再度つながる．この陸橋が奄美 – 沖縄まで伸びていたかどうかは議論が分かれている（C'）．
D：約 100 万年前
陸橋の再沈降が起こる．このときの沈降の程度，宮古島の面積などは議論が分かれる（D'）．矢印は宮古島.
E：約 2 万年前
現在の日本列島と似た形になる．トカラ列島はこの頃までに火山活動により形成されている．この時期の島のサイズに関しては，研究者間で議論が分かれる（E'）．矢印は宮古島.

たものと考えられます．つぎに石垣から台湾にかけて再度中国大陸とつながることにより，中国大陸からグループ IV の起源となる個体群が再移入します（C）．その後の急速な地理的分断により，現在のそれぞれの亜種が概ね成

立するというわけです（D, E）。宮古島の個体群に関してはD, Eの図にあるように，島の状態がどのようになっていたかが明らかではないのではっきりしたことはわかりませんが，個体群の大規模な縮小あるいは絶滅が起こった後に，カミキリはおもに沖縄，奄美から，線虫は石垣から与那国にかけての地域からそれぞれ別個に移入してきたものと考えるのが妥当でしょう。また，トカラ列島の個体群については系統的に他のものとはっきりとした違いが見られたため，正確な起源を推定するのは難しいのですが，グループ I あるいは III の個体群が列島の形成後に移入してきたものと考えられます。さらに，三宅島は他の陸地と一度もつながったことのない海洋島であり，陸上動植物はすべて他の島からの移入個体群です。カミキリに関しては遺伝的に近縁な，本州から移入した西日本型を起源とするものと考えられますが，線虫の方の起源は不明です。系統的に古い位置にあることから，この線虫の原産地（中国大陸か？）に近い場所から原種に近い個体群の移入が起こっているという可能性が高いようです。

　これらのことから，地理的分断と個体群の移入が，カミキリと線虫の共種分化（亜種分化）を成立させたりかく乱する要因として考えられました。クワノザイセンチュウの属するマツノザイセンチュウ近縁種群は，それぞれの線虫種が比較的明瞭な媒介昆虫特異性をもつことが明らかになっています。しかし，クワノザイセンチュウ内では分化の程度が種レベルにまで達していないため，線虫の方の媒介昆虫特異性にまでは影響せず，三宅島，宮古島での組み合わせのように，異なる起源のカミキリと線虫が新たな便乗関係を結ぶことが比較的容易だったのでしょう。

7.3　この研究に関する後日談
反省点とさらなる解析の可能性

　完全な海洋島である三宅島にもカミキリの固有亜種が分布し，また，系統的に特徴的な線虫がこれに便乗していました。これは人為的移入が起こる以前にカミキリと線虫がその場所に到達し，定着していたということを示唆します。すなわち，流木などに付着，穿孔した状態での分散も可能だというこ

とです．キボシカミキリは材の深い部分に穿孔していること，また，その周辺にしか線虫がいないこと，さらには彼らの宿主樹木であるクワ，シマグワが海岸近くに自生していることを考えれば，漂流による分散の機会は意外に多かったのではないでしょうか．

　また，上記の研究のあとで残った標本の遺伝子解析を行ったところ，ミヤコキボシのなかには頻度は低いのですが，ヨナグニキボシと類似したミトコンドリア型をもつ個体がいることが明らかになりました．カミキリのグループⅣのなかでは遺伝的分化の程度はあまり高くなかったため，この遺伝子型が近年になっての人為的移入によるものなのか，個体群内にもともとあった変異なのかはわかりませんでした．しかし，漂流による分散と個体群の再融合の可能性はもう少し細かく調べていく必要があるのかもしれません．

　トカラキボシとその便乗線虫の位置づけも不思議といえば不思議です．系統解析からは，それぞれ単独のグループを構成しており，トカラ列島の南部と北部で大きな遺伝的距離があることがわかります．トカラ列島のなかでも，宝島と小宝島は珊瑚礁隆起による島で，トカラハブが生息しているなど奄美大島と類似性が高いのに対し，それ以外の島は火山島です．トカラ列島自体はカミキリ，線虫それぞれの大きな分化がはじまってからできた陸地であり，ここで得られた線虫，カミキリの系統的位置づけは，移入時の**ボトルネック効果**と定着初期に起こった遺伝的変異によるものと考えられますが，カミキリの形態的特徴とは矛盾しているような気がします．そもそも私は昆虫の専門家ではないので，詳しく解析，検討することもできなかったのですが，トカラキボシは素人目に見ても大きく二つの形態型に分かれています．解析すればトカラキボシはそれぞれ別亜種に分かれるのではないでしょうか．体の色調や斑紋の入り方をみると，口之島と中之島の個体はヤクキボシや西日本型に近い形態的特徴をもつのに対して，宝島の個体はアマミ，オキノエラブ，オキナワ，ミヤコのタイプによく似ています．カミキリの形態を見る限り，トカラ列島北部は大隅諸島や九州から，南半分は奄美や徳之島周辺から，それぞれ移入してきた個体群からの影響を受けているというのが妥当ではないかと考えていますが，系統関係を含めてもう少し調べてみたい気がしています．

この研究ではキボシカミキリの各亜種およびタイプにつき数個体と、そこから得られた線虫を対象にして、ミトコンドリア DNA のシトクロムオキシダーゼの subunit I の塩基配列をそれぞれ約 500 塩基対と 1000 塩基対解読しました。当時用いていた機材の効率や研究費などを考えればこのデータ量が精一杯でしたが、現代の基準に照らしてみると、その系統関係に対する解像度はやや（大いに？）心許ないものです。この 10 年の間に解析機材の効率化や低コスト化が進み、また、多くの新たな解析手法が提唱されています。これらを用いて、複数遺伝子座の解析、各個体群について遺伝的構造の比較を行うことにより、それぞれの系統グループ、亜種、個体群のより詳しい関係やその起源が解明され、地史的分断と漂流それぞれの亜種分化への寄与、また、人為的な移動による分化への影響など、また新たな解釈が可能になってくるでしょう。

7.4 遺伝子研究材料としての *Bursaphelenchus* 属

ここまでクワノザイセンチュウとキボシカミキリの関係について述べてきましたが、*Bursaphelenchus* 属には 100 種以上の多様な線虫種が知られています。そして、それぞれの系統群あるいは種のレベルで昆虫や植物との特殊化した関係をもっています。

Bursaphelenchus 属は、現在モデル生物として利用されている *Caenorhabditis* 属や *Pristionchus* 属には見られない、糸状菌食性、媒介昆虫との高い同調性、昆虫利用様式の多様性などの多くの興味深い特異的な性質をもっています。また、マツノザイセンチュウに関しては近年ゲノム情報も明らかにされつつあり、これらの情報をもとに近縁種間で比較ゲノム研究を行い、遺伝子レベルの違いと生態的および生理的特性を比較していくことによって、新たな生物学的モデル系が構築できるのではないかと考えています。

リボソーム DNA の塩基配列を解析すると、*Bursaphelenchus* 属は大きく三つの系統群に分けられ、それぞれ形態的にはもちろんのこと、生態的にも特徴的な形質をもっています（図 7.6）。たとえば昆虫との関係では、系統群 I

第 7 章　昆虫嗜好性線虫の生活

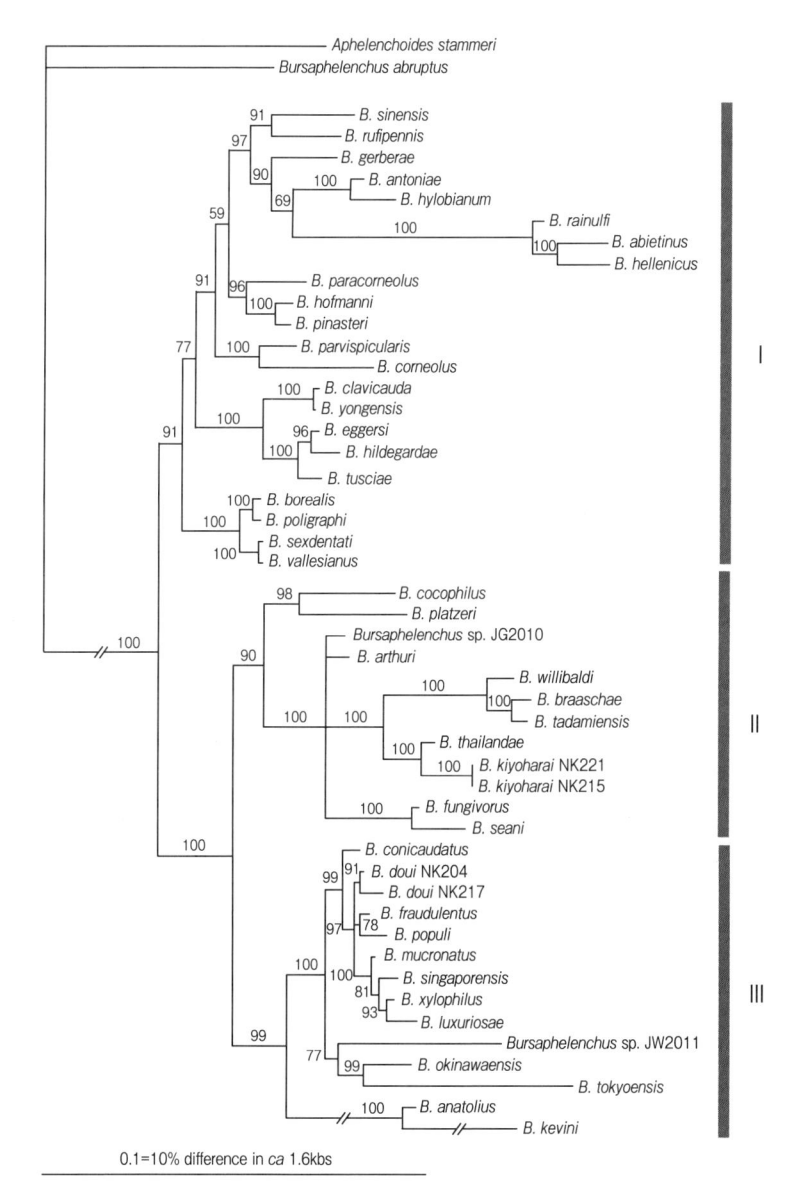

図 7.6　マツノザイセンチュウ近縁種群（*Bursaphelenchus* 属，*xylophilus* group）の系統関係．
リボソーム DNA の塩基配列に基づいて Bayes 法で系統樹を作成した．

はほとんどがキクイムシ類に便乗しているのに対し，系統群IIはキクイムシ類の他，ゾウムシ，ケシキスイ，土壌性ハナバチ類など多様な昆虫を利用しています。また，系統群IIIにはマツノザイセンチュウ近縁種が含まれ，これらはカミキリムシを主要な媒介昆虫としています。

とくにここで注目したいのは，系統群II，IIIのマツノザイセンチュウ近縁種群およびその周辺の線虫です。図7.7に各種の系統関係と生態的特徴を示しました。

まず，耐久型幼虫の出現様式について比較してみると，マツノザイセンチュウ近縁種群の外群に相当するB. okinawaensisは石垣島のキマダラヒメヒゲナガカミキリ Monochamus maruokai から分離された種で，**単為生殖**を行い，培地上で耐久型幼虫（第3期）が高率で出現する，といったきわだった特徴があります。このような生態的特性は他の多くの昆虫嗜好性線虫にも見られ，両性個体（**雌雄同体**）で増殖し，培地上で耐久型（第3期）形成する C. elegans や P. pacificus に非常に類似した特徴と考えられます。

これに対して，マツノザイセンチュウ近縁種群ではそれぞれ異なるカミキリムシ類を利用しますが，いずれも**雌雄異体**であり，媒介昆虫存在下でのみ耐久型幼虫（第4期）が出現するという違いがあります。さらに，ウコギ科樹木を利用し，センノカミキリ Acalolepta luxuriosa に媒介されるタラノザイセンチュウ B. luxuriosae では耐久型幼虫はほとんど見られず，代わりに**寄生型**成虫が昆虫から検出されます（図7.8）。ここで見られるような昆虫利用様式の多様化は他のモデル線虫グループでは知られておらず，線虫の形態形成，耐久型出現制御様式を明らかにするうえでこのグループでの線虫は有用な材料となることが期待されます。

また，生活史および食性研究の材料として，B. cocophilus とその近縁種 B. platzeri も興味深い種です。B. cocophilus はココヤシ，アブラヤシ，カナリーヤシなどに**赤輪病**（red ring disease）を引き起こす致死的病原体として有名です。分散型幼虫（第3期）がヤシオサゾウムシの近縁種である Rhynchophorus palmarum に寄生して伝搬され，ヤシ植物体内では植物細胞のみを摂食します。これに対して，B. platzeri では分散型幼虫（第3期）が，ケシキスイの一種の Carpophilus humeralis に便乗して伝搬され，柑橘類の落下

第 7 章　昆虫嗜好性線虫の生活

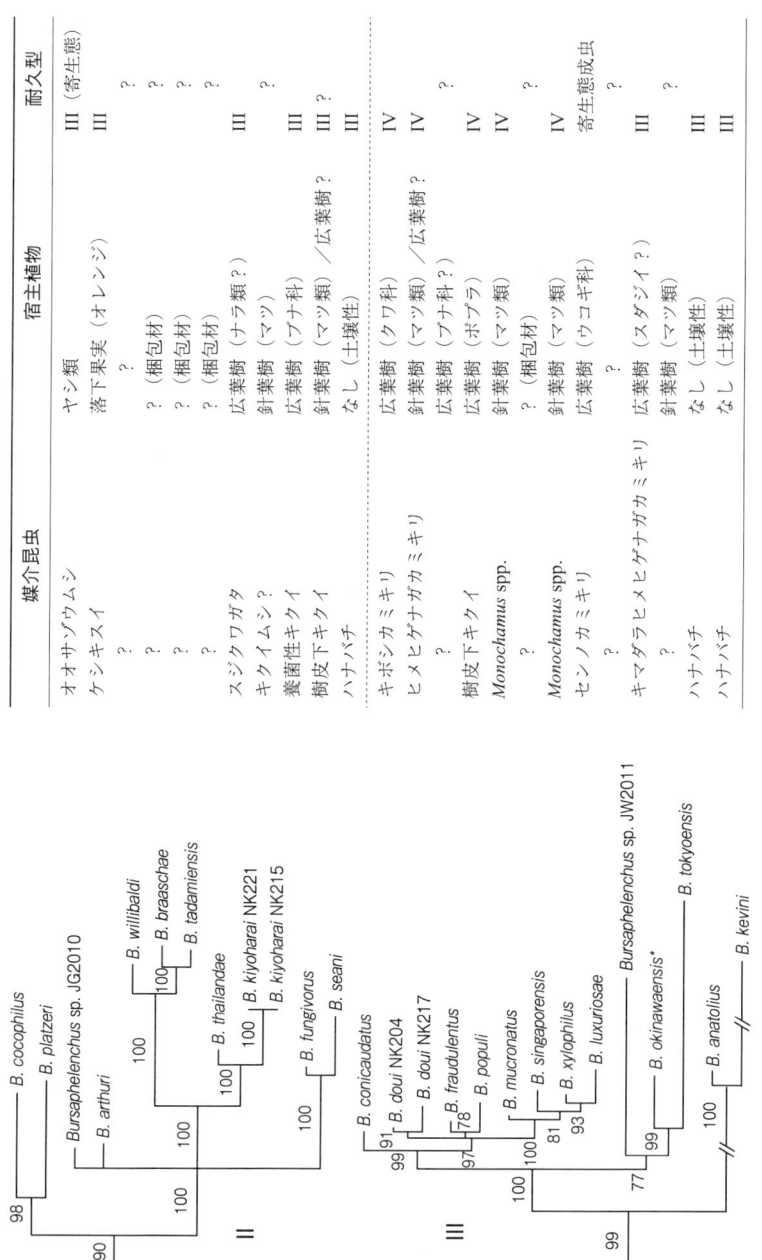

	媒介昆虫	宿主植物	耐久型
B. cocophilus	オオサシゾウムシ	ヤシ類	III（寄生態）
B. platzeri	ケシキスイ	落下果実（オレンジ）	III
Bursaphelenchus sp. JG2010	?	?（梱包材）	?
B. arthuri	?	?（梱包材）	?
B. willibaldi	?	?（梱包材）	?
B. braaschae	?	?	?
B. tadamiensis			
B. thailandae	スジクワガタ	広葉樹（ナラ類？）	III
B. kiyoharai NK221	キクイムシ？	針葉樹（マツ）	III
B. kiyoharai NK215	養菌性キクイ	広葉樹（ブナ科）	III？
B. fungivorus	樹皮下キクイ	針葉樹（マツ類）／広葉樹？	III？
B. seani	ハナバチ	なし（土壌性）	III
B. conicaudatus	キボシカミキリ	広葉樹（クワ科）	IV
B. doui NK204	ヒメヒゲナガカミキリ	針葉樹（マツ類）／広葉樹？	IV
B. fraudulentus	樹皮下キクイ	広葉樹（ブナ科？）	?
B. populi	Monochamus spp.	広葉樹（ポプラ）	IV
B. mucronatus	Monochamus spp.	針葉樹（マツ類）	IV
B. singaporensis	?	?（梱包材）	?
B. xylophilus	センノカミキリ	針葉樹（マツ類）	IV
B. luxuriosae	キマダラヒメヒゲナガカミキリ	広葉樹（ウコギ科）	寄生態成虫
Bursaphelenchus sp. JW2011	?	?	?
B. okinawaensis*	ハナバチ	広葉樹（スダジイ？）	III
B. anatolius	ハナバチ	なし（土壌性）	III
B. tokyoensis	ハナバチ	なし（土壌性）	III
B. kevini			

図 7.7　Bursaphelenchus 属クレード II および III の系統関係と生態的特徴.

* B. okinawaensis は単為生殖をし，培地上で耐久型幼虫を容易に形成する．この特徴は他の Bursaphelenchus 属線虫には見られない．

第 2 部　線虫たち

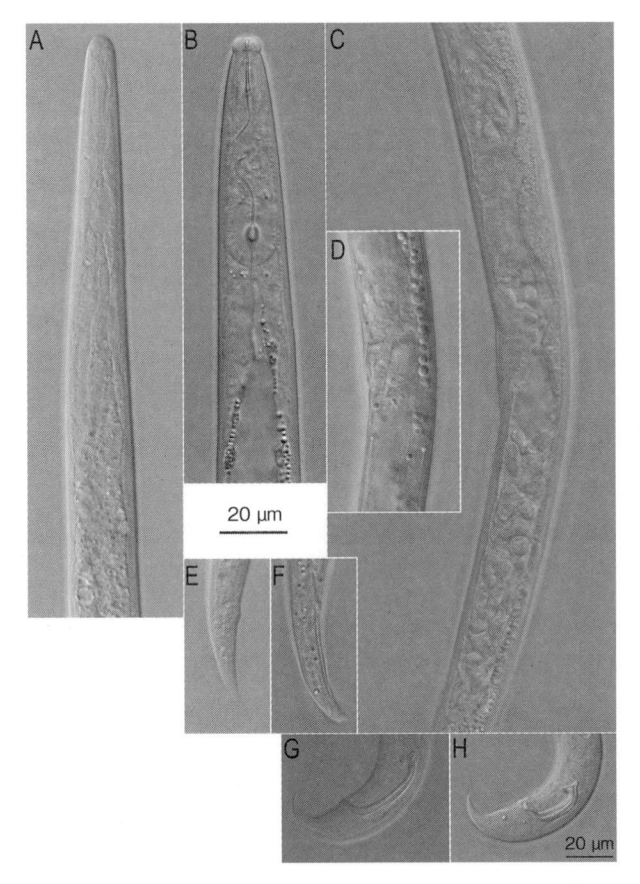

図 7.8　タラノザイセンチュウの寄生型成虫と増殖型成虫.
A：寄生型成虫頭部
摂食器官が退化している.
B：増殖型成虫頭部
摂食器官はよく発達している.
C：寄生型雌成虫腹部
D：増殖型雌成虫腹部
雌成虫の生殖器官には寄生型と増殖型の間で大きな違いは見られない.
E：寄生型雌成虫尾部
尾端はきれいに尖っている.
F：増殖型雌成虫尾部
尾端はやや不定形.
G：寄生型雄成虫尾部
交接刺は増殖型に比べると中間部分が長くなっている.
H：増殖型雄成虫尾部　　　　　　　　　　　（Kanzaki et al. 2009c を改変）

果実内で菌類を摂食して増殖します。すなわち，近縁種間で昆虫寄生／便乗，植物細胞食（**絶対寄生**）／植物細胞，糸状菌食（**任意寄生**）といった栄養生理的な差異が見られるのです。現在，ネコブセンチュウ，シストセンチュウなどの植物寄生者や細菌食性のモデル線虫で消化酵素遺伝子の構成などが明らかにされつつあり，これらと比較することによって，摂食に関与する遺伝子の進化や変異過程を解明できる可能性があります。

ここに述べたのはいくつかの例に過ぎませんが，Bursaphelenchus 属の生理的，形態的，生態的多様性と，その可塑性は非常に高く，今後，糸状菌食性線虫に関してのモデル系として利用が期待されます。

（神崎菜摘）

参考文献

Giblin-Davis, R. M., Kanzaki, N., Ye, W., Mundo-Ocampo, M., Baldwin, J. B. and Thomas, W. K. (2006) Morphology and description of *Bursaphelenchus platzeri* n. sp. (Nematoda: Parasitaphelenchoididae), an associate of nitidulid beetles. *Journal of Nematology* **38**: 150-157.

神崎菜摘（2006）「*Bursaphelenchus* 属線虫の分類と系統」『日本森林学会誌』, **88**: 392-406.

神崎菜摘（2008）「昆虫嗜好性線虫と媒介昆虫の様々な関係：*Bursaphelenchus* 属線虫の昆虫利用」『寄生と共生』（石橋信義・名和行文編著）pp.108-129 東海大学出版会，東京．

Kanzaki, N. and Futai, K. (2001) Life history of *Bursaphelenchus conicaudatus* (Nematoda: Apehelenchoididae) in relation to the yellow-spotted longicorn beetle, *Psachothea hilaris* (Coleoptera: Cerambycidae). *Nematology* **3**: 473-479.

Kanzaki, N. and Futai, K. (2002) Phylogenetic analysis of the phoretic association between *Bursaphelenchus conicaudatus* (Nematoda: Aphelenchoididae) and *Psacothea hilaris* (Coleoptera: Cerambycidae). *Nematology* **4**: 759-771.

Kanzaki, N., Maehara, N., Aikawa, T., Giblin-Davis, R.M. and Center, B.J. (2009c) The first report of a putative "entomoparasitic adult form" of *Bursaphelenchus*. *Journal of Parasitology* **95**: 113-119.

Kanzaki, N., Maehara, N., Aikawa, T. and Togashi, K. (2008) First Report of parthenogenesis in the genus *Bursaphelenchus* Fuchs, 1937: a description of *Bursaphelenchus okinawaensis* sp. nov. isolated from *Monochamus maruokai* (Coleoptera: Cerambycidae). *Zoological Science* **25**: 861-873.

Kanzaki, N., Tsuda, K., and Futai, K. (2000) Description of *Bursaphelenchus conicaudatus* n. sp. (Nematoda: Aphelenchoididae), isolated from the yellow-spotted longicorn beetle, *Psacothea hilaris* (Coleoptera: Cerambycidae) and fig trees, *Ficus carica*. *Nematology* **2**:

165-168.

Ota, H. (1998) Geographic patterns of endemism and speciations in amphibians and reptiles of the Ryukyu Archipelago, Japan, with special reference to their paleogeographical implications. *Researches on Population Ecology* **40**: 189-204.

第8章

キノコと昆虫を利用する線虫たち

　前章では線虫と昆虫の関係について，*Bursaphelenchus* 属の線虫を例にとって見てきましたが，それ以外にも昆虫と線虫の関係は自然界においてさまざまな形で存在しています。ここでは，それら二者の関係に，生息場所および食物資源としてキノコが介在する関係，つまり線虫-キノコ-昆虫の三者間相互関係について紹介したいと思います。

　ところで，みなさんはキノコを何種類ぐらい食べたことがあるでしょうか。日本国内には五千とも六千ともいわれる種類のキノコが存在しているといわれていますが，そのうち食用キノコとして栽培され，一般に流通しているのは十数種に過ぎません。この章で最初に取り上げるのはそういった食用キノコの一種であるヒラタケに発生する病気の話です。ヒラタケというと最近の若い人は「食べたことないなあ，どんなキノコですか？」といった返答があるかもしれません。それもそのはず，最近はブナシメジ等の食品業界における競合種におされ生産が激減しているのです。また盛んに生産されていた頃においても，その栽培品は「しめじ」という名称で販売されていたため，本名であるところの標準和名「ヒラタケ」はあまり人口に膾炙していないかもしれません。そういうわけで一般の人々にはあまり馴染みがないかもしれないヒラタケですが，実は「今昔物語集」や「源平盛衰記」などの古典にさまざまなエピソードが出てくるほど古い時代から好んで食べられていた由緒正しい食用キノコなのです。

　ところがそのヒラタケのひだに虫こぶのような「こぶ」が生じるという奇妙な病気が存在しています（図8.1）。この病気は施設内で栽培されるヒラタ

第 2 部　線虫たち

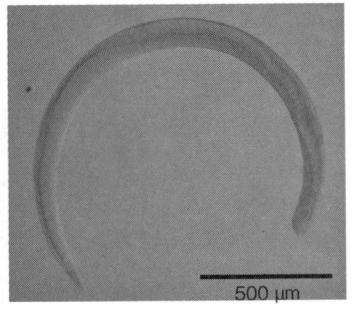

図 8.1　こぶの発生したヒラタケ子実体（左）とこぶ内に生息する菌食性メス線虫（右）．

ケには発生せず，野外で栽培される原木栽培ヒラタケや野生のヒラタケに発生します．そして興味深いことには，ひだに生じたこぶの中に線虫が生息しているのです．実際にひだに生じたこぶを実体顕微鏡の下で切開すると，内部に線虫が生息しているのを簡単に確認することができます．その線虫の体長は 2〜3 mm であり，マツノザイセンチュウなどの線虫に比べると非常に大きいものです．この線虫の頭部には口針とよばれる注射針のような器官が見られ，菌食性の線虫であることがわかります．この巨大な線虫は一つのこぶに 1 頭ずつ存在していますが，それらは例外なくメス個体です．時間の経過とともにそのメス線虫はこぶの内部で大量の卵を産卵します．しかし，オスがいないのにどうやって繁殖しているのでしょうか．またキノコはそれほど長持ちのしないもののはずですが，卵からふ化した幼虫はこの先どうなるのでしょうか．そもそもこの線虫はどこからやってきたのでしょうか．最初はこういった疑問についてほとんど明らかになっていなかったのですが，これまでの研究により，このヒラタケの病気とそれを取り巻く線虫や昆虫たちの織りなす世界が少しずつ明らかになってきました．それでは，その研究過程を振り返りながら，キノコという資源をめぐる生物たちの世界を見ていきましょう．

第8章 キノコと昆虫を利用する線虫たち

Column

テーマとの出会い

　私が大学の研究室に学生として入ったのは，1992年の春です。多くの学生や大学院生がそこに学び，研究を行っていました。当時，先輩たちはマツノザイセンチュウや菌根菌などマツ類をめぐる生物を研究テーマにしていることが多く，私もまた研究テーマにマツノザイセンチュウを選んでいました。

　そんな日々のなか，奇妙な病気にかかったヒラタケの話が研究室に持ち込まれたのでした。ヒラタケというのは菌類のなかでも担子菌類とよばれる分類群に所属するキノコで，野外では倒木や切り株などの木材を分解して栄養を得ている木材腐朽菌のひとつです。野生のものは古くから食用として利用されていますが，原木やおがくずなどを用いた栽培品も市場に出回っています。ところがそのヒラタケの「ひだの部分に虫こぶのようなものができていて，気味が悪い。とても食べる気にはならないが，こぶの中をよく見てみると線虫らしきものが生息している。」というのです。キノコにこぶができるという現象はこれまでに他には知られておらず，それだけでも興味深いことなのですが，それ以上に研究室のなかで興味を引いたのはヒラタケというキノコに線虫がすんでいるという事実そのものでした。ヒラタケはある奇妙な特徴をもっていることで有名なキノコだったからです。

　その奇妙な特徴とは，ヒラタケという菌が線虫を捕食して食べてしまう能力のことで，1987年に報告されていたのです。捕食といってもヒラタケの子実体に口があるわけではありません。ヒラタケの菌糸に線虫を捕まえて食べてしまう能力があるのです。菌糸が線虫などを捕まえて食べる例は他にもあり，くくり罠式のトラップを作ったりする種も存在します。ヒラタケが線虫を捕まえる方法は，毒素を含む液滴を分泌する細胞が栄養菌糸上に生じて，その毒滴のそばを通りかかった線虫がそれに触れると，体がしびれて動けなくなるというやり方です。そしてその動けなくなった線虫に周りからヒラタケの菌糸が襲いかかるのです。そういった能力をもった菌の子実体（キノコ）にこぶができ，そこに線虫がすんでいる。子実体組織と栄養菌糸という性質の違いはあるにしろ，このことは非常に興味深い現象には違いなかったのです。ひとしきりその話題で盛り上がったのですが，そのうちキャンパス内の植物園に発生しているヒラタケにも同様の現象が見られることを知って，本腰を入れて調べてみようということになったのでした。

8.1 ヒラタケでの線虫の生活

　一般的にキノコの寿命は非常に短いものだとされています。もちろんキノコのなかにはヒダナシタケ類の硬質菌（いわゆる「猿の腰掛け」）のように多年生のものも存在するのですが，多くのキノコが属するハラタケ類のような軟質菌では，一つの子実体が 1 週間ももつかどうかです。一般的な栽培キノコのなかでもとくにヒラタケは「あしのはやい（早く腐りやすい）」ものの一つです。

　罹病した（こぶの生じた）ヒラタケ子実体においても，その子実体が成熟し崩壊する過程において，こぶ内部で急速に変化が生じはじめます。こぶ内で観察される巨大なメス線虫の産卵した卵から多数の幼虫が孵り，それが成長しはじめるのです。成長した幼虫は元々こぶの中にいたメス線虫とは似ても似つかないほっそりとした体型をしています。しかもそれらにはオスとメスが存在しています。それらの線虫の形態はきわめて特徴的で，とくにオス線虫は扁平な頭部と L 字型をした**交接刺**をもった独特の形態的特徴をもっています。このオス線虫のきわめて特徴的な形態からこの線虫は *Iotonchium* 属に属する線虫の一種であることがわかりました（のちに *Iotonchium ungulatum* という名で**新種記載**されました）。この属の線虫はそれまでに 7 種類が知られていましたが，それらはいずれも担子菌類のキノコから見つかったものでした。ただその生態については 1 種類を除いてほとんどわかっていませんでした。唯一その生活史の詳細が判明していたのは，北米において報告されていた *I. californicum* という線虫です。この線虫はオキナタケ科に属するフミヅキタケ（*Agrocybe praecox*）の子実体から検出されました。ただしこの線虫の場合では子実体のひだにこぶなどはできず，その子実体組織内に生息しているとされています。子実体内に生息するステージは菌食性であり，**単為生殖**をするメス線虫のみが確認されています。その後，宿主であるフミヅキタケ子実体の崩壊につれて次のステージへと移行していくとされており，そのステージの線虫はまさにヒラタケの線虫の場合に出現してくるものと同様の形態で，細長い形態のメス線虫とオス線虫が存在しています。

Iotonchium californicum ではそれらの雌雄線虫は昆虫への感染ステージのものであり，交尾を終えて受精したメス線虫は同じフミヅキタケを餌資源として利用しているキノコバエ科の一種 *Mycetophila fungorum* の体内に侵入し，寄生するものとされています。その後宿主キノコバエの成熟にともなって体内に侵入したメス線虫は成長し，**血体腔**内で独特の形態をもつ寄生態のメス線虫となり次世代を生産します。

前述したように，*Iotonchium* 属線虫の生態はこのフミヅキタケを利用している *I. californicum* についてのみ明らかであったのですが，ヒラタケの線虫も同様の生活史を取っていることが想定されました。それはあながち根拠のない話ではありませんでした。なぜならばこのヒラタケの病気にはなんらかの昆虫が関与している可能性が，過去の研究において示唆されていたからです。

8.2 線虫を運んでいるのは何か？

実はこのヒラタケの病気は 1970 年代末頃にはすでに九州，中国地方において発生していることが知られていました。野生のヒラタケや野外において原木栽培されたヒラタケ子実体に病気の発生がみられることや，こぶの中に線虫が生息していることもその当時から確認されていました。しかし当時はその発生地域も限定されており，こぶ内の線虫の分類学的な所属についてもほとんど研究されておらず，どういった線虫なのか不明のままにされていました。ただその防除については研究がなされており，1 mm メッシュの寒冷紗をヒラタケのほだ木にかけることで被害が防げることから，その編み目をくぐり抜けることのできないなんらかの昆虫が伝播者になっている可能性が指摘されていたのです。

そこでどういった移動手段をとるものが関係しているのかを知るために，次のような実験を試みました。発茸したてのビン栽培のヒラタケを，栽培ビンの下の部分を水を張った容器につけて野外に設置したのです。こうすると地上徘徊性の昆虫等は子実体にはたどりつけないはずであり，もしこれでこ

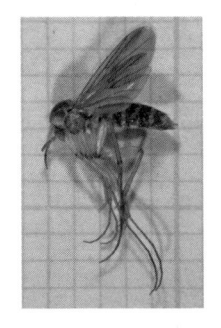

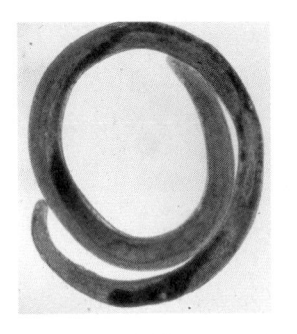

図 8.2　ナミトモナガキノコバエ（左）とその血体腔内から検出された寄生態メス線虫（右）．

ぶが生じたなら飛翔性の昆虫が関与したことになるのです。はたして結果は予想どおりこぶが生じ，飛翔能力をもった昆虫が関与していることがほぼ間違いないと考えられました。

Iotonchium californicum と同様の生活史を送っているとすると，関与しているのはキノコバエ科かそれと同様の生態をもつ昆虫の可能性が高いと考えられます。そこでこぶの生じたヒラタケ子実体を数センチの深さまで土を入れた広口瓶にいれ，網の蓋をしておいてみました。しばらくすると子実体組織に食入していたさまざまな昆虫が羽化出現してきました。それらの昆虫を取り出し生理食塩水中で解剖をおこなってみたところ，キノコバエ科に属するナミトモナガキノコバエ（*Allodiopsis domestica*）という種の血体腔内からだけ *Iotonchium* の寄生態の線虫が検出されてきたのです（図 8.2）。

8.3　伝播者であることの証明

こうしてこのナミトモナガキノコバエというキノコバエ科の一種が線虫の伝播者である可能性がでてきた訳です。しかし寄生ステージの線虫しか確認できていないため，この線虫が本当にこぶの中の線虫と同じ種であるのかを証明するにはこれだけでは不十分です。そこで同様の方法でこぶのできた子実体から羽化してきたナミトモナガキノコバエを，ビン栽培のヒラタケ子実

体とともに飼育箱に入れておくこととしました。すると数日後，それらの子実体のひだの部分にこぶが形成されたのです。こぶの内部には菌食性のメス線虫も確認することができました。

　ただし，これだけではまだヒラタケ子実体におけるこぶの発生と線虫，ナミトモナガキノコバエの関係について明らかにしたことにはなりません。こぶの中にはナミトモナガキノコバエの幼虫などはみられず，線虫しか確認できないことから線虫自身がこぶを形成していることが想像されるのですが，それはあくまで想像にすぎません。これだけではこぶを形成しているのは線虫なのかナミトモナガキノコバエなのかを解明したことにはならないのです。

　その点を解明するためには，どうしても線虫単独で同じ病徴（こぶ）が発生するかどうかを確認する必要があります。そこでこぶの中に生息しているメス線虫を取り出し，健全なヒラタケ子実体のひだの上に接種するといったことを試みてみました。できるだけ産卵を開始していない若い個体を選ぶようにしたのですが，うまくいきません。どうやらこの線虫はこぶ内での生活に適応しきっているようで，いったんそういったステージに入ると，こぶ外部に取り出されることが負担となり死んでしまうようなのです。こぶ内の線虫はナミトモナガキノコバエにより伝播されることは明らかであろうと思われたため，ヒラタケに移行する直前の段階の線虫をナミトモナガキノコバエの体内から取り出すことにしました。罹病子実体から羽化してきたナミトモナガキノコバエの個体の血体腔内には前述したように寄生態の巨大なメス線虫が観察されたのですが，それだけでなく，その寄生態メス線虫が産卵した卵やそれらからふ化してきた幼虫も多数観察されていました（図8.3）。さらにその幼線虫がナミトモナガキノコバエの卵巣内に侵入している事象も確認されました。それらの幼線虫は産卵管を通って子実体に生みつけられるものと考えられました。そこでナミトモナガキノコバエを解剖して卵巣に侵入した幼線虫を取り出し，ビン栽培ヒラタケの子実体のひだに接種することにしました。すると接種したヒラタケの子実体にこぶが生じ，その内部には菌食性のメス線虫を確認することができました。これらの事実から，こぶを形成しているのは線虫そのものであり，そこにナミトモナガキノコバエがこの線虫の宿主昆虫として存在し，また伝播者として関与していることが明らかに

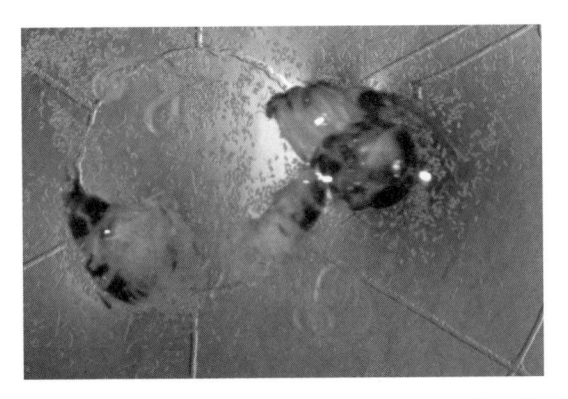

図8.3 キノコバエの血体腔内から出てきた寄生態メス線虫と大量の次世代（卵，幼虫）．

なったのです。

8.4 線虫の生活史とキノコバエとの関係

　こうして線虫がこの病気の病原体であり，ナミトモナガキノコバエがその線虫の伝播者となっていることが明らかになった訳なのですが，寄生ステージの線虫はナミトモナガキノコバエの体内にいつ侵入し，定着するのでしょうか。その時期を明らかにするため，ナミトモナガキノコバエの幼虫がこぶのできた子実体に食入している段階から子実体の崩壊にともなってそこから脱出し，土壌中で蛹化し，さらに成虫へと羽化する過程において，さまざまな段階のものを取り出して解剖し調べてみました。するとナミトモナガキノコバエの蛹化の前後に受精した感染ステージのメス線虫が侵入し，その血体腔内で寄生態メス線虫へと成熟していくことが明らかになったのです。
　これらの一連の調査で明らかになった線虫の生活史は次のようになります（図8.4）。こぶ内で菌食性メス線虫が産卵し，その卵からふ化した線虫はこぶの内部で成長して感染ステージのメス線虫とオス線虫になり，子実体の崩壊にともないこぶを脱出します。ほぼ同時期に，子実体に食入していたナミトモナガキノコバエの幼虫も子実体を離れ土壌中に移動し，蛹化します。そ

第8章 キノコと昆虫を利用する線虫たち

菌食性メス線虫

キノコバエ幼虫

オス線虫（上）と
感染態メス線虫（下）

キノコバエ蛹

キノコバエ成虫　寄生態メス線虫

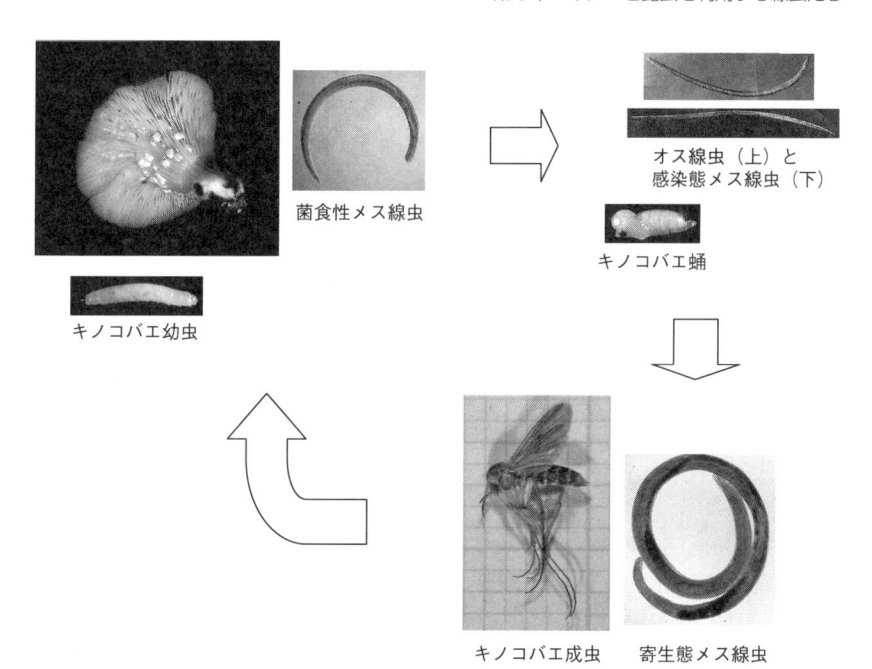

図 8.4　ヒラタケにこぶをつくる線虫の生活史.

の蛹化の前後に受精した感染ステージのメス線虫がナミトモナガキノコバエの体内に侵入し，その血体腔内で成熟しはじめます。ナミトモナガキノコバエが羽化して成虫となる頃には，血体腔内の線虫も成熟した寄生ステージのメス線虫となっており，多くの卵を産卵します。それらの卵からふ化した幼虫はやがてナミトモナガキノコバエの卵巣に侵入し，そこから産卵管に移行します。そしてナミトモナガキノコバエがヒラタケの子実体を訪れた際に，その産卵行動を介して線虫の幼虫が子実体に生みつけられます。それらの幼虫がヒラタケのひだにこぶを形成しはじめ，巨大な菌食性のメス線虫へと成長するのです。

8.5　いろいろなキノコを調べる

　以上のようなヒラタケの線虫についてのさまざまな事象を調べていく過程において，この線虫は他のキノコに生息しているのだろうか，生息するとしたらそれらのキノコにはこぶは生じるのだろうか，といった疑問がわき上がってきました。またヒラタケの子実体も野外では年中発生している訳ではないため，そのオフシーズンにこれらの寄生者たちが他のキノコを乗り継いで過ごしているのではないかという考えも頭のなかにありました。そこで暇を見つけては京都周辺の森林にキノコを取りに行き，こぶの有無と線虫の生息を確認していくことにしました。前にも述べたようにキノコにこぶが生じるという現象はほとんど知られていません。調査で採取してきたキノコも当然こぶのないものがほとんどだったのですが，こぶの有無にかかわらず採取したキノコは細かく砕いて，**ベルマン漏斗**（線虫分離のために用いられるもっとも一般的な装置）にかけて線虫分離を行うことにしました。

　実際に調べはじめてみると，このヒラタケの線虫はヒラタケ以外には，同属のウスヒラタケしか利用していないことがわかりました。またこのウスヒラタケの場合においても，この線虫の寄生によりこぶが生じていることが確認されました（その後の研究でやはりヒラタケ属のトキイロヒラタケにもこぶが生じることが判明しています）。では他のキノコには線虫はすんでいないのかというとそうではなく，いくつかの種から別種の線虫がいろいろと出てきたのでした。それらのキノコにはこぶが生じるといった現象は確認されませんでしたが，その組織内から線虫が分離されてきたのです。それらにはヒラタケの線虫と同じ *Iotonchium* 属に属するものもあれば，まったく異なる分類群の線虫も検出されてきました。

　その研究の過程において見つかった *Iotonchium* 属線虫は3種類でした。そのうちの1種はウスムラサキフウセンタケをはじめとするフウセンタケ科フウセンタケ属のいくつかの種から検出されてきました。この線虫はそれまでに記載されていたいずれの種とも形態的に異なっていたため，新種であると判断し，*I. cateniforme* と名付けて新種記載を行いました。この線虫はヒラタ

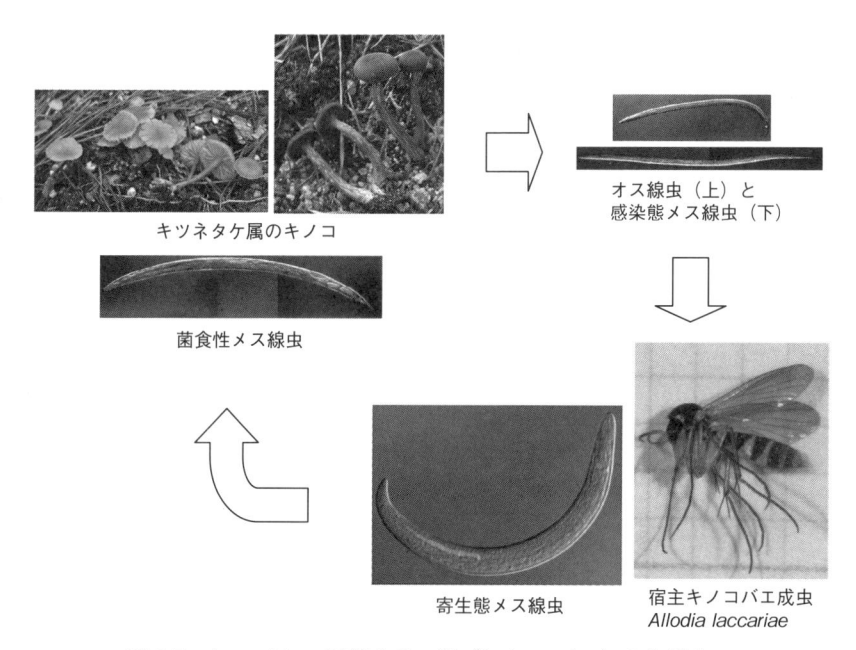

第 8 章 キノコと昆虫を利用する線虫たち

図 8.5 *Iotonchium* 属線虫の一種（*I. laccariae*）の生活史.

ケの線虫と同様の生活環をとっていると考えられたため，線虫が検出されたフウセンタケ類のキノコから羽化出現してくる昆虫を調べ，その宿主昆虫の探索を行うことにしました。するとこの線虫の場合も，やはりキノコバエ科の一種 *Exechia dorsalis* の血体腔内からこの線虫の昆虫寄生態メス線虫が検出され，ヒラタケの線虫と同様の生活史を送っていることが判明したのです。

またキシメジ科キツネタケ属のキツネタケやウラムラサキ，カレバキツネタケなどの子実体からは *I. laccariae* が検出されてきました。さらに，ベニタケ科ベニタケ属のクロハツやシロハツモドキ，チチタケ属のキチチタケやハツタケなどの子実体からは *I. russulae* が検出されてきました。いずれの種も発見当時は未記載種であったため，その後新種記載を行って名前をつけました。これらの *Iotonchium* 属線虫の宿主昆虫もやはりキノコバエ科に所属する種であり，同様の生活史を送っていることがわかったのです（図 8.5）。

これらの *Iotonchium* 属線虫と宿主キノコ，宿主昆虫の関係をまとめると，次のようになります（表 8.1）。宿主昆虫についてはいずれの線虫もキノコバ

137

表 8.1　*Iotonchium* 属線虫が関係するキノコと昆虫.

	利用しているキノコ	寄生している昆虫
I. californicum	フミヅキタケ （オキナタケ科）	*Mycetophila fungorum* （キノコバエ科）
I. ungulatum	ヒラタケ属 （ヒラタケ科）	ナミトモナガキノコバエ *Allodiopsis domestica* （キノコバエ科）
I. cateniforme	フウセンタケ属 （フウセンタケ科）	*Exechia dorsalis* （キノコバエ科）
I. laccariae	キツネタケ属 （キシメジ科）	*Allodia laccariae* （キノコバエ科）
I. russulae	ベニタケ属，チチタケ属 （ベニタケ科）	*Allodia bipexa* （キノコバエ科）

エ科を利用しており，*Iotonchium* 属線虫とキノコバエ科昆虫は密接な関係をもって進化してきたことが示唆されます。一方，宿主キノコについてはいずれも担子菌類に所属する軟質性のキノコですが，その分類群は多岐にわたっています。それぞれの線虫種は単一のグループのキノコを利用しており，線虫の宿主範囲を表しているようにも見えます。ただし潜在的に他のキノコを利用できる可能性は捨てきれません。一方キノコバエの食性範囲については同時期にさまざまなキノコが存在しているにもかかわらず，それぞれの種は特定の科，あるいは特定の属のキノコしか利用していません。このことから，少なくとも野外におけるこれらの線虫とキノコの関係は伝播者である宿主キノコバエの食性によって決まっているとするのが妥当だと思われます。

8.6　キノコを利用するさまざまな線虫たち

　これらの *Iotonchium* 属線虫以外にも野生キノコからは多くの種類の線虫が検出されてきました。それらのなかには土壌や腐朽材中の自由生活性の菌食性線虫，細菌食性線虫が偶発的に侵入したと思われるものも存在していました。ただし同じ種類のキノコから繰り返し同じ線虫種が検出される場合は，偶発的な侵入者の可能性は低く，キノコとなんらかの関係性が存在する生活

史を送っていると考えることができます。いくつかのそんな線虫を紹介していきましょう。

ある *Caenorhabditis* 属の線虫の1種はアラゲキクラゲの子実体から検出されてきました。この属に属する種としては，第10章で紹介されているシー・エレガンス（*C. elegans*）がもっとも有名です。シー・エレガンスも含めこの属の線虫は細菌食性であり，アラゲキクラゲ子実体から発見された種も同様の食性であると考えられます。ただしアラゲキクラゲの組織は多細胞の菌糸から構成されているため，それを摂食することはできないと思われ，おそらくこの線虫は子実体組織の劣化にともない増殖する細菌などの単細胞微生物を餌としているものと考えられます。またこの線虫は繰り返しアラゲキクラゲの子実体から分離されているため，なんらかの昆虫の体表面に付着するなどして運ばれていることが想像されましたが，解明にはいたっていません。この線虫も未記載種であったため，その後新種記載を行いました。

また大型の軟質性キノコが属するイグチ類から頻繁に分離されたものとして，*Howardula* 属線虫の1種があげられます（図8.6）。この種は *Iotonchium* 属などに比べると非常に小さいサイズ（後述する感染ステージのもので体長0.4〜0.5 mmほど）の線虫です。おもにヨーロッパで食用キノコとして珍重されるヤマドリタケモドキなどのイグチ類数種から検出されました。子実体から分離されるものは小さなオス線虫とメス線虫であり，それらは昆虫への感染ステージのものであると考えられました。オス線虫の尾部の根元がくびれるという特徴があり，他の線虫とは一見して区別することができます。またオス線虫の口針は退化していましたが，メス線虫は口針を保持しており宿主昆虫への侵入にそれを用いていることが想像されました。伝播者となっている宿主昆虫を明らかにするため，*Iotonchium* 属線虫の場合と同様の手法をとって調べることにしました。その結果，同じイグチ類の子実体から羽化してきたノミバエ科の一種 *Megaselia* 属昆虫の成虫血体腔内からこの線虫の寄生ステージのものと思われるメス線虫が検出されました。その体型は極端に太短く，また背中側に反り返っているなど独特の形態をしていましたが，頭部に口針を保持しており，その形態や長さがキノコから検出されたメス線虫のものとほぼ同一のものでした。このことからやはりキノコから検出された

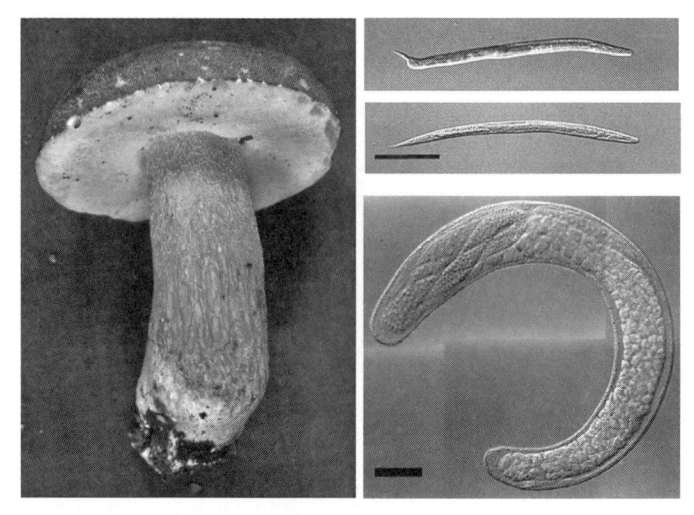

図8.6 イグチ類から検出された *Howardula* 属の線虫.
左：ヤマドリタケモドキ子実体，右上：オス線虫，右中：メス線虫，右下：ノミバエの一種に寄生する寄生態メス線虫（スケールはいずれも100 μm）.

　小さなメス線虫は感染ステージのものであり，宿主であるノミバエの血体腔内に侵入後，寄生態メス線虫へと成長したものと考えられました。この *Howardula* 属線虫の場合，生活史は *Iotonchium* 属ほど複雑ではなく，世代としてはノミバエという宿主昆虫に寄生する世代しか存在していません。ただしその幼虫期間においてはイグチ類の子実体で過ごしており，交尾を終えた感染ステージのメス線虫はふたたび宿主ノミバエ体内に侵入し，寄生ステージへと移行するものと考えられます。幼虫は餌資源としてキノコの菌糸を摂食している可能性がありますが，どういった分類群のキノコを摂食できるのかといった食性の範囲については不明です。おそらくは宿主ノミバエが利用するキノコの範囲により決まっているものと思われます。
　キノコを利用する動物群は他にも存在していますが，線虫については肉眼レベルでは認識しにくく，また組織内部に存在している場合が多いため，これまでほとんど研究されてきませんでした。しかし，調べてみるとこのようにキノコとさまざまな形で関わっている線虫たちがたくさん検出されてきま

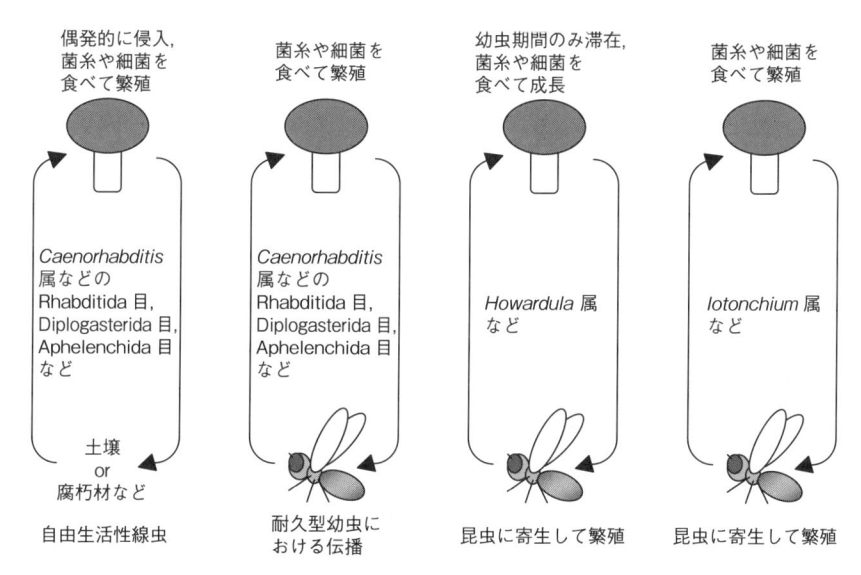

図 8.7 キノコを利用する線虫に想定される様々な生活史.

す。キノコを利用する線虫の生活史を，いくつかのパターンにわけて図示したのが図 8.7 です。アラゲキクラゲから検出された *Caenorhabditis* 属線虫は左から 2 番目（あるいは一番左端の可能性も否定できません），イグチ類から検出された *Howardula* 属線虫は右から 2 番目，*Iotonchium* 属線虫は右端の生活史のパターンになります。実際にはもっと複雑な生活史をとっている線虫も存在しているかもしれません。また，キノコの発茸から成熟，崩壊までの成長段階の違いにより，それを餌資源として利用する線虫の分類群や食性も変化してくることも考えられます。キノコの上における線虫相の遷移も丹念に調査すると面白いかもしれません。

8.7 *Iotonchium* 属線虫と *Deladenus* 属の線虫

　ふたたび *Iotonchium* 属線虫の生態に戻りましょう。この属の線虫はキノコを利用する線虫のなかでもかなり複雑な生活史をもっていることがわかって

きましたが，この線虫群はどうしてこのような生態をとるようになったのでしょうか。

　実はキノコというものを離れて考えると，複数の生活ステージをその生活環にもっている線虫は少なくありません。そのなかでも菌類と昆虫の双方に関係するステージをそれぞれもっているものとしては Deladenus 属の線虫が挙げられます。この属の線虫は Iotonchium 属とよく似た生活環をとっています。Deladenus 属線虫の昆虫寄生ステージの宿主は樹木の害虫として知られる Sirex 属のキバチ類です。一方その菌食ステージにおいては Amylostereum というキバチの共生菌を摂食しています。この Amylostereum 菌はキバチにとって欠かすことのできない餌資源であり，寄生する樹木に産卵するときにこの共生菌を幼虫の餌として植え付けます。植え付けられた Amylostereum 菌は樹体内で増殖し，キバチの幼虫はその増殖した菌を食べて育つことになります。そしてキバチの寄生線虫である Deladenus もキバチの産卵時に樹体内に生みつけられ，Amylostereum 菌を摂食して増殖します。このようにこの線虫は菌食ステージと昆虫寄生ステージという二つのステージをもっており宿主昆虫の生活環と同調している点や，菌食ステージの線虫が餌資源として依存している菌が同時に宿主昆虫の餌資源であるという点は Iotonchium 属と同様です。異なっているのは菌食ステージに雌雄が存在することと，菌食ステージのなかで世代を何回も繰り返すことです。世代の繰り返しが行われる点については，餌資源としての寿命が短いヒラタケのような軟質性キノコ類と異なり Deladenus 属線虫が摂食するのは材内の Amylostereum 菌の栄養菌糸であるため時間的な余裕があることや，幼虫期間の長い宿主キバチの生活環と同調する必要があることなどが理由として考えられます。このような違いがあるにせよ，宿主昆虫が利用する菌類を菌食ステージにおける餌資源としていることは，これらの線虫と宿主昆虫の密接な関係が保たれている鍵となっていると思われます。

　Deladenus 属線虫の場合，Amylostereum 菌にきわめて特異的に依存しています。このことにより Deladenus 属線虫はその宿主昆虫の範囲が限定されており，Sirex 属キバチと，Sirex 属キバチに寄生する寄生バチ，さらには共生菌はもたないが Sirex 属キバチが産卵した木に随伴して存在する Xeris 属キ

バチなどにしか寄生することができません。菌食ステージが長い分だけ他の昆虫に乗り換える機会も多くなるように思えますが，*Amylostereum* 菌に依存する菌食ステージの存在がそれを妨げていると考えられます。

一方，*Iotonchium* 属線虫の場合はどうでしょうか。この属の場合，属全体としては *Deladenus* 属線虫よりも幅広い分類群の菌を利用していることがわかっています。潜在的には検出されるキノコ以外の種の菌も摂食できる可能性はあるかもしれません。しかしながら昆虫寄生ステージと菌食ステージを交互に繰り返すという生活史をとっているため，確実に餌資源となりうるキノコ（菌）に運んで行ってもらえないと種として存続することができないでしょう。またきわめて短命な資源である軟質性キノコを利用していることにより，宿主昆虫の生活環ときわめて厳密に同調することも要求されます。これらの要因により，宿主の乗り換えが起こりにくくなっており，*Iotonchium* 属線虫とキノコバエ科昆虫の関係が保たれてきたものと考えられます。

Iotonchium 属線虫や *Deladenus* 属線虫といった線虫は，もともとは *Hexatylus* 属のような菌食性線虫から進化してきたものと考えられます。進化の過程でそれぞれの宿主昆虫と出会い，寄生関係を結ぶようになり，さらにはそれらの昆虫が利用している菌に依存するようになっていったと思われます。両者の関係はきわめて同調的であり，よくできた相互関係であるといえます。しかし一方で，宿主の乗り換えが起こり難いものであり，進化的には狭い袋小路に迷い込んだようなものともいえるでしょう。いずれにせよ *Iotonchium* 属線虫はキノコバエと関係をもち，それを保ちつづけながら進化してきたものと考えられます。それでは，そういった関係ができたのはいったいどういった状況が考えられるでしょうか。現在見られるようなキノコ，その多くは担子菌類の子実体ですが，その担子菌類のキノコの化石が白亜紀の琥珀に閉じ込められた形で見つかっています。少なくともその時代にはキノコが存在したということですが，当時から *Iotonchium* 属線虫とキノコバエとキノコとの三者関係が存在したかどうかはわかりません。また *I. californicum* を発見したポイナーによると，2500〜4000 万年前の琥珀の中から線虫の寄生を受けたキノコバエの化石が発見されているといいます（彼は後にこの線虫を *Paleoiotonchium dominicanum* と名付けています）。この線虫

が *Iotonchium* 属の直接の祖先であるという証拠はありませんが，古くから線虫とキノコバエの関係が存在していることは間違いないでしょう。ただこのような線虫とキノコバエの関係がいきなりキノコの上ではじまったとは考えにくいと思われます。野生キノコを調べてみると土壌中の自活性線虫が検出されることはありますが，頻度はそれほど高くありません。そのようにまれな状況のなかでさらにそこで昆虫と出会って寄生するようになるとは考えにくいからです。むしろ腐植中で生活している菌食性の線虫が，同じ腐植，あるいはそこに存在する菌糸を摂食するキノコバエの祖先と出会い，寄生関係をもつにいたったと考える方が妥当です。その後進化の過程により，宿主昆虫の餌資源がキノコそのものへと移行していき，それにともなって線虫も同じキノコを利用するようになっていったのではないでしょうか。そしてキノコという短命な資源を利用することになったことが両者の関係をより厳密にし，密接な関係を保ちながら進化してきたのではないかと考えられます。

キノコバエと *Iotonchium* 属線虫がそういった経緯で進化してきた可能性を検証するために，分子生物学的な解析ができる種について，解析を行って系統関係を調べてみました。するとキノコバエと *Iotonchium* 属線虫の系統樹の形がほぼ一致するという結果が得られました。しかしながら *Iotonchium* 属に所属することが確認されている11種のうちDNA試料の得られる4種類の解析しか行っていないこと，宿主昆虫が明らかになっているのはその4種の線虫伝播昆虫を含めて5種類のみであること，*Iotonchium* 属との関係がこれまでに確認されていないキノコバエの種数の方がずっと多いことなど，この点をより詳細に解明するための課題はまだまだ多く残されています。あまり日の当たらない研究対象かもしれませんが，こういった生物たちに興味をもってくれる人が現れることを願っています。

(津田　格)

参考文献

Poinar, G.O., Jr. (1991) The mycetophagous and entomophagous stages of *Iotonchium californicum* n. sp. (Iotonchiidae: Tylenchida). *Revue de Nématologie*, **14**: 565-580.

Tsuda, K., Kosaka, H. and Futai, K. (1996) The tripartite relationship in gill-knot disease of the oyster mushroom, *Pleurotus ostreatus* (Jacq.: Fr.) Kummer. *Canadian Journal of*

Zoology, **74**: 1402-1408.

Tsuda, K. and Futai, K. (1999) Description of *Caenorhabditis auriculariae* n. sp. (Nematoda: Rhabditida) from fruiting bodies of *Auricularia polytricha*. *Japanese Journal of Nematology*, **29**: 18-23.

Tsuda, K. and Futai, K. (1999) *Iotonchium cateniforme* n. sp. (Tylenchida: Iotonchiidae) from fruiting bodies of *Cortinarius* spp. and its life cycle. *Japanese Journal of Nematology*, **29**: 24-31.

Tsuda, K. and Futai, K. (2005) Description of two new species of *Iotonchium* Cobb, 1920 (Tylenchida: Iotonchiidae) from Japan. *Nematology*, **7**: 789-801.

第9章
植物の敵は地下にも存在する
——植物寄生線虫

9.1 植物寄生線虫とは

　突然ですが，質問です。「植物にとっての敵といえば何を想像しますか。」
　この質問に対して何を思い浮かべましたか。そんなに難しい問題でもないので，おそらくすぐに答えを思い浮かべることができるかと思います。植物を食べる，もしくは枯らすような存在が頭に浮かんだのではないでしょうか。一つだけでなく，いくつも思いついた方も多いでしょう。あなたが思い描いたのは植食性の哺乳類や鳥，昆虫などの動物，もしくは菌類や細菌，ウイルスといった病原体ではありませんでしたか。もちろん正解です。哺乳類や鳥，昆虫を含む害獣および害虫は，植物，とりわけ農作物植物の実や葉といった地上部を食べ，ひどいときには残らず食べ尽くしてしまいますし，菌や細菌，ウイルスは植物に感染し，自らが増殖しやすい環境を構築するために植物を弱らせ，ときに枯らしてしまいます。これらはいわばメジャーな加害者で，その被害も私達が日常生活を送るなかで比較的容易に観察できます。実や葉がなくなったり，枯れたり，見た目にもわかりやすい被害が多く，私達にとっても身近なものです。ただし，これらの加害者はいずれも植物の地上部を加害します。対する植物は，葉や茎のように表に出ている部分だけでなく，普段は土の中に隠れた「根」という器官ももっています。
　そこで，第2問です。「植物の根を加害する敵といえば何を想像しますか。」
　こうたずねられたら，皆さんは即答できるでしょうか。さきほどの問いに

比べて思いつく答えがぐっと減ったのではないでしょうか。葉や茎，実といった地上部に比べて根は普段あまり目にすることのない部分ですし，さらにそれを加害する相手なんていわれるとかなりマイナーな存在ですから，簡単に想像できないのも無理ありません。

ですが，そんな根を食べたり弱らせたりする病害虫も，実は地上部のそれに引けを取らないくらい多く存在します。これら地下部の加害者によって地上部にまで悪影響が出ることもめずらしくありません。しかも，普段見えないだけに，地上で生長が減退するなどの症状が発見されても，根の病虫害が原因だと気付くまでに非常に長い時間がかかり，原因が判明したときにはもう手遅れ，あとは枯れるのを待つだけ，なんてこともありうるのが根の被害の特徴といえます。植物にとってはある意味で地上部よりも厄介な敵が多い場所，それが地下部なのです。

そんな地下における植物とその敵との関係において，見逃すことのできないのが植物寄生線虫です。この聞き慣れない名前の生物グループが原因もしくは引き金となって，植物地下部に甚大な被害を引き起こしています。一口に植物寄生線虫といっても，根に寄生して植物から栄養を補給し，植物の生長を抑制する種（ネコブセンチュウやシストセンチュウなど）や根自体を餌として食い荒らす種（ネグサレセンチュウなど）など多岐にわたります。これらの線虫が根を加害する際に傷つけた場所から，それまで侵入できなかった病原体までもが侵入可能となり，複合病害が発生することもあります。このように，植物にとっては植物寄生線虫に寄生されると二次被害，三次被害まで進行することもあり，地下部すなわち根において，植物寄生線虫は植物の最大の敵としてたちはだかるのです。

これら植物寄生線虫の攻撃に対して植物は手をこまねいているだけなのかというと，もちろんそんなことはありません。植物もあの手この手と策を講じて線虫による感染や寄生を阻止しようとします。しかし，植物がせっかく有効な防御方法を見つけても，線虫はその都度それをかいくぐる術を身につけてしまうのです。防御をかいくぐられた植物はさらに防御システムを進化させますが，線虫もそれを乗り越える戦略を発達させる，というように，両者のあいだで絶えずいたちごっこが繰り返されています。このように，植物

と線虫とのあいだでは常に巧妙な駆け引きがなされているのです。

本章では，普段なかなか目にすることのない地下部の植物加害者である植物寄生線虫について取り上げるとともに，線虫に対する植物の防御応答に関しても紹介したいと思います。

9.2 農業と植物寄生線虫との関係

植物にとって厄介な敵である植物寄生線虫は，われわれ人間にとっても厄介な害虫といえます。線虫が加害する植物は普段私達が食料としている野菜や果物であるため，線虫害は人間社会においては農業における被害と直結している場合が多いのです。植物，すなわち農作物が線虫に加害されると，生長の減退や収量の減少などを招きます。これを防ぐため，いかに線虫から作物を守るかということは農業における至上命題の一つといえます。土壌中に生息する植物寄生線虫は畑作物や野菜類の地下部を加害します。これらの線虫の多くは 1 mm 以下と微小で，肉眼で確認することは困難です。さらに，その分布は広範にわたっており，植物が生息する場所であれば地球上どこを掘っても植物寄生線虫が検出できることでしょう。そのうえ長期間の，なかには 10 年以上にわたる耐久ステージをもつ種もいて，不良環境でも生き抜くことが可能です。彼らは**宿主**植物がいない場合は**耐久ステージ**となってじっと待ちつづけ，宿主植物の根が土壌中に伸びてくると耐久ステージから脱し，この根に寄生し，繁殖を行います。こうして植物は植物寄生線虫によって加害され，その宿主植物に依存するかたちで土壌中の植物寄生線虫の密度は高まっていきます。

植物寄生線虫に寄生された植物は通水や養分吸収が阻害され，その結果，生長が抑制されます。一般的に植物寄生線虫による作物被害は生育不良など一見しただけでは判断しにくい傾向にあり，肥切れなどの栄養障害や生理障害と誤診されることもあります。しかし時として被害は甚大なものとなり，深刻な場合植物は枯死にいたります。さらに，線虫が寄生する際に傷をつけた根から病原菌等が感染し，被害が助長されて拡大することもあります。そ

の被害の度合いは，線虫の種類，作物，気象条件などの組み合わせによってさまざまに変化しますが，アメリカ国内の線虫による作物被害は年間 80 億ドル（約 6400 億円），世界全体では 800 億ドル（約 6.4 兆円）と推定されています。ウリ科やナス科の果菜類に加え，オクラなどで減収率がとくに高い傾向にあり，トマトとオクラではそれぞれ線虫によって 20% に達する高い減収率が知られています。作物全体の平均減収率は 12.3% であり，この数字は地上部まで含めた病害虫被害のうちおよそ 3 分の 1 が線虫による被害であることを示しています。

このように植物に深刻な被害を与える植物寄生線虫ですが，その研究は比較的新しく，本格的な発展は 19 世紀末からといわれています。19 世紀末から 1960 年代末にかけて膨大な数の作物加害線虫が発見されましたが，それらは分類上わずか 24 の属におさまってしまいます。なかでもネコブセンチュウ類，シストセンチュウ類，ネグサレセンチュウ類の 3 群によって世界の線虫害の 80% が引き起こされると考えられています。とくに，根に侵入した後，根内部に定着する寄生形式をとるネコブセンチュウ（*Meloidogyne* 属）は植物寄生線虫による農作物被害の 4 割以上とも見積もられています。ネコブセンチュウにはたくさんの種が存在しますが，その被害の 95% はサツマイモネコブセンチュウ，ジャワネコブセンチュウ，アレナリアネコブセンチュウ，キタネコブセンチュウの 4 種によるもので，さらにその 90% はサツマイモネコブセンチュウによるものと考えられています。これはつまり，サツマイモネコブセンチュウ 1 種だけでネコブセンチュウによる植物被害の 85% ほどを占めている計算になります。被害額でいうと世界全体で年 2 兆円以上に及びます。サツマイモネコブセンチュウがこのように深刻な農業被害を及ぼす理由は，この線虫のもつ 700 種以上ともいわれる広範な宿主範囲にあります。サツマイモネコブセンチュウは不良環境下でも耐久ステージをとるようなことはありませんが，非常に多岐にわたる宿主範囲をもつことで種の保存を成し遂げていると考えられます。また，宿主のなかには根菜類や果菜類などの農作物植物が多く含まれており，農業上きわめて深刻な被害を引き起こしやすいのです（付属 CD 参照）。

体長わずか 0.4 mm 程度のサツマイモネコブセンチュウに寄生された根の

部位はこぶ状に膨らみ，養水分の通導阻害を生じます。根菜類はサツマイモネコブセンチュウに寄生されると可食部が醜くこぶ状となり，市場価値を失ってしまいます。地上部に実をつける果菜類においてもサツマイモネコブセンチュウの寄生によって地上部の生長が抑制され，収量や品質が低下します。また，サツマイモネコブセンチュウは感染・寄生する際に根に傷をつけるため，その傷口から土壌病原菌などの侵入が起こり，複合病害が発生することもあります。土壌病原菌単独なら被害を引き起こさないような密度であっても，線虫の寄生と複合して発症することもめずらしくありません。一度圃場で被害が発生すると根絶は難しいことから，サツマイモネコブセンチュウはもっとも有害な病害虫の一つとされています。

9.3　サツマイモネコブセンチュウの生活環

サツマイモネコブセンチュウを含むネコブセンチュウ類は，寄生部位に巨大細胞を誘導します。巨大細胞は外見上こぶのように見えます。1か所に寄生する頭数が多いほど多くの巨大細胞が誘導され，大きなこぶとなります。このように，根にこぶを形成する線虫であることがネコブセンチュウとよばれる所以です（図9.1A）。

サツマイモネコブセンチュウは卵内で1期幼虫へと成長し，2期幼虫としてふ化します。この2期幼虫が**感染態幼虫**であり，土壌中を移動して植物に寄生します（図9.1B）。ただし，その移動能力は大きくありません。植物が存在しない条件下で，土壌の種類や土壌中の水移動によるサツマイモネコブセンチュウの移動への影響を検証したことがあるのですが，ほとんど動くことはありませんでした。これはこの線虫の生存戦略に結びついていると考えられます。自然界でサツマイモネコブセンチュウは水流などの外力を受けて生活していますが，あまりに大きく移動してしまうと根群域から離脱し，寄生できる確率が低下してしまいます。そこで，外力に流されることなく根が自分のところへと伸長してくるのを待ち，寄生確率が低下するのを回避しているものと考えられます。ある程度以上植物が近づくと，2期幼虫は植物の

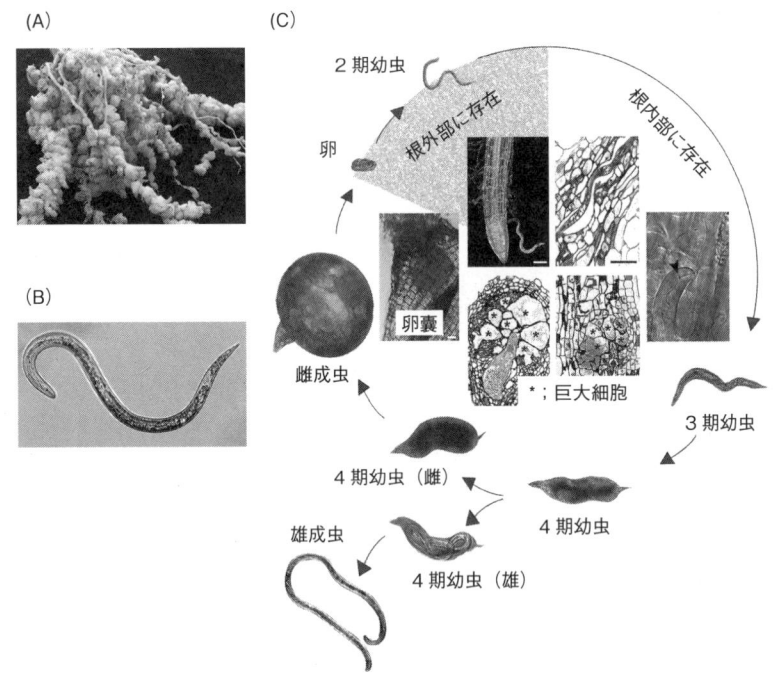

図 9.1　サツマイモネコブセンチュウによる植物被害とその生活環
(A) サツマイモネコブセンチュウに加害されたメロンの根
(B) サツマイモネコブセンチュウ（*Meloidogyne incognita*）2期幼虫写真
(C) サツマイモネコブセンチュウの生活環（Abad et al.（2008）を一部改変）．

根から放出される物質を敏感に察知し，根へと移動して侵入すると考えられています。ただし，サツマイモネコブセンチュウを誘引する特定の物質はまだ単離されていません。

　2期幼虫は根の先端からおよそ2〜3 mmほど後方の，ほかに比べて少し柔らかくなっている部位から侵入します。侵入後は維管束が分化しつつある根域まで移動し，そこに到達すると中心柱に平行に定着します。定着後は基本的には定着部位から移動せずに，脱皮を繰り返し，3期幼虫，4期幼虫と成長しながら定着部位に巨大細胞を誘導します（付属CD参照）。サツマイモネコブセンチュウ自身の形態は期を進めるごとに，根に巨大細胞を誘導する能力が向上するよう，体を大きくふくらませていきます。サツマイモネコブ

センチュウの定着部位に誘導される巨大細胞はきわめて高度に特殊化しており，健全な根の細胞に比べて集中的に養分を蓄積する機能をもっています。そこからサツマイモネコブセンチュウは成長するための栄養を吸収するのです。4期幼虫の後期には雌雄が分化し，その後，成虫となります。ネコブセンチュウの多くは**単為生殖**であり，そのため基本的には4期幼虫や成虫のうちほぼすべてが雌成虫として出現します。雄成虫が多く出現するのは1植物体あたりの寄生数が非常に多く生育密度が一定以上に高まったとき，宿主の生育が不良なとき，冬期などの植物・線虫ともに生育に不適なときなど不良環境条件のときだけで，それ以外ではめったに観察されることはありません。雄成虫は土壌中に遊離しますが，植物への寄生能力はなく，土壌中で死滅します。一方，雌成虫は頭部をのぞいて球状に膨らみ，一部が根外部へと露出します。頭部は中心柱に依然として定着しつづけ，球状の体内には数多くの卵を抱えます。根外部へと露出した部分は徐々にゼラチン質の卵嚢に変化して土壌中に卵塊として産出されます（図9.1C）。卵嚢の中には500から1000程度の卵が存在し，2期幼虫としてふ化します。以上の1世代が完了するまでにかかる期間はおおよそ1か月から2か月程度で，無事に定着・成長が完遂できたサツマイモネコブセンチュウは雌1頭で500頭以上の幼虫を繁殖させることとなります。計算上，1か月ごとに500倍以上という爆発的な増殖をするわけです。この爆発的な増殖力のために，作付け初期には低密度だったネコブセンチュウが収穫時には非常に高い密度となることも多く，適切な時期に適切な防除手段を選択しない限り被害を防ぐことはできません。

9.4　現在の防除法とその問題点

　では，どのようにサツマイモネコブセンチュウを防除すればいいのでしょうか。現行の防除方法は化学的防除，物理的防除，耕種的防除に分けることができます。
　そのなかでも主流は，殺線虫剤として化学合成農薬を使用する化学的防除です。物理的防除は高温条件や嫌気条件を作りだすことでネコブセンチュウ

を殺す方法で，具体的には，耕土を加温する太陽熱土壌消毒や土壌に有機物を混和して密閉・加温する還元土壌消毒，作土を直接加熱する熱水土壌消毒，耕土の長期間湛水処理などがあります。耕種的防除としては，栽培すると土壌中のセンチュウ密度を減少させるセンチュウ対抗植物やセンチュウ抵抗性品種の栽培があります。マリーゴールドやエンバクの特定種がサツマイモネコブセンチュウ対抗植物のおもな例として知られています。

　ただし，上記の防除法にはそれぞれ少なからず問題があります。たとえば，化学合成農薬は作物への残存が確認され社会問題化していますし，土壌消毒の際に使用する薬剤も人体の健康に影響を及ぼすといわれています。土壌微小生物相の破壊とかく乱，地下水汚染等の環境負荷を引き起こすなど，生態系への影響も懸念されています。これらの化学的防除と物理的防除は一時的に劇的な防除効果を示すので広く利用されていますが，土壌中深くに残存しているサツマイモネコブセンチュウまでは防除できません。そのために1作ないしは2作後にはサツマイモネコブセンチュウ密度が回復することもしばしばあります。土壌微生物相が変化することでかえってサツマイモネコブセンチュウ害が助長される場合すらあります。耕種的防除に関しても，サツマイモネコブセンチュウの防除には効果的であっても他の病害虫を誘発するなどの問題点があります。サツマイモネコブセンチュウ抵抗性植物は市場性がないことも多く，ウリ科野菜など抵抗性品種が存在しない野菜もあります。このように，従来のサツマイモネコブセンチュウ防除法にはそれぞれ一長一短あっていずれも決め手に欠け，新たな防除手段の開発が望まれています。それに加えて，近年ではIPM（Integrated Pest Management：総合的病害虫管理）や環境保全型農業，持続的農業等といった環境に配慮した農業体系の構築が望まれており，環境負荷の大きな従来の防除法からの転換が世界規模で求められています。そこで，植物自身が本来備えている病虫害に対する防御メカニズムを誘導したり，増強したりする方法が開発できないものか，注目が集まっています。

9.5　植物の巧妙な防御メカニズム

　植物は生育環境の変化や病原体の感染，昆虫などによる食害など，さまざまなストレスに常にさらされていることから，ストレスに対処するための独自の防御機構を発達させてきました．防御機構を発現させるためには，植物ホルモンとよばれる低分子化合物がシグナル伝達物質として重要な役割を果たしています．たとえば乾燥，低温，高塩濃度など環境の変動に対してはアブシジン酸（ABA），病原菌の感染にはサリチル酸（SA），昆虫の摂食など傷害を受けるとジャスモン酸（JA）といった植物ホルモンを体内で生合成し，それぞれのストレスに耐えるためのタンパク質の合成等を誘導することが知られています．

　とくに，病原菌の感染や虫害を受けた部位ではさまざまな防御反応が起きます．これは病原体固有の分子構造を認識して起きる**基礎抵抗性**と，遺伝子を介して起きる**過敏感反応**に分けることができます．基礎抵抗性は動物における免疫力に近いもので，いわば植物がもともと保持している外敵への防御能力です．一方，過敏感反応は病虫害をうけて損傷した部位の周辺細胞を植物自らが殺すこと（**プログラム細胞死**）によって，病原体を自殺した細胞で取り囲み，それ以上被害を拡大させないようにする非常に強い抵抗性反応です．こういった病傷害に対する局部的な防御反応のほかに，さまざまな刺激をきっかけとして植物全身に抵抗性を誘導する**全身獲得抵抗性**があります．これは新たな病害虫の侵入に備えるための機能で植物の免疫機構の一種ですが，はじめに攻撃してきた病害虫のみならず，そのほかの病原体に対しても抵抗力を発揮します．これらの防御反応には種々の植物ホルモンを介した反応経路，とくに JA によって制御される JA 経路，SA によって制御される SA 経路，エチレン（ET）と JA によって制御される ET/JA 経路が重要な役割を果たしています．さらに，それぞれの経路のあいだに複雑なクロストーク，つまり相互作用や拮抗作用が存在し，たとえば JA 経路が活発化すると SA 経路が抑制されるといった具合にシグナル伝達経路が相互に影響を及ぼしあってストレス応答を構成しています．このような病虫害抵抗性に関与す

る植物ホルモンを用いて，植物が本来備えている防御機構のポテンシャルを作為的に増強させることができれば，環境負荷を軽減した新たな防除方法の構築が可能になるのではないかと期待されています。

9.6　植物ホルモンを防除に応用できるか

　では，植物の全身獲得抵抗性はサツマイモネコブセンチュウに対しても有効なのでしょうか。まず，その謎に迫りました。

　サツマイモネコブセンチュウは植物の根に傷をつけて根内部へと侵入し，寄生します。地上部に比べて地下部での植物防御応答に関しては不明な点が多いのですが，植物体内でなんらかの防御応答が起きていることは間違いないでしょう。地上部で傷害や害虫摂食を受けた場合，植物は体内でストレスホルモンであるJAを生産し，それをシグナル伝達物質として速やかに防御反応を誘起します。さらに，JAを人為的に処理された植物でも防御反応が発動し，未然に害虫による食害を軽減することが可能であると知られています。そこで，地上部の害虫に対する植物防御応答と似た現象が地下部のサツマイモネコブセンチュウ感染に際しても生じていると仮定し，JAを利用した防除の可能性を検証しました。

　供したのはサツマイモネコブセンチュウの代表的な宿主であるトマトです。トマトのなかにはサツマイモネコブセンチュウ抵抗性遺伝子（*Mi*-gene）をもっている品種もありますが，この抵抗性遺伝子を打破して寄生できる線虫系統がすでに世界中に蔓延しつつあります。この抵抗性打破系統サツマイモネコブセンチュウの防除は重要な課題の一つです。そこでこの実験では抵抗性打破系統のサツマイモネコブセンチュウと前述の抵抗性遺伝子を保持するトマト品種との組み合わせにおいて，トマトへのJA処理がサツマイモネコブセンチュウの寄生をどのように変化させるか調べてみることにしました。

　実験手順は以下のとおりです。

1. 砂を充填したポットにトマトを播種し，発芽後，本葉が2枚展開した

時点で JA 類縁体であるジャスモン酸メチル（MeJA）を葉面に散布する。
2. MeJA の散布濃度は低濃度（0.1 mM）もしくは高濃度（1.0 mM）のいずれかに調整する。
3. 各濃度の MeJA を葉面に散布してから 2 日後に，200 頭のサツマイモネコブセンチュウを株元に接種する。
4. サツマイモネコブセンチュウの接種から 1 週間もしくは 2 週間後にトマト地下部を採取する。
5. 採取した根に感染しているサツマイモネコブセンチュウを酸性フクシンで染色し，サツマイモネコブセンチュウの侵入個数を測定する。

以上の手順で行った実験の結果，低濃度の MeJA 処理ではサツマイモネコブセンチュウの感染が抑制されることはありませんでした。しかし，高濃度を処理した植物では感染が有意に抑制されました。ただし，この抑制効果があったのは 1 週間だけで，サツマイモネコブセンチュウ接種から 2 週間経過すると高濃度の MeJA を処理した場合でも感染抑制効果は見られなくなりました。JA の関与するシグナル伝達経路がサツマイモネコブセンチュウの感染を抑制するために重要な役割を果たしていることが予想できましたので，さらに，JA の生成や作用に関与する経路を構成する植物遺伝子群の発現様式が JA 処理濃度によってどのように違うのか解析しました。すると，JA 経路上の遺伝子群は高濃度 MeJA で処理した植物では活性化されていましたが，低濃度 MeJA で処理した場合にはあまり活性化されていませんでした。また，MeJA 処理から 1 週間ほど経過すると高濃度 MeJA で処理した植物においても JA 経路の活性化は収まっており，それとともにサツマイモネコブセンチュウ感染抑制効果も認められなくなりました。これらの結果から JA 経路の活性化がサツマイモネコブセンチュウ感染抑制効果をもたらすことが裏付けられたわけです。JA 関連遺伝子のなかでもとくに，虫害防御に関わることがすでに知られているプロテイナーゼインヒビターやマルチシスタチンなどの遺伝子の発現パターンが，サツマイモネコブセンチュウの侵入抑制効果とのあいだに顕著な正の相関をもつことがわかりました。これらの遺伝子はいずれも植物体内において酵素反応阻害を司るとされており，これまでは根に

感染したサツマイモネコブセンチュウがそのあと定着・寄生できないよう制限するために重要な遺伝子だと考えられていました。今回，これらの遺伝子が植物体内で発現しているあいだはサツマイモネコブセンチュウを接種しても感染自体が抑制されたことから，線虫の定着・寄生よりも早い段階，すなわち初期の侵入を防ぐためにもこれらの遺伝子が重要であることが判明したのです。ただし，これらの遺伝子の発現そのものが植物への線虫侵入を抑制したかどうかについては曖昧な点が多く残されています。遺伝子発現にともなってサツマイモネコブセンチュウ忌避物質が放出されたり，もしくはサツマイモネコブセンチュウ誘引物質の放出が停止したりしたことこそが鍵を握っている可能性もあるため，今後，より深く精査する必要があると考えています。

　以上の結果から，ある濃度以上のMeJAを処理すると，約1週間と期限付きではあるもののサツマイモネコブセンチュウの感染を抑制できることがわかりました。そこで，効果が切れそうになるごとに，すなわち1週間おきに高濃度のMeJAを処理しつづければ線虫感染は抑制されつづけるのではないか，という素朴な疑問が浮かびます。この疑問に答えるべく同じ材料で検証実験を行ったところ，サツマイモネコブセンチュウ感染抑制効果は期待どおり持続することがわかりました。また，サツマイモネコブセンチュウ接種前に1回MeJAを処理しただけでも根に付着する卵のう数は有意に低下しますが，遺伝子発現が収まる頃合いを見計らって1週間おきに複数回，サツマイモネコブセンチュウの1世代が終了するまでの1ヶ月間にわたってMeJAを散布しつづけると，より卵のう数が低下することが明らかになりました。MeJA処理によってJA経路が活性化し，プロテイナーゼインヒビターやマルチシスタチン等の遺伝子が発現しつづける状態を意図的に作ったことで，初期の感染を防いだことに加え，感染したサツマイモネコブセンチュウに対しても根への定着や寄生を妨げる効果があったと考えられます。

　ただし，MeJAの植物への処理には感染抑制などのメリットだけではなく，デメリットもあります。JAは植物ホルモンであり，その施用はそれ以外の植物ホルモンの機能や内在量の変化を引き起こし，結果として，施用された作物が生長・分化異常などの農業上好ましくない形質を表す可能性がありま

す。とくに，JA 経路は虫害抵抗性だけでなく生長にも関係しているため，高濃度で処理した場合，生長抑制が見られることがあります。また，ある一定以上の高濃度 MeJA には，植物に葉焼け症状を引き起こすなどの薬害が認められました。

このように，いくつか条件はつくものの，植物体内の JA 経路をうまく活発化させることでサツマイモネコブセンチュウの感染や寄生を有意に減少させることが可能でした。さらに，前述のとおり，JA 経路の活性化は地上部の対害虫防除にも有効であるとされており，JA（MeJA）を上手に利用することができれば，地上部・地下部両方の害虫防除を同時にこなすことができるかもしれません。農業への応用に向けてまだまだ検証や解析が必要な点は多数ありますが，今後，そういった点を突き詰めていくことによって，新たなサツマイモネコブセンチュウ防除技術の開発が可能となるかもしれません。

9.7　植物体内における防御メカニズムの解明

JA 経路が活発な状態にあるトマトでは，サツマイモネコブセンチュウの感染が抑制されることがわかりました。そこで，JA 経路の存在自体がサツマイモネコブセンチュウに対する感染応答とどのように関係しているのか調べました。このような目的で実験するには JA 経路が異常になっている変異体の利用が考えられますが，現在の技術ではトマトの遺伝子変異体を作出することは比較的難しいため，シロイヌナズナ（*Arabidopsis thaliana*）を使うことにしました。シロイヌナズナは 2000 年に全ゲノム配列が解読済みであるためモデル実験植物としてさまざまな分野で利用されており，遺伝子破壊系統や遺伝子過剰発現系統が整備されています。

使用した系統は野生株と JA に対する感受性を消失した変異体（JA 経路欠損体），および JA に対する感受性が高く JA 無処理時においても JA 経路が活性化している変異体（JA 経路過剰発現体）の 3 系統です。JA 経路過剰発現体は JA 処理するとさらに JA 経路の活性が上がります。

実験手順は以下のとおりです。

1. 砂を充填したポットにシロイヌナズナを播種し，発芽後，葉が十分に展開した時点で MeJA を処理する。
2. シロイヌナズナはトマトに比べて JA に対する感受性が高いことがわかっているので，0.1 mM の MeJA を処理する。
3. MeJA の処理から 2 日後に 200 頭のサツマイモネコブセンチュウを株元に接種する。
4. サツマイモネコブセンチュウの接種から 1 週間後に地下部を採取し，根内部のサツマイモネコブセンチュウを染色することでサツマイモネコブセンチュウの侵入個体数を測定する。

その結果，シロイヌナズナにおいても MeJA 処理にともなって JA 経路が活性化するとサツマイモネコブセンチュウの侵入が抑制されました。MeJA 処理の有無にかかわらずいつも JA 経路が活性化した状態にある JA 経路過剰発現体では，サツマイモネコブセンチュウの侵入が野生株の MeJA 無処理に比べて有意に抑制されました。ただし，JA 経路過剰発現体に MeJA を処理することでさらに JA 経路を活発化させても侵入数に差は生じなかったことから，遺伝子発現量がある一定の水準を超えると感染抑制効果は頭打ちになることがわかりました。このとき，野生株，JA 経路過剰発現体ともに，トマトの場合と同じくシスタチン等の遺伝子発現量とサツマイモネコブセンチュウ侵入数の抑制効果とのあいだに相関が見られました。これらの結果から，感染抑制には植物種を問わず，JA 関連遺伝子，とくにシスタチン等の酵素反応に関連する遺伝子の発現が関与することが示唆されました。

一方，MeJA による JA 関連遺伝子の発現誘導が起こらない JA 経路欠損体におけるサツマイモネコブセンチュウの侵入数も野生株より有意に少なかったのです。これは予想外の結果でした。そもそもこの変異体は JA 経路が活性化することがないため「JA 経路が活発化したらサツマイモネコブセンチュウの侵入が抑制される」というこれまでの仮説では抑制効果の説明がつきません。そこで，この結果はこれまでの結果とはまったく別のメカニズムで起きていると考え，改めて考察してみたところ，JA 経路が欠損しているとサツマイモネコブセンチュウは侵入できなかった―これはサツマイモネコブ

センチュウが根に侵入する際に JA 経路を利用していることを意味しているのではないか，という結論にいたりました．つまり，サツマイモネコブセンチュウは根に侵入する際に宿主植物が本来防御のためにそなえている JA 経路を足掛かりとしていて，JA 経路が存在しないと感染を成立させることができないのではないか，と考えたのです．

これらの結果から，サツマイモネコブセンチュウの宿主根への侵入プロセスには JA 経路が深く関与していて，JA 経路が欠損していても活性化していても，侵入抑制につながることが明らかになりました．

9.8 今後の植物寄生線虫の防除に関して

これまでの研究から，JA 経路の遺伝子群を活性化させればネコブセンチュウ侵入抑制効果が期待できることがわかりました．しかし，ジャスモン酸は製造費用が高いため，現時点では実用レベルの防除剤候補にはなりえないでしょう．また，JA 経路自体が欠損していても侵入は抑制されるとわかりましたが，JA 経路が欠損すると，線虫の侵入は防げてもそのほかの虫害に対する抵抗性にも支障が出るなどの欠点があるため，そうした品種の作出も現実的な手法とはいえません．したがって，サツマイモネコブセンチュウに対する有効な抵抗性誘導剤を開発するためには，ジャスモン酸経路を活性化させるジャスモン酸やその類縁体以外の新たな化合物を探索することが重要であると考えられます．上で紹介したとおり，サツマイモネコブセンチュウの感染抑制効果と有意な相関をもつ遺伝子がいくつか特定できています．これらの遺伝子の周辺やジャスモン酸処理に伴い植物から放出される物質を探ることで，サツマイモネコブセンチュウ感染を直接抑制する効果をもつ物質がみつかるかもしれません．より応用可能性の高い物質の発見・同定を目指した今後の研究展開が期待されています．

〔藤本岳人〕

参考文献

Abad, P., Gouzy, J., Aury, J.M., Castagnone-Sereno, P., Danchin, E.G.J., Deleury, E., Perfus-Barbeoch, L., Anthouard, V., Artiguenave, F., Blok, V.C., Caillaud, M.C., Coutinho, P.M., Dasilva, C., De Luca, F., Deau, F., Esquibet, M., Flutre, T., Goldstone, J.V., Hamamouch, N., Hewezi, T., Jaillon, O., Jubin, C., Leonetti, P., Magliano, M., Maier, T.R., Markov, G.V., McVeigh, P., Pesole, G., Poulain, J., Robinson-Rechavi, M., Sallet, E., Ségurens, B., Steinbach, D., Tytgat, T., Ugarte, E., van Ghelder, C., Veronico, P., Baum, T.J., Blaxter, M., Bleve-Zacheo, T., Davis, E.L., Ewbank, J.J., Favery, B., Grenier, E., Henrissat, B., Jones, J.T., Laudet, V., Maule, A.G., Quesneville, H., Rosso, M.N., Schiex, T., Smant, G., Weissenbach, J. and Wincker, P. (2008) Genome sequence of the metazoan plant-parasitic nematode *Meloidogyne incognita*. *Nature Biotechnology*, **26**: 906-915.

Abe, H., Ohnishi, J., Narusaka, M., Seo, S., Narusaka, Y., Tsuda, S. and Watanabe, M. (2008) Function of jasmonate in response and tolerance of *Arabidopsis* to thrip feeding. *Plant Cell Physiology*, **49**: 68-80

Fujita, M., Fujita, Y., Noutoshi, Y., Takahashi, F., Narusaka, Y., Yamaguchi-Shinozaki, K. and Shinozaki, K. (2006) Crosstalk between abiotic and biotic stress responses: a current view from the points of convergence in the stress signaling networks. *Current Opinion in Plant Biology*, 9: 436-442.

Tuzun, S. and Bent, E. (2006) *Multigenic and Induced Systemic Resistance in Plants*. Springer, New York, USA.

Urwin, P.E., McPherson, M.J. and Atkinson, H.J. (1998) Enhanced transgenic plant resistance to nematodes by dual proteinase inhibitor constructs. *Planta*, **204**: 472-479.

第10章

線虫が切り拓く生物学
——そしてモデル生物から非モデル生物へ

　高校生物の教科書のどこを探しても,「線虫」はまともに紹介してもらっていません。「ハエ」や「ウニ」,「イモリ」などは,教科書や図説,資料集にまで堂々とカラーで出演しているというのに……。このような状態なので,線虫のことを知り,そして学びはじめるのは,だいたいの人が大学生になってからでしょうし,さらに生物学においてたいへん大きなインパクトを与え続けている重要な実験動物であると認識するのは,実際に研究をはじめてからでしょう。小さくても個性派揃いの線虫たちを描いた第2部をしめくくる本章では,現代生物学を切り拓く最先端の研究の場で活躍する線虫について紹介をしてゆきます。

10.1　線虫って何？

　線虫の実物を見たことがある人は,とくに若い世代にはまずいないでしょう。ヒトの寄生虫であるカイチュウやギョウチュウの名前なら聞いたことのある人はいるかもしれませんし,また,かつて多くの日本人がそれらの線虫をお腹の中に飼っていたことを聞いた人がいるかもしれません（コラム1）。土壌中にいるごくふつうの線虫は,とても小さなヘビのような,ミミズのようなかたちをしていて,実験室に来てはじめて線虫を見た人の第一声は,「かっこ良い！」「きもち悪い！」「かわいい！」とさまざまです。実体顕微鏡（10〜50倍）を用いることでようやくその姿を確認することができるほどの小

さな動物ですから,ふだん目にすることもなければ,線虫について考える機会もほとんどないでしょう。しかし,実のところ線虫は,地球上のあらゆる場所に非常に多様な生態で生活し,しかも膨大なバイオマスを占めているのです。わが家の庭やいつも通っている大学キャンパス内の土壌中にはもちろんのこと,田畑の土壌中や海洋中からも線虫を難なく検出することができますし,さらには砂漠の土壌や北極海に浮かぶ氷床下面,地底数キロに湧き出る地下水中からも線虫が検出されたという報告もあります。また,さまざまな動植物種に対して,その種専門に寄生する線虫種がいるといわれています。こう考えてみると,線虫には,なんと種類が多いことでしょう。農林作物に寄生して枯死させたり品質を低下させたりする植物寄生性線虫や,ヒトや家畜に寄生して病気を引き起こす動物寄生性線虫も存在します。このように線虫は,社会・経済的に重要で,かつわれわれの生活に大きく関わる生物なのです。

10.2 線虫の研究と線虫を使った研究

京都大学農学部の生物環境科学コースで開講されていた3回生実習のなかには,マツノザイセンチュウ(*Bursaphelenchus xylophilus*)を分離し観察するといった課題がありました。担当の先生がどこかの山から枯れたマツの幹を

Column 1

ギョウチュウもカイチュウも,ヒトに感染した際の症状としては,他の線虫症と比べてそんなに深刻になることはほとんどありません。しかし,体長20〜30 cmのカイチュウが口や鼻や肛門から出てきてしまったときの衝撃はかなりのものでしょう。衛生環境の改善と生活スタイルの変化から,現在,カイチュウ感染者はほとんどいなくなってしまいました。ただし,ギョウチュウはヒトからヒトへの感染ですし,とくにいろんなものを手にして口にもっていってしまう幼児とその親にいまでも感染が見られます。

もってこられて，その材片から線虫を抽出したところ，マツノザイセンチュウが「わんさか」でてきました。ほとんどの学生にとって，おそらくそれが線虫との初対面だったでしょう。マツ樹木を自分の体に見立て，自分の体中にこのうねうねとうごめく線虫が満ち溢れている様子を想像してしまい，少々気持ち悪くなった人もいたようです。それでも，体長わずか 1 mm にも満たないこの小さな線虫が，樹齢数十年，樹高数十メートルにもなるマツの木を 1 カ月足らずで死にいたらしめることを知り，その実習は驚きと感動で非常に盛りあがりました。病徴の進展は速く，青々としていたはずの針葉が短期間のうちに急速に褐変してゆく様子をその年の秋に目の当たりにし，私もたいへん衝撃をうけました。マツ枯れに関する面白い話は次章以降で紹介されていますので，本章を読んだのちの楽しみにしてください。

マツノザイセンチュウの研究は「線虫学」や「樹木病理学」とよばれる学問分野ですすめられており，その分野の研究室にいる多くの方が「日本線虫学会」や「日本森林学会」を活動報告の場としています。植物寄生性線虫の研究が中心であった「線虫学」の分野には，少数ながら動物寄生性線虫や，海産自活性線虫の研究者もいます。線虫を扱う研究者のなかには，「エレガンス屋さん」とよばれる人たちも多数いるのですが，「線虫学」のなかにはほとんど見当たりません。

「エレガンス屋さんは線虫の研究をしてるんやない，そうではなく，彼らはいろんな生命現象を調べるために，線虫を道具としてつかっている人たちなんや」と先輩研究者から教えてもらいました。

10.3　線虫，というよりモデル生物である

戦時中のアメリカで，核開発などの軍事研究に従事していた多くの物理学者は，戦後，生物学へと転職していきました。彼らによって，生命現象を物質の言葉で記述して解釈していこうと「分子生物学」がはじまったのです。**大腸菌**とファージを使った実験によって，DNA の構造が明らかにされ，遺伝暗号が解かれ，遺伝子からタンパク質への変換方法が解明されました。そ

こで得られた発見は，すべての生物に共通のルールだったのです。大腸菌と
ファージを使った実験は，つまり「遺伝学的方法」によります。自然にもし
くは人為的に誘発された突然変異体をもとに，その変異のもととなる原因遺
伝子を見つけていき，遺伝子とその産物であるタンパク質が生物体内で織り
なす生命反応のしくみを理解してゆこうという方法です。大腸菌とファージ
の実験系を使って生化学反応の基礎がわかったところで，つぎは生物の複雑
さを理解していこうと，ある研究者は哺乳類の実験動物マウスを，またある
研究者は古くからの遺伝学の実験に利用されているショウジョウバエを，そ
してある研究者は線虫を使いはじめたのです。

　自分の興味ある生命現象を研究しようとしたときに，その実験に適した生
物材料を選ぶ必要があります。古くからイモリやウニは，発生生物学の実験
材料でしたし，いまでも高校生物の教科書で習うはずです。そして，研究者
はその生物を利用することで生物に普遍的な現象の理解を深めてゆくことを
目的としており，その結果をわれわれ人間へと積極的に活用してゆこうとす
る意識が強いことが特徴なのです。このように「普遍的な現象」を解明する
ために用いられる生物を「モデル生物」とよびます。

　「受精卵が細胞分裂を繰り返し，組織・器官へと分化して個体ができるま
での発生機構を研究しよう，また，さまざまな環境に応じた生体反応をコン
トロールする神経について研究しよう，そのためにはできるだけ単純な体構
造であり，そして何よりも遺伝学ができる動物が必要だ……」

　分子生物学の主要メンバーであったシドニー・ブレナーは，このような視
点から材料の選定にとりかかりました。いろいろな生物を自分で飼いながら，
モデル生物になるための素質を丹念に見きわめていくうちに，**雌雄同体**と雄
という2つの性をもち，大腸菌を餌に増殖する大きさ約1mmの自活性土壌
線虫，エレガンス（*Caenorhabditis elegans*，一般に「シー・エレガンス」として
有名）が目に留まりました。エレガンスの体は，卵から成虫までずっと透明
であるため，顕微鏡下で細胞ひとつひとつを観察することができそうだ。神
経があり，筋肉があり，消化管があり，生殖器があり，動物の基本的な組織・
器官を備えているではないか。好物の餌を見つければわれ先にと走ってゆき，
異性がいると猛アプローチをかけ，嫌なものがあれば一目散に逃げてゆくな

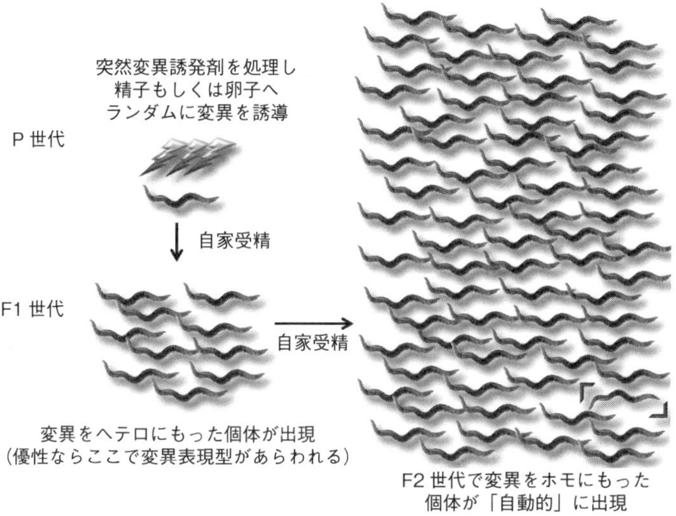
突然変異誘発剤を処理し
精子もしくは卵子へ
ランダムに変異を誘導
P 世代
自家受精
F1 世代
自家受精
変異をヘテロにもった個体が出現
（優性ならここで変異表現型があらわれる）
F2 世代で変異をホモにもった
個体が「自動的」に出現

図 10.1　変異体の分離.

ど，さまざまな環境に応じた動物に共通の行動を観察することができるではないか。

20℃から 25℃で培養した場合，この線虫のライフサイクルは 2 ～ 3 日，平均寿命も 2 ～ 3 週間と短く，ふだんは雌雄同体の親が**自家受精**という生殖様式によって，1 頭から 300 個ほどの卵を生み落とします。早く増殖するという点に加えて，雌雄同体であるところが遺伝学的解析にとても便利なのです。親に突然変異処理をすると，そこから生まれる子は変異遺伝子を**ヘテロ**にもちますが，孫世代では自家受精によって変異遺伝子を**ホモ**にもつものが「自動的に」現れてきます（図 10.1）。上にも述べましたように，エレガンスには雌雄同体に加え，少数の雄も存在します。雌雄同体は自前の精子を使って自家受精もでき，さらに雄と交尾を行えば，雄から供給された精子を優先的に利用します。ここでエレガンスの性決定様式について説明すると，**核相**は 2*n*=12，雌雄同体は 5 対の常**染色体**と 2 本の X 染色体をもちます。**減数分裂**時に染色体不分離という間違いを起こしてしまうと（500 から 1000 回に 1 回の割合で不分離は起こってしまう），X 染色体をもっていない**配偶子**が

つくられてしまい，この配偶子と正常な配偶子が受精するとX染色体を1本しかもたない雄となります。雄と雌雄同体が交配して生まれる子は，雄と雌雄同体の性比が1対1となります。

　線虫は細胞分裂を容易に観察でき，行動も容易に観察できます。寿命が短いため老化現象を容易に観察できますし，線虫個体の観察がしやすいことから，いままで知られていなかった新しい生命現象を発見できる可能性もあります。そして観察したり発見したりした生命現象を，遺伝学的に解析することができるのです。まったく理想の実験生物ではないでしょうか。

10.4　エレガンスの遺伝学

　「遺伝学ができる」ということはどういうことでしょう。興味ある生命現象を観察し，そこではたらく遺伝子を見つけてゆくことができるということです（コラム2）。そのためには，生命現象の正常な状態を詳細に観察しておく必要があります。つぎに，突然変異誘発剤によりランダムに変異を誘発させ，正常でない変異体を分離します。変異体が分離できたということは，その現象を正常に行うために必要な遺伝子に変異が生じたということであり，

Column 2

　遺伝子とは，あるタンパク質をいつどこでどれだけ作るかを決めるもので，「生物がもつ遺伝子の種類」といえば「生物がもつタンパク質の種類」と言い換えることができます。しかし，タンパク質を作らないマイクロRNA（miRNA）をコードする遺伝子の存在が，線虫の遺伝学によって新たに発見されました。タンパク質をコードしない「mRNA」「tRNA」「rRNA」は昔からよく知られていましたが，たった22塩基長の「miRNA」が生物の発生に大変重要であるという報告は，誰もがはじめ疑いの眼差しで見ました。いまでは生物全般で見られる現象で，幹細胞やがん細胞の制御機構で大切なことがわかってきております。RNAiの現象も，実はmiRNA発現機構の一部であるということのようです。

正常な個体との比較によってその遺伝子を見つけてゆけばよいのです。たとえば，餌を求めて活動する行動を調べたいときは，餌に対する走性が異常となる変異体を分離すればよいのです。そうすると，餌の匂いを感知するレセプターや，シグナル伝達経路，感覚受容神経やシナプス結合，筋肉との接続など，動物の行動を統合するすべてを理解することができるようになります。動物の個体レベルでここまで調べることができますし，いままで知られていなかった新しい遺伝子を発見することができるのです。1983 年，イギリスの MRC 分子生物学研究所にいたジョン・サルストンを中心に，エレガンスを使って受精卵から L1 幼虫（雌雄同体の体細胞は 558 個，雄は 560 個から成る）としてふ化するまで，そして L1 幼虫から成虫（雌雄同体は 959 細胞，雄は 1031 細胞）になるまでの細胞分裂を観察し，いつどの細胞が分裂し，将来どのような組織へ分化するのかを明らかにした細胞系譜が作成されました。そしてある細胞が胚発生の途中で決まって消失する**アポトーシス**（いわゆる「細胞の自殺」）が発見され，ボブ・ホービッツらによってその制御メカニズムが遺伝学的に解明されました。アポトーシスは動物の発生において重要なだけでなく，分裂異常をきたした細胞をこれ以上増殖させないように，ガンにならないようにするためにも必要な機構です。そして線虫で解明されたアポトーシスの制御機構は，すべての生物間で共通した現象であることがその後明らかになっていったのです*。

　ここでエレガンスの遺伝学を利用した一つの研究を例に，解説してゆきます。解毒代謝酵素 GST（グルタチオン S トランスフェラーゼ）の発現に異常をきたした変異体を分離する実験を行いましょう（コラム 3）。GST 発現の様子を**緑色蛍光タンパク質**（GFP）で視覚化させた組み換え体線虫を作製しました（CD 収録動画参照のこと）。ふだんは GST の発現がないため緑色蛍光は見られませんが，体内に毒物が摂取されると，解毒しようと GST が発現誘導され，その結果緑色蛍光が見られるようになります。この線虫を突然変異誘発剤で処理し，(1) 毒物処理しなくても GST が発現誘導してしまう突然

＊この研究成果は 2002 年ノーベル医学・生理学賞の受賞対象となりました。
　http://nobelprize.org/nobel_prizes/medicine/laureates/2002/

変異体と，(2) 毒物処理しても GST が発現誘導してこない，変異体が F2 世代で分離できることを期待して実験を行いました。毒物処理しなくても GST が発現してしまう変異体は，とても簡単に分離することができます。親個体を突然変異処理し，餌が十分ある状態を保ちつつそのまま培養をしておけば，自家受精によって変異をホモにもった個体が孫世代で「自動的」に出現します。多くの正常な個体は光りませんが，変異体は何もせずとも光っていますのですぐに見分けられます。

　変異処理する前の野生株と何度か戻し交配して，原因となる遺伝子は一つなのか，劣性変異なのか優性変異なのかを確認し，各染色体のマーカー変異体（図 10.2）と交配して，どの染色体に連鎖しているのかを決定します。一塩基多型（Single Nucleotide Polymorphism）を利用して，原因遺伝子が存在する染色体領域を絞ってゆきます（SNP マッピング法）。エレガンスの遺伝子は，ひとつあたり平均 5 kb（塩基長）であるため，100 から 200 kb の領域にまで絞れば，候補遺伝子を 20 から 40 個に絞れます。野生株のゲノムから候補遺伝子を含む領域断片を単離し，それを変異体に組み込み，変異表現型を相補するかを調べ，対象とする遺伝子を確認してゆきます（レスキュー法）。遺伝子が同定できれば，その遺伝子の発現を調べたり，その遺伝子産物であ

Column 3

　酸化ストレスにより生体高分子がダメージを受け，その蓄積が代謝異常，組織・器官不全を引き起こし，生物個体の老化・疾病を引き起こしてしまいます。それらのダメージから生体を保護する機構を理解してうまくはたらかせるようにすることができれば，老化や疾病予防に役立てることができるはずです。GST は酸化ストレス性有害物質を解毒除去する酵素であり，バクテリアから線虫，ヒトに至るまで共通して備わっています。GST 発現に異常をきたした変異体が分離できれば，GST 発現をコントロールする遺伝子に異常を起こしていることが期待でき，この遺伝子の研究により生体防衛機構の解明が期待できます。また，代謝異常による有害物質の蓄積が原因であるとも考えられますので，老化や疾病に関わる代謝についての研究へとつなげることができるのです。

第 10 章　線虫が切り拓く生物学

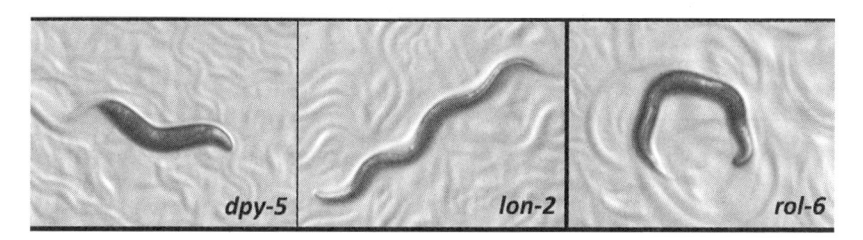

図 10.2　エレガンスで良く使われるマーカー変異体の例.

体系が太い Dumpy，長い Long，体がねじれてまっすぐ進めず，その場をくるくるまわる Roller．これらの変異体から同定された遺伝子はアルファベット 3 文字と数字で表される．コラーゲンタンパクをコードする遺伝子 *dpy-5* と *rol-6* は，それぞれ染色体 I と II に連鎖し，プロテオグリカンをコードする遺伝子 *lon-2* は X 染色体に連鎖する．他の染色体にもマーカー変異体が揃っている．分離した変異体と，これらマーカー変異体とを交配し，F2 世代の分離比を調べることで，分離した変異体の原因遺伝子がどの染色体に連鎖しているかがわかる．

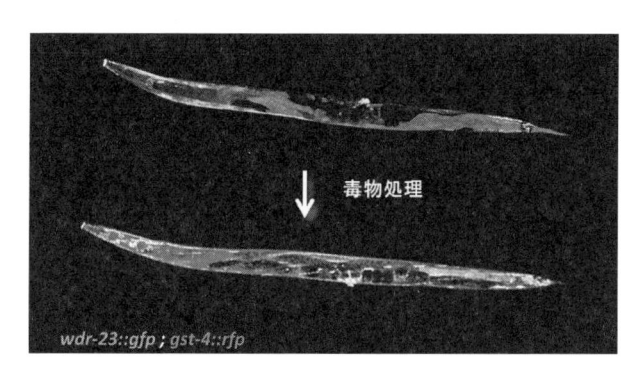

図 10.3　蛍光タンパク質を利用した遺伝子発現の視覚化.

GST 発現制御にはたらく WDR-23 を緑色蛍光で，解毒酵素 GST-4 を赤色蛍光で視覚化した組み換え体線虫．上の写真は毒物処理する前の線虫で，WDR-23 がはたらいている部分は緑色となり，WDR-23 がはたらいていない部分は緑色がなく，赤色の GST が発現している．毒物処理をすれば，緑色の部分でも赤色の GST が発現して黄色になる．すなわち，WDR-23 はふだん GST の発現を抑えており，毒物が体内に侵入すると GST 発現を誘導させるはたらきをもっていることがわかった（CD 参照）．

るタンパク質を調べたりすることができます（図 10.3）。

　遺伝学的解析とは，このように生物の表現型から出発し，そこではたらく遺伝子を見つけたのち再びその遺伝子産物について詳細に調べてゆく方法であり，この過程でこれまで知られていなかった新しい機能の遺伝子を発見することが期待できるのです。

10.5　マツノザイセンチュウの胚発生

　エレガンス同様マツノザイセンチュウも卵から成虫まで体が透明であるため，**微分干渉装置の付いた顕微鏡**を用いれば，細胞核がはっきりと見えて胚発生過程の観察が容易にできます（コラム 4）。受精後**雄性前核**と**雌性前核**が融合し，個体発生がはじまる場面は実にエキサイティングです（CD 収録動画参照のこと）。精子が卵子に進入することがきっかけとなり，それまで均一であった卵子の細胞質に勾配ができて，前後軸が決定されます。この決定様式がエレガンスとマツノザイセンチュウとでちょうど 180 度逆転してい

Column 4

　エレガンスを駆使する発生遺伝学の専門家の指導のもと，私の研究生活がはじまりました。この先生は，マツノザイセンチュウの胚発生をコントロールする遺伝子の優性変異体を分離し，それを野外に撒けば効率的に駆除ができるにちがいないという考えのもとで，4 年生になりたての私に，「君！マツノザイセンチュウの胚発生を見てみたまえ。」とひとこと告げられたのでした。アメリカの昆虫学者エドワード・ニップリング（Edward F. Knipling）は，放射線照射によって不妊化したラセンウジバエ（*Cochliomyia hominivorax*）を大量に放ち，畜産業界で問題となっているこの昆虫の野生個体群を根絶することに成功しました。その後，沖縄でも同様の方法により，ウリ類果実の害虫であるウリミバエ（*Dacus cucurbitae*）の根絶に成功しています。この考え方をマツノザイセンチュウに応用しようというのが基本的なアイデアだったのでしょう。

ることが見出されました。

　なんでも深くやってみればいろいろと面白い現象を発見できるものです。しかし，研究を行うために必要な費用はだいたいどこかからいただいているものですし，またお金と時間，人手は有限です。自分の好奇心を満足させるだけでは許されません。自分の研究が「人類にとって」どんな役に立つのか，すでに誰かが発表してないか，また誰か同じ研究を進めていて競争状態ではないか，常に自分の研究の「位置付け」に気を配らなければならないのです。

　受精卵における前後軸決定においてエレガンスとマツノザイセンチュウでみられる違いは何なのか，将来どのような組織へ細胞を分化させるかを決定する運命決定因子も異なるのか，運命決定因子が同じでも前後の勾配を作り出す機構が異なっているのか，なぜエレガンスとマツノザイセンチュウのあいだでこのような違った機構が進化したのか。疑問はどんどん出てきますし，受精後の第一分裂という生命のはじまりの現象を扱う研究は，理屈抜きで重要だと思われます。しかし，マツノザイセンチュウでそれを調べるための手法が見当たりません。

10.6　モデル生物から非モデル生物へ

　エレガンスで遺伝学的解析が利用できる，もっとも大きな理由として「雌雄同体と雄の性がある」ということを説明しました。マツノザイセンチュウはどうでしょう。雌雄異体です。しかし植物寄生性でありながら，糸状菌を餌に研究室で培養が可能であること，ライフサイクルも早く増殖も旺盛であること，発生ステージを揃えることもでき，そして病原性を調べる際にマツ実生苗を使った接種試験も可能であること，このようなメリットは，研究を進めてゆくうえで植物寄生性線虫の代表であるネコブセンチュウとは比べものにならないほど有利な点です（表10.1）。そこで，**逆遺伝学的解析手法**とよばれる RNA 干渉（RNAi, RNA interference）法を用いてみようと考えました。

　表現型から出発してそこではたらく遺伝子を見つける方法が遺伝学であれば，遺伝子の塩基配列を基にその機能を調べてゆく方法が逆遺伝学です。こ

表10.1 エレガンス，マツノザイセンチュウ，ネコブセンチュウの比較．

	エレガンス C. elegans	マツノザイセンチュウ B. xylophilus	ネコブセンチュウ M. incognita
生殖方法	モデル生物で非病原性 雌雄同体による自家受 精または雄との交配	マツ材線虫病の病原体 雌雄異体両性生殖	多くの作物の植物病原体 雌雄異体で単為生殖
胚発生速度	13 時間	30 時間	2 日間
ライフサイクル	3 日間	5 日間	30 日
実験室での培養方法	寒天培地に撒いた大腸菌を餌に	寒天培地に撒いた糸状菌もしくは植物カルスを餌に	鉢で育てた植物（トマトなど）の根を餌に
ゲノムサイズ	100 Mb	80 Mb	100 Mb
予測遺伝子数	2 万	1 万 8 千	1 万 5 千
PubMed キーワードヒット論文数（2011 年 5 月）	17,184 報	152 報	875 報

培養条件はすべて 20 ºC

の方法はDNAの2本鎖のうちアンチセンス鎖のRNAを人工的に合成し，細胞内に導入すればmRNAと結合してその翻訳を阻害する「アンチセンス法」がもとになって発展した技術ですが，その後クレイグ・メローとアンディ・ファイアーは，二本鎖RNA（dsRNA）を導入すればより高い阻害作用があることを1998年に発表しました*。これは特定の発生ステージをねらって目的の遺伝子を一過的に発現阻害できることから，**致死変異**の機能解析にも用いることができる有効な方法です．エレガンスにdsRNAを導入する場合，(1) 注射して体内に打ち込むインジェクション法，(2) dsRNAをつくる大腸菌を前もって用意し，これを餌として食べさせるフィーディング（経口投与）法，(3) dsRNA溶液に浸して飲ませるソーキング法，といった三つの方法が有効です（図10.4）．とくに(2)のフィーディング法が有効であることは，取り込んだdsRNAが全身の細胞に移行して，転写後翻訳を阻害する効果を発揮することを意味します．この性質は，技術的に大変有利な点です．

＊この研究成果は 2006 年ノーベル医学・生理学賞の受賞対象となりました。
http://nobelprize.org/nobel_prizes/medicine/laureates/2006/

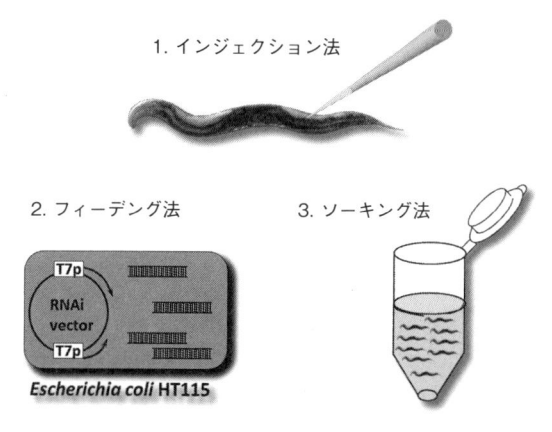

図 10.4　エレガンスの実験で利用される三つの RNA 干渉法.

RNAi 法の発表を契機として，RNAi メカニズムや，RNAi の生理的な意味について，エレガンスをはじめとするモデル生物を使った研究がすすめられ，やがて RNAi 法をモデル生物以外の生物にも試してみようという動きが世界中で一斉にはじまりました．

10.7　RNAi が効かない

RNAi の反応が起こるために必要な分子がいくつも見つかり，RNAi のだいたいのメカニズムが明らかになるにつれて，他の生物においてもほぼ共通した現象が再現できるようになりました．しかし導入した dsRNA が全身の細胞に移行して RNAi 効果を発揮する「systemic RNA」は，結局のところエレガンスと一部の生物にしか見られない特異な現象であることがわかり，マツノザイセンチュウにソーキング法が効かないばかりか，エレガンスに近縁である C. briggsae でもその効果がみられないことがわかりました．土壌から採集した自活性線虫十数種類を使い，このような dsRNA の全身移行性があるかを調べてみましたが，やはりすべて効果が見られませんでした（コラム 5）．遺伝子の種類をいろいろと変えたり，dsRNA 溶液に漬け込む時間

や温度を変えたり，導入するdsRNAの長さを変えてみたり，エレクトロポレーションを使ってみたり，パーティクルガンを使ってみたり，どの方法を使ってもエレガンスではdsRNAの取り込みはうまくゆき，マツノザイセンチュウではいずれの方法でもdsRNAを取り込ませることはできませんでした。マツノザイセンチュウの研究では「まったく上の段階に進めない，床運動を繰り返しているに過ぎない」，「モデル生物以外の生物で研究をしても，それはサイエンスではない」と，一部のエレガンス屋さんから原理主義的な批判を受けることとなりました。

10.8　マツノザイセンチュウの研究これから

4種類の文字（塩基）で記された**ゲノム情報**は，その生物の特徴についてすべてを教えてくれるでしょう。その生物はどこからやってきて，いまどんなことをしているのか，そして将来どこへゆくのか。ゲノム情報をもとにして生物を理解してゆこうと，モデル生物を中心にさまざまな実験が進められていますが，まだまだわからないことがたくさんありますし，何がわかっていないかもわかっていない，というのが現状なのです。

マツノザイセンチュウのゲノム情報からも，いろいろと面白いことが推測されてきました。たとえば（1）マツノザイセンチュウはもともと北米で生活していたのですが，輸入材とともに日本に移入したのち東アジアに広まっ

Column 5

乾燥耐性を有する*Panagrolaimus superbus*にはフィーディング法が効果的だそうです。また，いくつかの植物寄生性線虫でRNAiを行ったという論文がありますが，遺伝子によって効果が見られたり見られなかったりするようで，はっきりとしません。韓国の延世大学のグループによって，実はマツノザイセンチュウでもRNAiが効いたという論文が発表されましたが，データを見ましても機能解析というにはまだまだです。

たこと，(2) 病原性因子の候補のひとつ，細胞壁分解酵素の遺伝子は，菌類からマツノザイセンチュウに水平伝播したのではないかということ（**遺伝子水平伝播**），(3) dsRNAが全身の細胞に移行してRNAi効果を発揮させるために必要な遺伝子がマツノザイセンチュウゲノム中にはないために，ソーキング法やフィーディング法が効かないのではないかということ，などです。配列情報から遺伝子の数や種類も予測されますが，マツノザイセンチュウの場合それらの機能を実験的に証明する有効な方法はありません。エレガンスのような遺伝学は当面は難しいといわざるを得ません。さらにGFPといったレポーターを用いた遺伝子発現解析をしようにも，組み換え体作製手法が確立されていません。病原性因子としていくつかの候補が挙げられていますが，その遺伝子を**ノックダウン**させたり**ノックアウト**させたりする方法も確立されていません。

またこのマツノザイセンチュウは，マツノマダラカミキリへ乗り移る際に，カミキリから分泌される特異的な物質を受容し，**分散型第4期幼虫**へと変わることが知られています。このカミキリと線虫との関係は，多くの昆虫嗜好性線虫でみられる現象であり，種間で非常に特異的な関係が成り立っています（第7章参照）。しかし，カミキリから分泌される物質とはどういったものでしょうか。どのレセプターで線虫はその物質を認識しているのでしょうか。その後どういった経路で分散型第4期幼虫へと変わるのでしょうか。遺伝子解析手法が確立できれば，マツノザイセンチュウでみられるこのような生態学的に面白い現象について，遺伝子の言葉で記述して解釈していくことができるでしょう。

マツ枯れ研究はいまちょうど世代交代の時期であり，若い気鋭の研究者達が新しい手法でもってこれらの課題に取り組んでいます。これから新しい発展が期待できますし，モデル生物から非モデル生物へのゲノム研究の成果を応用する大きな流れの一つとなるでしょう。そうです，マツノザイセンチュウの研究はこれからの研究なのです！

（長谷川浩一）

参考文献

WormBook (http://www.wormbook.org/)

第3部

マツ枯れ
生き物たちのややこしい関係

図 1　京都のアカマツ林分で発生したマツ枯れ被害.

　マツ山が一面真っ赤に染まっている（図 1）……こんな光景を目にしたことはありませんか？マツの木は常緑の針葉樹で，本来紅葉することはありません．にもかかわらず，マツの葉が赤く（もしくは褐色に）変色してしまうのは，マツの木が枯れているからです．長寿で知られるマツに集団枯損を引き起こす「マツ材線虫病」，いわゆる「マツ枯れ」という森林流行病が第 3 部のテーマです．

　日本のマツ林は，長崎県において最初の被害が報告された 1905 年以来約 1 世紀にもわたってこの病気に苦しめられてきました．当初，この病気はキクイムシ科やゾウムシ科，カミキリムシ科などの穿孔性甲虫類が主たる原因とされ，総じて「松くい虫」の名で広く知られていました．その後研究が進み，今日では，マツノザイセンチュウという体長わずか 1 mm 程度の線虫が病原体であり，昆虫はそれを媒介する運び屋に過ぎないと考えられています．この病原体の発見が 1969 年（病原性の確認と報告は 1971 年），媒介者としてマツノマダラカミキリの役割が解明されたのが 1972 年ですが，その後も病気は拡大を続け，2012 年現在，北海道を除く全都府県で被害が確認されています．さらに，被害は東アジア諸国，果ては西ヨーロッパまで広がり，各地で猛威を振るっています．なぜここまで被害が拡大してしまったのでしょうか．その鍵は，この病気の複雑かつ巧妙な伝染サイクルにあります（図 11.1 参照）．

　初夏，5 月の下旬から 7 月中旬にかけて感染は起こります．前年にマツ枯

れによって枯死したマツの木—中ではマツノザイセンチュウが膨大な数に膨れ上がっている—から，羽化したばかりの媒介昆虫マツノマダラカミキリ（以下，カミキリ）が体内にマツノザイセンチュウを保持した状態で脱出し，健全なマツの枝へやってきます。カミキリはここで，自らの未発達な生殖腺を成熟させるために養分豊かな若枝の樹皮を摂食するのですが（後食），その際にできる傷口を通って，マツノザイセンチュウがマツへの侵入を果たすというわけです。こうしてマツノザイセンチュウに感染してしまったマツの木は，やがて樹脂滲出を停止し，水分生理に異常をきたし，ほとんどが秋頃までに針葉の褐変などの外部**病徴**を示すにいたります。さらに悪いことに，このマツの木は自らが枯れるだけでなく，翌年以降の新たな感染源にもなります。カミキリは，健全な樹木には産卵することができません。樹木の分泌する樹脂が邪魔になるためです。では，マツの木がマツ枯れによって樹脂を分泌できなくなっていたとしたら……。カミキリが成熟して産卵準備が整う時期は，ちょうどマツ枯れの症状，つまり樹脂分泌の停止が出る時期に一致しているのです。こうして，カミキリは自らが撒き散らしたマツノザイセンチュウによってマツの木を枯らし，カミキリの産卵に適した枯死木を作り出しているわけです。一方，マツノザイセンチュウにとっては，カミキリは木から木への移動を絶えず手助けしてくれる存在です。この緊密な関係がいったん成立してしまうと，伝染サイクルを断ち切ることは難しくなります。

　激化し続けるマツ枯れ被害を，研究者たちも手をこまねいて見ていたわけではありません。様々な専門分野の研究者が，**宿主**マツ，マツノザイセンチュウ，カミキリという3者の各々を対象に，あるいは3者間もしくは2者間の相互作用を対象として，マツ枯れ全容解明に取り組んできました。また，病気のメカニズムを探る基礎研究から防除を念頭に置いた応用研究まで，実にさまざまなレベルのアプローチが試みられてきました。ここでは，なかでも異色の研究をいくつかご紹介します。

　先ほど，マツ枯れを構成する3者—マツ・マツノザイセンチュウ・カミキリによる伝染サイクルを簡単に説明しましたが，実はそれ以外に菌類や細菌類など微生物の存在も見過ごすことはできません。微生物は，上記の3者それぞれにさまざまな影響を及ぼしながら，常にマツ枯れの傍らに存在しているのです。さらには，マツノザイセンチュウ以外の線虫の存在もあります。彼らはマツ枯れの主人公たる上記3者にとって敵か，味方か，それとも相棒なのでしょうか。個別の事象を紹介しながら見ていきましょう（11章，

12章)。

　また，マツ枯れの複雑さを生み出しているのは参加メンバーの多さだけではありません。マツにも，マツノザイセンチュウにも，一筋縄ではいかない各々の事情があるようです。マツ枯れの本質は何なのでしょうか。進化や歴史まで含めた議論をご紹介します（13章，14章，15章）。

（竹内祐子）

第11章

敵か味方か相棒か
――マツノザイセンチュウ-菌-カミキリムシ間相互作用

　新緑の季節を迎えようとしている京都にて，外はいい天気だというのに，私はお世辞にもきれいとはいえない大学の研究室の片隅で顕微鏡を覗きました。そして，次の瞬間，思わず叫びたくなるほどうれしくなったのです。大学院の博士課程に進学して間もない1994年春のことです。

　そのとき私が顕微鏡で見ていたものは，第2部でも紹介されているマツノザイセンチュウ（*Bursaphelenchus xylophilus*）というアカマツ（*Pinus densiflora*）やクロマツ（*Pinus thunbergii*）を枯らす線虫です。でも，枯れたマツの中から取った線虫ではなく，マツノマダラカミキリ（*Monochamus alternatus*）の体内から取り出した線虫でした。しかも，そのカミキリムシは，野外で採集してきたものではなく自分で卵から大切に育てたものだったのです。

　私はその線虫を見てなぜそんなにもうれしくなったのでしょうか。そのことをお話しするために，小さなマツノザイセンチュウが大きなマツを枯らしてしまう「マツ枯れ」の話からはじめてみます。

11.1　線虫はどうやってマツの中で増えるのか

　第3部の前書きで説明したとおり，マツ枯れ（マツ材線虫病）では，マツ・マツノザイセンチュウ・マツノマダラカミキリが相互に関係しあっています（図11.1；これを「生物間相互作用」とよびます）。でも，マツ枯れに関わる生物はこれだけではありません。

図 11.1　マツ枯れにおけるマツ，マツノザイセンチュウ，マツノマダラカミキリの関係．

　マツノマダラカミキリによって健全なマツの木に伝播されたマツノザイセンチュウは，このカミキリムシが小枝をかじったときにできる傷（後食痕）から樹体内に侵入し，そのうちの一部が速やかに樹体各部に移動分散します。そのころは，マツの植物細胞を餌にしています。一方，マツノザイセンチュウが属するグループの線虫の特徴は菌食性であること，すなわち，菌（いわゆるカビ）を摂食することです。マツノザイセンチュウは，健全木の中にわずかに存在する菌も餌として利用しています。

　マツの針葉に黄褐色の変色が見られる頃になると，線虫はマツの細胞を餌として利用することができなくなります。一方，材内の菌相は大きく変化し，菌の量も著しく増加します。すなわち，健全木の中に存在したペスタロチオプシス（*Pestalotiopsis*）属菌などに替わり，**青変菌**（オフィオストマキン科やクワイカビ科に属し，材を青黒く変色させる菌の総称）の一種であるオフィオストマ（*Ophiostoma*）属菌や材の黒変を引き起こすマクロフォマ（*Macrophoma*）

属菌などが**優占**するようになります。マツの針葉の変色が見られる頃に線虫の数は爆発的に増加する（材1gあたり数千頭にもなる）のですが，それと時期を合わせるように青変菌も樹体内に広がっており，この時期の線虫の餌として青変菌が重要な役割を果たしています。その後マツが完全に枯死してからも，線虫は青変菌などの材内菌を餌としているのです。

11.2 線虫の餌になる菌，ならない菌

マツノザイセンチュウはどんな種類の菌でも摂食して増殖できるわけではなく，線虫が増えられない菌も存在します。ただし，先行する研究の多くはマツの材を用いず，微生物実験でよく用いられる**ポテトデキストロース寒天（PDA）培地**上に生育させた菌の上での線虫の増殖を調べており，野外のマツにおける状況を必ずしも反映していない可能性がありました。また，ある一時点での線虫数しか見ておらず，いつから線虫が増えるのか，あるいは減るのかということもわかっていませんでした。そこで，大学院修士課程の学生だった私は，PDA培地の代わりにアカマツの枝を用いて，線虫数を経時的に調べることにしました。

まず，太さが1cm余りのアカマツの枝を長さ1cmに切り，滅菌しました。そうすることで，元々枝に存在する菌を殺してから，マツに関係するいろいろな菌を1種類ずつ枝に繁殖させ，最後に線虫を各枝断片当たり350頭ずつ加えました（このように線虫や微生物などを培地や生物体などに植え付けることを「接種する」といいます）。そして，線虫接種から2，4，6，8，12週後に，それぞれの枝切片における線虫の数を調べたのです。

その結果，前述のオフィオストマやマクロフォマを繁殖させた枝断片では，線虫は4週目まで急激に増えていき，その後12週目までゆるやかに増えつづけました。最終的な線虫数は，オフィオストマで平均1万8600頭，マクロフォマで1万2400頭にも達したのです。逆に，やはり枯死木材内に存在するバーティシリウム（*Verticillium*）属菌やトリコデルマ（*Trichoderma*）属菌を繁殖させた枝断片では線虫数は最初から減少し，12週目の線虫数は，ト

リコデルマでは22頭，バーティシリウムではわずか1頭とほぼ全滅状態になりました。それ以外に，線虫が増えも減りもしない菌も存在しました。このように，一口にマツに関係する菌といっても，線虫の増殖に対する適・不適の程度（好適性）はさまざまであることがわかったのです。

11.3　線虫にも餌の好き嫌いがある

　では，マツノザイセンチュウはどのようにして，菌を摂食するのでしょうか。このことを説明する前に，菌と線虫について少し説明を加えておきます。菌の体は糸状になって伸びており，これを菌糸といいます。また，マツノザイセンチュウの口は針状になっており，口針とよばれます。

　餌になる菌を線虫が摂食する様子を顕微鏡で観察した報告により，線虫は口針を菌糸に垂直に突き刺して，その内容物を吸うことが知られていました。それでは，線虫の餌にならない菌の場合はどうなのでしょうか。私は，先程の実験で餌になったオフィオストマと餌にならなかったトリコデルマの上に線虫を置いて，顕微鏡で観察してみることにしました。オフィオストマの場合，線虫は口針を菌糸に垂直に突き刺して，しばらく内容物を吸っています。ところが，トリコデルマの場合には，口針を菌糸に垂直に突き刺そうとするところまでは同じでしたが，突き刺した瞬間に口針を抜いてしまって，菌糸の別の部分に移動してまた口針を突き刺そうとしたのです。そしてまたすぐにやめて移動するということを繰り返しました。私には，その様子は，少し吸ってみたけれどまずいと思ってすぐにやめ，もっとおいしい餌はないかと探し回っているように見えました。トリコデルマはまずくて摂食することができなかったために，先程の実験で線虫は餌不足になって，その数がどんどん減ってしまったのです。ここで，さらに疑問が浮かびます。バーティシリウムでは，トリコデルマより線虫が減って全滅しかけていたのはなぜでしょうか。

11.4 線虫を餌にする菌

　菌は線虫の餌になるばかりかというと，実はそうではありません。菌のなかには，逆に線虫を捕らえて摂食する菌，すなわち線虫捕食菌という驚くべき生態をもつものも存在します。この線虫捕食菌は，外部寄生菌と内部寄生菌の大きく二つに分けられます。

　外部寄生菌とは，菌糸に特殊な器官（わな）を作って線虫を捕える菌，すなわち線虫捕捉菌のことです（第8章コラム参照）。捕捉器官には大別して，粘着性捕捉器官と環状捕捉器官の二つがあり，菌の種類によっては，両者を合わせもつものもあります。いずれの場合にも，菌に捕らえられた線虫は激しく暴れますが，やがて動かなくなります。その後，菌は捕捉器官から線虫体内に菌糸を伸ばして内容物を吸収し，最終的には，線虫は外皮だけになってしまいます。マツに関係する線虫捕捉菌の例としては，アースロボトリス（*Arthrobotrys*）属菌が挙げられます。

　また，内部寄生菌は，胞子（菌が仲間を増やすための生殖細胞）が線虫に付着したり線虫にわざと食べられたりして線虫に感染し，線虫体内で増殖します。前述のバーティシリウムは実はこの内部寄生菌であり，線虫を積極的に殺してほぼ全滅させてしまったのです。

　このようにマツに関係している菌には，線虫の餌となるもの，ならないもの，はては線虫を餌にして殺すものまで，実にさまざまなものが存在するのです。

11.5　マツノマダラカミキリが保持する線虫の数の重要性

　マツノマダラカミキリが，病原体マツノザイセンチュウを枯れたマツから健全なマツへと運ぶことはすでに述べましたが，実は1本の枯れたマツから脱出してくるカミキリムシのなかにも，膨大な数の（ときには20万頭もの）線虫を体内にもっているものからまったくもっていないものまで存在します。

また、線虫が多く侵入するほど、マツは枯れやすいこともわかっています。枯れたマツから多数の線虫を抱えて脱出してきたカミキリムシは、小枝を摂食する際にやはり多数の線虫を健全なマツに移すので、結局その木は枯れてしまいます。これに対し、カミキリムシが保持する線虫の数が皆無かあるいは非常に少ない場合には、マツは枯死しません。理論的には、保持線虫数が1000頭未満のカミキリムシはマツを枯らしにくいと考えられています。すなわち、カミキリムシが運ぶ病原線虫の数がマツ枯れの広がりを決定するわけです。

このため、カミキリムシが体内にもつ線虫の数が大きくばらつく原因を解明するべく数多くの研究が行われ、含水率が高すぎる、あるいは低すぎる材から脱出したカミキリムシの保持線虫数は少ないこと、体サイズの大きいカミキリムシほど多くの線虫を保持していること、また、線虫の病原力（マツを枯死させる能力）が強いほどカミキリムシに多く運ばれることが報告されていました。しかし、これらの要因だけで、保持線虫数のばらつきのすべてを説明することはできなかったのです。そのとき、私の頭に浮かんだのは、菌のことでした。菌が、カミキリムシの保持線虫数に影響しているのではないかと。

11.6　マツノマダラカミキリの保持線虫数に菌が影響するのか

マツノザイセンチュウは蛹室（図11.1参照；マツノマダラカミキリの幼虫が蛹を経て成虫になるために材内に作る小部屋）の周りに集まってきて、成虫になったばかりのマツノマダラカミキリに乗り移ります。そのため、線虫がカミキリムシに多く乗り移るためには、蛹室に多く集まらなければなりません。さらにさかのぼって考えると、枯死木材内で線虫がよく増殖する必要があります。それには餌である菌が当然影響すると考えたわけです。

材内の菌と線虫の関係を調べるため、私は、線虫で枯れたアカマツの横断面を2 cmの格子に分け、各格子から菌と線虫を検出して、菌の種類と線虫数を対応させようとしました。青変菌のような線虫の餌になる菌がいるとこ

ろには線虫も多く存在し，線虫の餌にならない菌がいるところでは線虫の数も少ないだろうと予想して。しかし，調べた時期が悪かったのです。カミキリムシの脱出時期に調べたために，蛹室に多くの線虫が集まっており，それ以外のところではたとえ青変菌が存在しても線虫数は多くはありませんでした。また，線虫にとって不適な菌を枯死木に接種することで，材内の線虫数を抑え，カミキリムシがそこから運び出す線虫の数を減少させようという研究も行いました。その結果，接種の効果は見られたのですが，期待したほどには線虫数は抑えられませんでした。

　野外の枯死木を調べていると，菌だけでなく他の要因も絡んでいたり，菌も何種類もが複雑に影響していたりするので，はっきりした結果が得られなかったのです。

Column　　　　　　　　　　夜明けの前が一番暗い

アカマツ枯死木の横断面を 2 cm の格子に分けて菌と線虫を検出する調査では，恩師である二井一禎先生も暑いなか一緒に手伝ってくださり，二人で電気ドリルを使ってひたすら枯死木から材片を採取しました。また，枯死木に線虫にとって不適な菌を接種することで，材内の線虫数を抑え，カミキリムシがそこから運び出す線虫の数を減少させようという研究でも，二井先生はまた接種を一緒に手伝ってくださったし，そのころ私が手を怪我してしまったため，成虫脱出時の調査を同級生の山崎理正氏（第 4 部序文，第 16 章，第 17 章担当）や後輩の津田格氏（第 8 章担当）が手伝ってくれました。しかし，思ったような結果が得られなかったのは，本文中に書いたとおりです。頑張っていたのに，なかなか結果が出ませんでした。そのため，修士論文をまとめるのには，かなり苦労しました。一緒に手伝ってくださった二井先生はじめ皆さんにも申し訳ない気持ちでいっぱいでした。博士課程への進学も決まっていたので，このままでは進学しても結果が出ないと思い，ほとほと困ってしまったのです。でも，この苦しみがあったからこそ後に人工蛹室を開発できたのではないかと，今では少し誇らしく思っています。

11.7 人工蛹室を作りたい

　枯死木を用いた菌と線虫の関係の研究に大いに苦労していた（コラム参照）そんなある日，マツノマダラカミキリを卵から育ててみようと思い立ちました．カミキリムシさえ飼育できれば，線虫と菌はすでに培養できているので，線虫が菌を餌に増殖し，カミキリムシに乗り移るという野外の蛹室で起こっていることを再現できるかもしれないと．実は，子供の頃，昆虫の標本を集めることには興味がなかったのですが，色々な虫を捕ってきて飼うのはとても好きだったのです．

　しかし，実際にやりはじめてみるとわからないことの連続でした．カミキリムシの雌に小さな丸太に産卵させたはずなのに卵がなかなか見付からず，やっと採った卵もふ化しませんでした．マツノマダラカミキリ幼虫用の人工飼料はすでに報告されていたのですが，一部改変したらうまくいきませんでした．それでも，広島大学の富樫一巳先生（現東京大学）に教えていただいたり，わからないなりにいろいろと試したりしているうちにコツがつかめて，三角フラスコの中で人工飼料を用いて幼虫を育てられるようになりました．卵は表面を殺菌し，ふ化した幼虫（付属CD参照）を滅菌した人工飼料で育てたので，無菌のカミキリムシを得ることができました．終齢幼虫になったら，それまでの25℃から10℃に移しました．いわば冬越しです．この飼育法は卵から成虫になるまで餌を代える必要がないので，虫の数が多いときには非常に便利です．一方，このころ苦労しつつもなんとか修士論文を仕上げたのです．

　修士論文から解放されると，いよいよ人工飼料で飼育したカミキリムシに人工的に線虫を乗り移らせる方法を考えはじめました．人工蛹室を作ろうとしたのです．マツの材を用いることで野外の状況を模倣しようと思い，材を小さなブロック（縦，横が 2.5 cm，高さが 5 cm）にして，そこに蛹室に相当する穴をあけました（図11.2）．カミキリムシも線虫も無菌的に育てており，この材片も滅菌することで，もともと存在する菌などを排除しました．なぜなら，コラムのなかでも述べたように修士課程のときに野外の枯死木を調べ

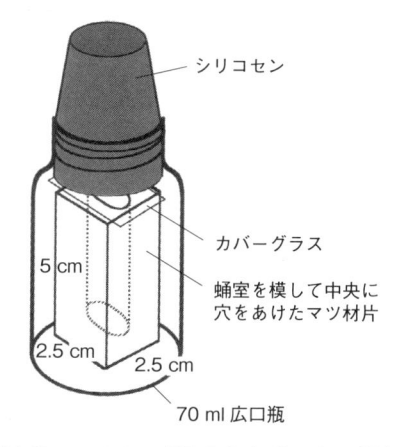

図 11.2 マツノマダラカミキリの人工蛹室.

ても，複数の要因が複雑に絡みあったためにはっきりした結果が得られず苦労した経験があったからです。

　滅菌した材片の穴の底にまず青変菌オフィオストマを接種し，材片全体に菌が広がったときを見はからってつぎに無菌の線虫を穴の中に接種し，その線虫が青変菌を摂食して増殖したら最後に冬越しが終わった無菌のカミキリムシの終齢幼虫を穴の中に入れました。こうして，マツ枯れに関わる役者を青変菌，マツノザイセンチュウ，マツノマダラカミキリの3者に絞ったのです。あとは，カミキリムシの幼虫が蛹（付属CD参照）を経て成虫になったときに線虫が無事に乗り移るのをひたすら待つだけです。材片の形を少しずつ変えたりして，いくつか試していました。

　いよいよ最初のカミキリムシが成虫になる日がきました。その成虫が保持している線虫を調べるために，はやる気持ちを抑えつつ，線虫を分離する漏斗（ベルマン漏斗）に成虫を丁寧にセットしました。翌日成虫から分離された（つまり，成虫の体内にいた）線虫を顕微鏡で観察するのです。

　次の日，恐る恐る顕微鏡を覗いてみると，なんとくねくね動いている線虫が見えたのです！このときこそが，冒頭で書いたその瞬間。その数，13頭。いまから思えばたった13頭ですが，その時はうれしくてしかたありませんでした。餌を食べる通常のステージの線虫ではなく，**分散型第4期幼虫**（ま

たは耐久型幼虫）というマツノマダラカミキリに乗り移る際の特殊なステージになった線虫だったからです。

11.8　マツノザイセンチュウの生活環

　マツノマダラカミキリの蛹室周辺に集まった線虫は，無条件に運んでもらえるわけではありません。そこには，線虫の生活環（ステージ変化）が大きく関わっているのです。マツノザイセンチュウは餌が豊富にあるといった良い生息環境の下では，卵（卵内で第1期幼虫を経て第2期幼虫になり，ふ化する），第2期幼虫，第3期幼虫，第4期幼虫，成虫，そしてその成虫が交尾して産卵するという「増殖型」のサイクルを取り，その数をどんどん増やします。やがて，線虫の個体数がピークに近付くにつれ，あるいはピークに達した後に生息環境が悪化してくると，第2期幼虫は分散型第3期幼虫になり，「**分散型**」とよばれるサイクルに入ります。分散型第3期幼虫は体内に脂質顆粒を蓄積していて黒っぽく，増殖型とは形態的に区別することが可能です。蛹室周辺に集まった分散型第3期幼虫は，マツノマダラカミキリが存在してはじめて分散型第4期幼虫になり，その虫体へと乗り移ります。分散型第4期幼虫は，前述のとおりカミキリムシによって運ばれるための特殊なステージで，餌をとる必要がないため口針や食道など，摂食・消化にかかわる器官をもっていません。このステージはマツノマダラカミキリの羽化前後に出現し，その時期の虫体の粉砕液によっても出現が誘導されるので，羽化時期に発せられる物質がその出現に関与していると考えられています。虫体に入った分散型第4期幼虫は健全木へと伝播され，樹体内で成虫となり，ふたたび増殖型のサイクルをたどるのです。

11.9　リニット教授

　このように，線虫がカミキリムシによって運ばれるためには，分散型第4

期幼虫になることが必要不可欠です．顕微鏡を覗いた際に私がうれしくなったのは，線虫とマツノマダラカミキリを組み合わせることで，人工的に分散型第4期幼虫を作り出すことにはじめて成功したからだったのです．たった13頭でしたが，条件を工夫することで，その数を増やせることは直感的にわかりました．人工蛹室を作り出せた瞬間です．その後，人工蛹室は私自身だけでなく，何人かの研究者によっても改良され，線虫とカミキリムシの相互作用を調べるために用いられています．先に書いた「分散型第4期幼虫はマツノマダラカミキリの羽化前後に出現する」ということも，この人工蛹室を用いて明らかにできたのです．実は，同じことを，北米でのマツノマダラカミキリの近縁種（Monochamus carolinensis）とマツノザイセンチュウ，青変菌オフィオストマを用いて同時期に発見した研究グループがありました．ミズーリ大学のリニット教授のグループで，この他にもカミキリムシからマツへの線虫の離脱のことなど，マツ枯れにおける生物間相互作用に関して興味深い成果をいくつも挙げています．リニット教授もマツ丸太に穴をあけて人工蛹室を作ったのですが，大きな丸太をそのまま使っていたので滅菌はしていません．前述のとおり，私は小さな材片を滅菌して人工蛹室を作り，余計な要因を排除したので，こちらの方が優れていると密かに自信をもったものです．話が脱線しますが，リニット教授とは1998年に東京で行われたマツ枯れに関する国際シンポジウムではじめてお会いしました．私が森林総合研究所に就職した年です．一緒に参加していた軸丸祥大氏（広島県立林業技術センター，現広島県立総合技術研究所），相川拓也氏（森林総合研究所）とともに，「seedlings（芽生え，ここでは研究者の卵の意）」といって激励していただいたことが昨日のことのように思い出されます．

11.10　ついに菌の影響を解明

　人工蛹室が完成したので，早速，マツノマダラカミキリが保持する線虫の数に菌が影響するかどうかを調べることにしました．人工蛹室に1種類か2種類の菌を接種し，つぎにその上で線虫を増殖させてからカミキリムシの越

冬後の幼虫を入れて，羽化後にそのカミキリムシ成虫が保持する線虫数を調べ，接種した菌の種類やその組み合わせ，接種順序などとの関係を検討したのです。用いた菌は，前出の線虫の餌になる青変菌オフィオストマ，線虫の餌にならないトリコデルマ，線虫を殺してしまう線虫の内部寄生菌バーティシリウムです。その結果，菌が1種類の場合，青変菌では線虫が非常によく増殖し，カミキリムシの保持線虫数も非常に多くなりました。一方，トリコデルマの場合は，線虫の増殖が悪く，保持線虫数も少なくなり，また線虫寄生菌では，線虫が増殖できず，保持線虫数はゼロになったのです。青変菌と線虫寄生菌の組み合わせでは，接種の順序にかかわらず線虫寄生菌単独の場合と同様に，保持線虫数はほぼゼロでした。青変菌とトリコデルマの関係はもう少し複雑で，青変菌を先に接種したときは青変菌単独の場合と同様に保持線虫数は多かったのですが，逆の接種順序と同時接種の場合には少なくなりました。

　このように，線虫に対する好適性が異なる菌の相互作用の結果，蛹室周辺で優占する菌の種類によって，線虫の増殖の良し悪しが決まり，さらにはマツノマダラカミキリがその枯死木から運び出す線虫の数が強く影響を受けることが明らかになりました。そして，このことを中心に据えて，博士論文を無事に取りまとめることができたのです。

11.11　兵糧攻め

　修士課程の頃，枯死木に線虫にとって不適な菌を接種することで，材内の線虫数を抑え，マツノマダラカミキリがそこから運び出す線虫の数を減少させるというアイデアのもとで研究を行ったものの思うような結果が得られず困ったということをコラムとして書きました。やむをえずそのテーマは棚上げすることにしました。その後，人工蛹室の開発に成功し，それを使ってカミキリムシが保持する線虫の数に菌が影響することを明らかにできたのは，すでに述べたとおりです。この時点で，先のアイデアに確信がもてたので，棚上げしたテーマに再度挑むことにしました。森林総合研究所に就職して1

年が過ぎた頃のことです．後に，2008年にノーベル物理学賞を受賞された益川敏英先生が「すぐに解決できない問題は，とりあえず『棚』にしまっておく．そうしておいて，次の問題に取り組む．棚にしまったほうの問題については，解決の条件が整う，いわゆる『期が熟す』のを待つ」といったことを書かれているのを知り，私にとってはあの時点で機が熟したのだと独り納得したものです．

再挑戦したテーマに話を戻します．線虫の餌にならない菌を秋に枯死木に**種駒**で接種して線虫の餌になる青変菌の繁殖を抑制することで，材内の線虫密度を低下させ，翌年の夏にカミキリムシがそこから運び出す線虫の数を減少させようとしました．線虫を直接殺すのではなく，餌をなくすことによって増殖を抑える，すなわち線虫を「兵糧攻め」にするという発想です．また，線虫寄生菌を接種して線虫を直接殺すことで，材内の線虫密度を低下させる方法も試みました．先に述べたように，保持線虫数が1000頭未満のカミキリムシはマツを枯らしにくいと考えられていますが，果たして前述の線虫の餌にならないトリコデルマ（「兵糧攻め菌」と名付けた）および線虫寄生菌バーティシリウムにカミキリムシが保持する線虫数をそのレベルまで減少させる効果が見られました．棚にしまっておいた甲斐があったわけです．ただし，兵糧攻め菌は速く伸長できるが青変菌より先に広がらなければ効果がなく，一方，線虫寄生菌には，青変菌が先に広がっていても効果はあるが伸長速度が遅いという欠点があります．そのため，いずれもマツの枯死後早い時期に接種するか，あるいは労力の軽減を含めて種駒よりさらに良い接種方法を検討する必要があります．

11.12　なぜマツノマダラカミキリだけが線虫を運ぶのか

マツ枯死木材内にはマツノマダラカミキリ以外にもさまざまな種類のカミキリムシ，キクイムシ，ゾウムシなどの甲虫が生息しています．それなのに，なぜマツノマダラカミキリだけがマツノザイセンチュウを運ぶのでしょうか．
マツノマダラカミキリとともに枯死木中に生息するクロキボシゾウムシ，

ヒゲナガモモブトカミキリ，オオコクヌストの蛹室周辺に集まっている線虫の数を，博士課程のときに調べてみました。すると，マツノマダラカミキリ以外の甲虫の蛹室にはほとんど線虫は集まっていなかったのです。その当然の結果として，これらの甲虫は線虫をまったくあるいはほとんど運んでいませんでした。

　ここで，さらに疑問がわきます。このような蛹室周辺の線虫数の違いはなぜ生じるのでしょうか。マツノマダラカミキリの蛹室周辺に線虫が集まるのは，カミキリムシ幼虫の排泄物中に含まれるリノール酸やオレイン酸のような不飽和脂肪酸に線虫が誘引されるからだと報告されています。もしかしたら，他の甲虫では，蛹室周辺の不飽和脂肪酸の量が少なくて線虫が集まらないのではないでしょうか。そこで，ヒゲナガモモブトカミキリの蛹室周辺の不飽和脂肪酸の量を調べてマツノマダラカミキリと比較したところ，予想に反して差は見出せませんでした。さらに調査を進めると，マツノマダラカミキリの蛹室は他の甲虫に比べて材内で線虫にとって好適な，深い位置にあること，また蛹室壁に青変菌がよく繁殖していることがわかり，これらのことが蛹室周辺の線虫数の違いに影響していることが明らかになりました。ただし，線虫の蛹室への集合定着には，他にも秘密が隠されているように思われます。

11.13　マツノマダラカミキリと菌の直接の関係

　これまで，菌とマツノザイセンチュウ，マツノザイセンチュウとマツノマダラカミキリ，そして，これら3者が複雑に関係しあった結果，マツノマダラカミキリだけが線虫を伝播するということを述べてきました。では，マツノマダラカミキリと菌は直接には関係していないのでしょうか。

　線虫の餌になる青変菌は，マツノマダラカミキリの体表や蛹室，カミキリムシが摂食した小枝からも検出されます。すなわち，枯死木材内の青変菌は蛹室でマツノマダラカミキリ成虫の体表に付着し，カミキリムシが小枝を摂食する際に健全木へと運ばれるわけです。そして，線虫によって木が衰弱し

てくると，青変菌もその木の中で繁殖して線虫の餌となります。青変菌は，マツノキクイムシなどのキクイムシによってもマツの衰弱木に持ち込まれることがわかっています。

　菌がマツノマダラカミキリに病気を起こす例も知られています。昆虫だって病気になるのです。私が森林総合研究所に採用されて最初に配属されたのは，昆虫病理研究室という，まさに昆虫の病気の研究室でした。マツノマダラカミキリの幼虫や成虫に病気を起こす菌の代表的なものに，ボーベリア・バッシアナ（*Beauveria bassiana*）があります。マツ枯死木丸太上にこの菌を培養した不織布を設置し，その丸太から脱出してきたマツノマダラカミキリの成虫にこの菌を感染させて殺す防除法（**生物的防除**）が，昆虫病理研究室長も務めた島津光明氏（森林総合研究所）を中心に開発されたのですが，その開発過程に私も携わりました。この菌の不織布製剤は 2007 年 2 月に農薬登録され（**生物農薬**），2008 年 4 月から製造販売されています。

11.14　マツノザイセンチュウ近縁種とカミキリムシの関係

　マツノザイセンチュウの分散型第 4 期幼虫は，マツノマダラカミキリの存在下で出現すると先に述べました。では，他のカミキリムシが存在した場合にはどうなるのでしょうか。博士課程在籍中に，人工蛹室にマツノザイセンチュウと，クワやイチジクの害虫として有名なキボシカミキリ（*Psacothea hilaris*，マツノマダラカミキリと同じヒゲナガカミキリ族に属する）の蛹を入れてみました。広葉樹（クワ科）を利用するキボシカミキリと針葉樹（マツ科）を利用するマツノザイセンチュウという，自然界では決して見られることのない組み合わせを作ったことになります。すると，予想に反して，マツノマダラカミキリの場合と比べてかなり低率ですが分散型第 4 期幼虫が出現し，キボシカミキリ成虫に乗り移りました。このことから，分散型第 4 期幼虫の出現誘導は，マツノマダラカミキリに特異的な現象であるとは言い切れないことになります。

　またさらに興味深いことに，実験に用いるキボシカミキリを育てる目的で

その卵を採っていた際に，卵の近くでうごめく線虫を発見しました。顕微鏡で観察してみると，マツノザイセンチュウとよく似ています。その後，マツノザイセンチュウと同属の新種であることが確認されたこの線虫は，神崎菜摘氏（第2部序文，第7章担当）によって Bursaphelenchus conicaudatus として**新種記載**され，クワノザイセンチュウという和名が付けられたことは第7章でも述べられているとおりです。そして，マツノザイセンチュウがマツノマダラカミキリによって運ばれるように，このクワノザイセンチュウはキボシカミキリによって運ばれることが明らかになったのです。ただし，マツに対して病原性のあるマツノザイセンチュウはマツノマダラカミキリが健全な枝を摂食する際にマツに伝播されるのに対し，クワやイチジクを枯らす病原性のないクワノザイセンチュウはキボシカミキリがそれらの樹木の衰弱部位に産卵する際にだけ伝播されます。キボシカミキリの卵を採るときにこの線虫を発見したのは，そのためです。マツに対してごく弱い病原力しか有しないニセマツノザイセンチュウ（Bursaphelenchus mucronatus）が，マツノマダラカミキリの摂食時だけでなく，衰弱・枯死木への産卵時にも伝播されることと似ています（詳しくは第7章を参照してください）。実はマツノザイセンチュウは20世紀はじめに北米から輸入された木材に潜んで日本に侵入したとされているのですが，マツノザイセンチュウの原産地である北米でのマツーマツノザイセンチュウーマツノマダラカミキリ近縁種の関係も，ニセマツノザイセンチュウの場合と同様だと考えられています。

　さらに線虫のDNAを用いた解析から，マツノザイセンチュウ，ニセマツノザイセンチュウ，クワノザイセンチュウは一つの共通祖先に起源し，広葉樹を**宿主**とする線虫から針葉樹を宿主とする線虫へと進化してきたことが示されました。先に紹介した人工蛹室の実験で，マツノザイセンチュウがキボシカミキリの存在下でも分散型第4期幼虫になって，その虫体に乗り移ったことは，この進化を裏付ける一つの証拠（昔の名残）といえます。その後，ヒゲナガカミキリ族の他のカミキリムシからもマツノザイセンチュウの近縁種が次々と発見されてきており（第7章参照），これらの線虫とカミキリムシを用いてマツノザイセンチュウの進化過程を解明しようと，現在，私は中村克典氏（森林総合研究所），相川氏，神崎氏らと共同で研究を進めているとこ

ろです。

11.15　敵か味方か相棒か

　この章では，マツノザイセンチュウ-菌-マツノマダラカミキリ間のさまざまな相互作用について紹介してきました。たとえば，線虫と菌の関係を見ても，菌が線虫の餌になる場合，ならない場合，逆に線虫を餌にする場合まであり，さまざまでした。敵であったり，味方であったり，どちらでもなかったりするわけです。

　マツノザイセンチュウとマツノマダラカミキリは，一見良き相棒のように見えます。マツノマダラカミキリは枯れたマツから新たな生息場所である健全なマツへと線虫を運び，線虫は健全なマツを枯らすことで，カミキリムシに産卵場所を提供しているからです。しかし，このままマツが枯れ続けると，最終的には両者にとって生息場所がなくなり困ることになってしまうのではないでしょうか。そう考えると，日本におけるマツノザイセンチュウとマツノマダラカミキリの関係は，真の意味での良き相棒とはいえないような気がしてきます。北米由来のマツノザイセンチュウと日本土着のマツノマダラカミキリにとって，出会ってから100年余りというのは良き関係を築くには短すぎるということでしょうか。先に紹介したニセマツノザイセンチュウ-マツノマダラカミキリ，クワノザイセンチュウ-キボシカミキリ，あるいは北米でのマツノザイセンチュウ-マツノマダラカミキリ近縁種のように，宿主樹木を枯らすことなく，被圧など別の原因で枯れた木（あるいは衰弱した部分）を細々と利用する関係の方が長続きするので，実は良き相棒といえるのかもしれません。

（前原紀敏）

参考文献

Maehara, N. and Futai, K. (1996) Factors affecting both the numbers of the pinewood nematode, *Bursaphelenchus xylophilus* (Nematoda: Aphelenchoididae), carried by the

Japanese pine sawyer, *Monochamus alternatus* (Coleoptera: Cerambycidae), and the nematode's life history. *Applied Entomology and Zoology*, **31**: 443-452.

Maehara, N. and Futai, K. (1997) Effect of fungal interactions on the numbers of the pinewood nematode, *Bursaphelenchus xylophilus* (Nematoda: Aphelenchoididae), carried by the Japanese pine sawyer, *Monochamus alternatus* (Coleoptera: Cerambycidae). *Fundamental and Applied Nematology*, **20**: 611-617.

Maehara, N. and Futai, K. (2001) Presence of the cerambycid beetles *Psacothea hilaris* and *Monochamus alternatus* affecting the life cycle strategy of *Bursaphelenchus xylophilus*. *Nematology*, **3**: 455-461.

Maehara, N. (2008) Reduction of *Bursaphelenchus xylophilus* (Nematoda: Parasitaphelenchidae) population by inoculating *Trichoderma* spp. into pine wilt-killed trees. *Biological Control*, **44**: 61-66.

Necibi, S. and Linit, M.J. (1998) Effect of *Monochamus carolinensis* on *Bursaphelenchus xylophilus* dispersal stage formation. *Journal of Nematology*, **30**: 246-254.

第12章

環境激変
――マツが枯れるとマツノザイセンチュウを取り巻く
　生物相も大騒動

　野外にある木が弱って枯れていく過程では，通常，いろいろな木材分解微生物が木の中につぎつぎと侵入してきます。こうした微生物のあいだでは熾烈な競争が繰り広げられ，微生物の種類の移り変わり，すなわち微生物相の**遷移**が起こります。そしてこのことは，木の中の生物的な環境が劇的に変化することを意味します。本章では，マツが枯れていく過程でマツノザイセンチュウをはじめとする線虫相や菌類相といった生物相がどのように変化するか，またそれらのあいだの関係はどうなっているのか，ご紹介しましょう。しかしその前に，私達がどうやってそれを調べたのか具体的に説明しておきたいと思います。

12.1　マツ枯れを再現する

　ぬかりなく調査を進めるためにはいろいろと苦労もあります。まず，枯れた木を必要な本数だけ用意しなければなりません。条件がなるべく揃うように，同じような樹齢で同じような太さに生長しており，同じような時期に同じように発病して枯れた木が望ましいでしょう。
　2004年6月10日，天気予報があたって快晴。私達は京都大学農学部演習林（現在のフィールド科学教育研究センター）の上賀茂試験地に来ています。この試験地には研究に使うためのいろいろな種類の樹木が植えられています。私達の目の前の苗畑の一角にも，高さ4mあまりに生長したクロマツが30

本ほど密に植わっています。15年前に植えられたものですが，胸の高さでの直径は約5 cmとそれほど太くなく，詳しい調査のために切ったり割ったりするのに手ごろなサイズです。枝を押しのけ木のそばに立てた脚立に上り，幹の高さ2.5 mのところにドリルで浅い穴をあけます。脚立に上ったまま，氷で大事そうに保冷されたフラスコの中から薄濁った液体をマイクロピペットで取り，この穴に1 mLだけ注入します。この液体，何だと思われるでしょうか。実はこの中には生きたマツノザイセンチュウが何十万頭も浮かんでいます。こうやって，クロマツを線虫に人工的に感染させるための「接種」の作業をしているところなのです。同様にして計21本のクロマツに接種を行いました。

　1か月後，接種をしたクロマツは見た目にはまだあまり変わりありませんが，松ヤニが出なくなりました。れっきとしたマツ材線虫病の症状です。この頃になると，発病したマツのにおいを嗅ぎつけてマツノマダラカミキリが産卵にやってきます。しかしここでも私達は自然に任せず，幹の決められた8か所にカミキリムシの幼虫を1頭ずつ導入しました。なお用いた幼虫は，表面殺菌した卵を培地上でふ化させて得た無菌の幼虫です。なるべく余計な微生物が木の中に入らないように，最大限の注意を払ったのです。

　満を持して迎えた1か月後の8月10日。マツは見た目にも色があせ，枝先がしおれ針葉が垂れています。幹からは細かいフラス（カミキリムシの食べかすと糞が混ざったもの）が出ており，カミキリムシも無事に樹皮下にもぐり込んだことがわかります。さて，これでようやく調査対象の枯れ木がそろったわけです。チェンソーがうなりをあげ，3本が伐り倒されます。車に積み込み実験室へと持ち帰った丸太は，カミキリムシの入っていそうな部分を見きわめ，その部分を電動丸のこで厚さ1 cmの円盤8枚としてつづけて切り出します。さらに，円盤をなたで2 cm幅の格子状に分割して小さなブロックとし，木の中の位置がわかるようにひとつずつラベルした小袋に整理して入れます。丸太の太さには多少ばらつきがありますが，1本あたり約90個のブロックが採れる計算です。8月のこの日は計318個のブロックが採れました。ブロックは剪定ばさみで半分に割り，その片方からベルマン法で線虫を分離します。もう片方は軽く火炎であぶり表面を殺菌してから培地上に

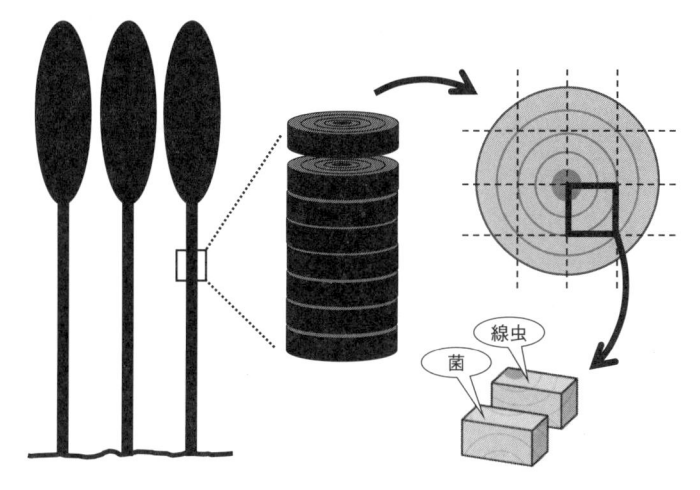

図 12.1　マツ材線虫病で枯死したクロマツからの材片サンプル「小さなブロック」の調製法.

置き，生えてきた菌を分離します。これでブロックを単位として菌と線虫の対応がわかるというわけです（図 12.1）。実験結果の解析では，この 2 個組のブロックを最小の単位としています。

以後，2 カ月おきに翌年の 6 月まで同様の調査を繰り返すことになります。このようにして，枯れていくマツの中の線虫相と菌類相の変化やマツノザイセンチュウとの関係を調べたのです。

12.2　マツ材線虫病に感染したマツの木の中での線虫相の変化

樹病学者であったシャイゴ氏（Alex L. Shigo）によると，樹木が病気にかかると，内部の含水率や温度などの物理的条件が変化するということです。こうした変化に応じて微生物相も変化しますが，このことから考えると線虫相も変化するに違いありません。ロシアで行われたある研究では，五葉マツ類の一種であるチョウセンゴヨウの枯死木から多種多様な線虫種が見出されています。ほとんどが菌食性または雑食性の線虫であり，なかでも，アフェ

レンクス目（Aphelenchida）に属する線虫が大多数を占めていました。また，マツノザイセンチュウとその他の自活性線虫の個体数の季節変化や相互作用のしかたを明らかにした先行研究もあります。しかしこれまでの研究では，「その他の線虫」の中身，つまり種構成までは調べられていません。ですから，マツノザイセンチュウとその他の線虫各種の関係についてはいまだに謎のままだったのです。

　私達はクロマツ枯死木から得られた線虫を種レベルまで区別して調べました。その結果，各種線虫の個体数には季節変動がみられ，マツノザイセンチュウの個体数変動とも何か関係がありそうだとわかりました。同定できた線虫は計15種で，マツノザイセンチュウを含むブルサフェレンクス属（*Bursaphelenchus*）の線虫3種と，チレンクス目（Tylenchida）の線虫2種，雑食性の線虫9種のほか，残りの1種はアフェレンクス目の線虫でした。マツノザイセンチュウの個体数は調査期間を通してもっとも多く，雑食性であるディプロガスター目（Diplogasterida）のある線虫種がこれにつづきました。チレンクス目の2種の線虫は，培地に置いた材片から伸びだしてきた菌糸の上で増殖していましたので，2種とも菌食性と考えられました。アフェレンクス目の線虫は分類学的にみてちょっと変わった形態をもっていました。雄成虫の尾端にはブルサフェレンクス属に特徴的な尾翼（ブルサ）とよばれるひれ状の付属物があったのですが，一方で，雌成虫の肛門が退化しているというエクタフェレンクス属（*Ektaphelenchus*）またはクリプタフェレンクス属（*Cryptaphelenchus*）の特徴をもっていたのです。たいへん興味深い発見でしたが，詳しい話は別の機会に譲りたいと思います。

12.3　感染したマツの中での線虫相と
　　　　マツノザイセンチュウ個体群動態

　マツノザイセンチュウは6月にマツの木1本あたり1万頭を接種したのでしたね。マツ材線虫病が進行した8月には，爆発的に増殖したその個体数は材の乾燥重量1gあたり1000頭にせまる高密度を記録しましたが，10月にかけて減少しています。そして12月からは増加に転じ，翌2月をピーク

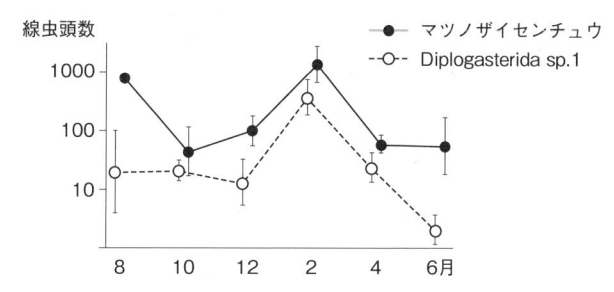

図 12.2 マツ材線虫病で枯死したクロマツ材内での優占線虫種 2 種の個体群密度の経時変化.
縦軸は対数目盛で材の乾重 (g) あたり線虫頭数を表す．黒丸 (●) および白丸 (○) は枯死木 3 本の平均値，バーは標準誤差を表す．

として 6 月の実験終了時までふたたび減少しました（図 12.2）。これは，私達の研究室で以前に行われた実験とおおむね一致する結果でした。マツノザイセンチュウに次いで個体数の多かったディプロガスター目のある種の線虫 Diplogasterida sp.1 についても，全体的には同様の変動がみられました。ところが，枯れ木を割って作った例のブロックを単位としてより小さいスケールでみてみると両者の相関の度合いや傾向はかなりばらついていました。同じ時期に伐倒調査した 3 本の木のなかでも相関関係が正になったり負になったりしたほどです。また 12 月から翌 6 月にかけては，マツノザイセンチュウと Diplogasterida sp.1 の両方が検出されない木もありました。当然ながら，このような木については両者の相関を詳しく調べることができません。

私達の先生も以前に，マツの丸太を殺虫剤で処理した場合としていない場合とで，その中のマツノザイセンチュウや他の自活性線虫の個体群動態を比較しています。自活性線虫の個体群密度は 10 月から 11 月にかけて低下し翌 2 月には上昇しており，11 月から翌 1 月にかけてはマツノザイセンチュウの個体群密度との正の相関がみられています。しかし，小さいブロックを単位とした私達の解析では，どの線虫種のあいだにも一定の相関は見られません。おそらくはマツノザイセンチュウと Diplogasterida sp.1 のあいだには関連性があるのでしょうが，小さいブロックのスケールで相関がはっきり現れてこなかったのは，木の中の線虫 2 種の分布が厳密には一致せず多少なり

ともランダムにばらついているためではないかと考えています。

　私達の研究室の先輩である神崎菜摘氏（第7章担当）らは，イヌビワの木から出てきた線虫の運び屋であるキボシカミキリの成虫から，マツノザイセンチュウと同属のクワノザイセンチュウ（*B. conicaudatus*）とディプロガスター目に属する線虫の一種 *Rhabdontolaimus psacotheae* を得ています。また，キボシカミキリの体の上や**宿主**であるクワ科の樹木内でこれらの線虫が共存することも明らかにしています。両線虫が排除し合うことなく共存できるのは宿主樹木内での餌の好みやキボシカミキリの体の部位の好みが異なっているためと考えられます。私達の研究でも，Diplogasterida sp.1 とマツノザイセンチュウはマツノマダラカミキリの**蛹室**や坑道の周囲にともに高密度で分布していました。おそらく，この両者が共存できているのも *R. psacotheae* とクワノザイセンチュウのように餌の好みが違っているからなのでしょう。

12.4　感染したマツの木の中の菌類相の変化

　枯れたマツの木の中の菌類相についてはいろいろな研究者が報告しています。マツ材線虫病で枯死した木からは，クワイカビ属（*Ceratocystis*）や *Diplodia* 属，*Pestalotiopsis* 属菌といったマツノザイセンチュウにとって好適な餌となる菌群のほか，餌として不適な *Cephalosporium* 属，アオカビ属（*Penicillium*），トリコデルマ属（*Trichoderma*；ツチアオカビとも呼ぶ），*Verticillium* 属に所属する菌群も分離されています。構成比の変動についても多くの先行研究があり，たとえば，マツノザイセンチュウを接種してから4週目までは，接種をしていない健全なマツから検出されるのと同じ *Pestalotiopsis* 属菌などの菌種が検出されるが，5週目以降になると**青変菌**であるクワイカビ属菌の1種のほか細菌類が**優占**的になる，という報告があります。別の研究でも，やはりクワイカビ属菌や木材の変色菌である *Diplodia* 属菌などが材線虫病に感染し枯死した後のマツから頻繁に分離されています。なお，私達が枯れたマツから分離した *Sphaeropsis sapinea* は，種内の一部のタイプが現在では *Diplodia* 属の新種として記載されているなど，*Diplodia* 属

とは非常に近縁の菌です。このほか，マツ材線虫病と青変菌群とのあいだの密接な関係を示す研究もあります。マツノザイセンチュウはマツノマダラカミキリが若いマツの枝の樹皮を摂食する際にマツに感染しますが，青変菌の一種であるオフィオストマ属菌（*Ophiostoma*）も同時に感染するのだろうと考えられています。

　さて，私達の研究では，マツノザイセンチュウを接種して枯死させたマツの木から計18種の菌類が検出されました。なかでも *Phialophora repens* と *S. sapinea*，*Pestalotiopsis* 属菌2種，リゾクトニア属菌（*Rhizoctonia*）の1種は頻繁に分離されたことから優占的な菌種だと考えられました。これらの優占種は実験期間中ずっとそれなりの割合で検出されましたが，構成比には多少の変動がありました。分離頻度の低いマイナーな菌種は，マツの木が完全に枯死した12月には検出されなくなり，その後も6月の実験終了時まで徐々に菌類相が変化していきました。実験終了時には，マツノザイセンチュウを接種しないでおいた健全木3本からも比較のために菌の分離を行いました。健全なマツの材内からも上記の優占種は分離されましたが，このことから考えると，それらの菌は健全なマツに対して明確な病原性を示すことのない内生菌（第1章を参照）と見なせるかもしれません。

　枯れたマツの材を食い荒らすマツノマダラカミキリの活動も材内の環境に影響を及ぼします。マツノマダラカミキリの坑道や蛹室には，菌類などの微生物の生育や繁殖にとって十分な養分があり適切な湿度が保たれています。ですから，こうした微生物を食べる線虫にとっても居心地のよい環境なのかもしれません。多くの研究者が報告しているとおり，蛹室周辺に繁茂する青変菌はマツノザイセンチュウの餌になっていると考えられます。とくに，青変菌であるオフィオストマ属菌群が枯死木内でマツノザイセンチュウの主食となっている，という報告もあります。また，第11章に詳しく紹介されていますが，これらの青変菌群とマツノザイセンチュウのあいだには密接な関わりがあります。しかし私達の研究では，実験期間中ずっと青変菌群は分離されませんでした。代わりに，のちに詳しく述べますが，*S. sapinea*，*Pestalotiopsis* 属菌群，*P. repens* といった優占種が枯死木内でのマツノザイセンチュウの分布と増殖を左右する重要な役割を演じていることがわかりまし

た。野外では青変菌だけが重要なのではなく，菌類相は変化しえますし，他の菌群にも決定的な役割を担うものがあるということです。実際，青変菌以外にも多種多様な菌がマツノザイセンチュウにとって好適な餌となりえます。

12.5 マツノザイセンチュウの分布と増殖に対する各菌種の影響
量的な評価

　さまざまな菌種がマツノザイセンチュウの増殖にとって好適かどうか，多くの研究者が実験によって確かめています。たとえば健全なマツや枯死したマツから分離された菌を用い，菌のコロニー上でのマツノザイセンチュウの増殖の度合いを比較する室内実験が行われています。菌種によって増殖の良さは異なります。分離された菌のなかには，マツノザイセンチュウの増殖を許さないばかりか，線虫が食べたがらない菌もあるようです。

　実際の野外では，菌と線虫の関係はどうなっているのでしょうか。私達はマツノザイセンチュウの分布と増殖に対する各菌種の影響を評価するため，野外の苗畑で枯死させたマツの木の菌類相と線虫相の調査を行ったわけですが，評価にあたって独自の指標を考案しました。ちょっと思い出して欲しいのですが，私達は小さなブロックを2分割して片方から線虫を，もう片方から菌を分離していたのでした（図12.1）。解析では，この2個組のブロックを最小の単位としています。まず，このブロックを，ある菌種が検出されたものと検出されなかったものの2グループに分けます。そして，菌のいなかったブロック全部の乾燥重量あたりのマツノザイセンチュウの頭数を計算します。これを分母として，菌がいたブロック全部の乾燥重量あたりのマツノザイセンチュウ頭数を割り算した値を求めます。ここでは仮に「個体数比指数」とよびましょう。ある菌がマツノザイセンチュウの定着や増殖にとってプラスにはたらくなら，個体数比指数は1より大きくなるはずです。逆に，マイナスにはたらくなら1より小さくなるでしょう。どうですか，わかりやすい指標だと思いませんか。

　優占的であった *P. repens*，*S. sapinea*，*Pestalotiopsis* 属菌群，リゾクトニア属菌については，マツノザイセンチュウの個体数比指数は，おおむね実験期

間中ずっと、わずかにですが1より大きい値をとりました。これらの菌はブロック上でのマツノザイセンチュウの増殖や定着をうながしたと考えられます。一方、トリコデルマ属菌は抑制的にはたらき、個体数比指数は1を下回りました。また、アオカビ属菌の個体数比指数はほぼ1であり、プラスにもマイナスにもはたらいていないと思われました。これらの結果を考え合わせると、マツノザイセンチュウは優占菌種の繁茂している部位に好んで集まっているといえますが、優占菌種のもつこのような促進的な効果は季節や木ごとに多少なりとも異なるようです。

12.6 感染木内のマツノザイセンチュウと各菌種の分布の同所性　質的な評価

上記の個体数比指数のほかにもうひとつ別の指標を考案して、各菌種とマツノザイセンチュウの分布の同所性を解析しました。菌がいた方が線虫もいる場合が多いのかどうか、個体数はさておいて質的な分析を行おうというわけです。さてここで問題ですが、このような同所性の強さを評価するためには、菌が検出されたブロックのうち線虫がいたものの個数をいなかったものの個数で割り算すればいいと思いますか。たとえば、ブロックを仕分けした結果がつぎの表のようになったとすると、どうでしょう。

	菌いる	菌いない
線虫いる	A 40個	C 8個
線虫いない	B 20個	D 4個

40 ÷ 20 = 2 ですから、菌が検出されたとき同時に線虫も検出されることは線虫が検出されないことよりも2倍多いですね。一見すると線虫と菌の同所性が強いようにも思えますが、ちょっと待ってください。ブロック全部を考えたときの線虫のいるいないの比もやはり (40 + 8) ÷ (20 + 4) = 2 となります。つまり菌の有無にかかわらず、線虫が検出されることはされないことより2倍多いということになるのです。もし線虫の存在する確率を菌が高めるので

あれば，表のA÷Bの値が2より大きくなるはずです。ですから，単純に「A÷B＞1ならば同所性が強い」とはいえません。

　いろいろと検討した結果，私達は$(A \times D) \div (B \times C)$の対数をとった値を同所性の強さの指標としました（実際には，計算の都合上A, B, C, Dにごく小さい数を加えてから算出しています）。この値を「同所性指数」とよぶことにします。同所性指数が0より大きければ同所的（共存的）であり，0より小さければ排他的だといえます。優占的だった P. repens, S. sapinea, Pestalotiopsis 属菌群の3者では，マツノザイセンチュウとの同所性指数は0をわずかに上回りました。トリコデルマ属菌ではこの指数は0をわずかに下回りました。このことから，優占的だった3菌群はマツノザイセンチュウと同所的であるが，トリコデルマ属菌は排他的な傾向があると考えられました。なお，アオカビ属菌2種とリゾクトニア属菌では同所性指数は0付近でばらついており，マツノザイセンチュウの分布に及ぼす影響は一定しませんでした。やはり，マツ材線虫病に感染して枯死したマツの中で優占的だった菌種には，マツノザイセンチュウをその場に引き留めるはたらきがあったようです。

　マツノザイセンチュウにとって，増殖を促進する菌種と同所的に分布することは適応的だと考えられます。優占的だった菌種とマツノザイセンチュウが同所的だった理由は，これらの菌種がマツノザイセンチュウにとって好適な餌だからかもしれません。一方，優占的でなかった菌種はマツノザイセンチュウとの同所性が弱く排他的傾向さえ見られました。これは，餌として不適当なためか，あるいはなんらかの忌避物質を生産しているためかもしれません。ただ，このアイデアは，野外の枯死木を調査した結果から着想したことに過ぎないので，検証のためさらに室内実験を行う必要がありました。

　私達は，マツ材線虫病を発病し枯死したマツから分離された上記の18菌種を用いて，マツノザイセンチュウの飼育実験を行いました。リゾクトニア属菌以外の優占菌種，つまり S. sapinea, P. repens, Pestalotiopsis 属2菌種はすべて好適な餌となり，培養菌糸上でマツノザイセンチュウは旺盛に増殖しました。とくに S. sapinea を与えたときの増殖は非常にすぐれており，実験用のマツノザイセンチュウを飼育するために一般的に利用されている灰色か

び病菌（*Botrytis cinerea*）に引けを取りませんでした。一方，トリコデルマ属の3菌種やフザリウム属2菌種，アオカビ属3菌種と，ケカビ（*Mucor*），クサレケカビ（*Mortierella*），*Gliocladium*，コウジカビ（*Aspergillus*），リゾクトニア，*Aureobasidium*の各属に属する菌種では，マツノザイセンチュウはまったく，あるいはほとんど増殖しませんでした。トリコデルマ属やアオカビ属のなかに線虫の増殖に不適なものがあることは，これまでにも報告があります。以上のことから，マツノザイセンチュウはマツ枯死木内で優占的な菌を餌としてさかんに増殖し，ゆうゆうと生き延びているものと考えられます。

12.7　おわりに

　実用的な見地からいっても，マツ枯死木内でのマツノザイセンチュウの個体群動態は重要な研究課題とされています。なぜなら枯死木内のマツノザイセンチュウの個体群密度は，媒介者であるマツノマダラカミキリに運ばれる線虫頭数に影響するからです。しかも，運ばれる線虫の頭数が多いほど，カミキリムシがマツをマツ材線虫病に感染させる力は強まるのです。生物学的な見地からいうと，マツノザイセンチュウの個体数変動は，木材腐朽の過程でつぎつぎに移り変わる微生物どうしの関係性の一部を体現しているものと見なせます。

　シャイゴ氏の述べたように，樹木が病気にかかると，材内の含水率や温度などの物理的な条件は劇的に変化します。季節の移り変わりもこうした環境条件に影響を及ぼしているはずです。マツノザイセンチュウの個体群密度がDiplogasterida sp.1と同調して変動したのは，季節要因が大きいスケールで効果を及ぼしたからかもしれません。両者は同じ木の中に共存していたわけですが，材内の小さなスケールでは両者の分布は必ずしも一致していませんでした。これは，カミキリムシに運ばれる際の乗り移り部位の好みが異なったり餌の好みが異なったりしているために，限られた同一の資源を奪い合うことがないからかもしれません。私達は野外で起こっている現象を描き出すことに成功しましたが，これら2種の線虫の共存関係をもたらしたしくみに

ついては想像の域を出ません。ましてや，他の線虫種についてはなおさらのこと未解明な点が残されています。餌資源の分布は重要な要因のひとつだと思われますので，マツノザイセンチュウ以外の線虫種についても分離菌による飼育実験を行うことができれば菌と線虫の関係がより詳しく示されるでしょう。このほか生物間の相互作用のあり方については，菌が線虫に対して示す忌避・誘引効果，菌同士の拮抗関係などの観点から掘り下げていくこともできます。今回私達の調べたのは菌類だけですから，細菌相と線虫相の関係については詳しい解析例がまったくありませんし，他の原生生物の影響などは想像もつきません。また，もっと根本的に，材の腐朽の度合いなど化学性の変化が微生物相に及ぼす影響も知りたいところです。逆に，微生物の分布は材の化学性の変化に微小なスケールで影響を及ぼしていることでしょう。

　マツ枯れで枯れていく木の中では，マツノザイセンチュウだけでなく他の小さな住人たちも巻き込んだてんやわんやの大騒動ともいえる激変が起こること，十分にお伝えできたでしょうか。しかし，樹木の内部はまだまだわからないことだらけです。枯死木材内の環境条件に微小なスケールで影響を及ぼす生物的・非生物的要因は，本章で考察した以外にもたくさんあることと思います。今後さらに研究が進み，こうした要因がひとつずつ解明されていくことを期待します。

（Rina Sriwati／竹本周平）

参考文献

Fukushige, H. and Futai, K. (1987) Seasonal changes in *Bursaphelenchus xylophilus* population and occurrence of fungi in *Pinus thunbergii* trees inoculated with the nematode. *Japanese Journal of Nematology*, **17**: 8-16.

二井一禎・中井勇・吹春俊光・赤井竜男（1986）「マツの材線虫病の感染源に関する生態学的研究（I）―枯損アカマツ樹体内における病原線虫の動態―」『京都大学農学部演習林報告』, **57**: 1-13.

小林享夫・佐々木克彦・真宮靖治（1974）「マツノザイセンチュウの生活環に関連する糸状菌（I）」『日本林学会誌』, **56**: 136-145.

小林享夫・佐々木克彦・真宮靖治（1975）「マツノザイセンチュウの生活環に関連する糸状菌（II）」『日本林学会誌』, **57**: 184-193.

Shigo, A.L. (1967) Successions of organisms in discoloration and decay of wood. pp 237-299. In Romberger, J.A. and Mikola, P. (eds.), *International Review of Forestry Research.*

Vol. 2. Academic Press, New York, USA.

Sriwati, R. (2008) Nematode fauna and fungal flora in infected pine trees. pp. 274-285. In Zhao, B.G., Futai, K. Sutherland, J.R. and Takeuchi, Y. (eds.), *Pine Wilt Disease*. Springer, Tokyo, Japan.

第13章

感染しても枯れない?
——白黒つかないマツと線虫の関係

　ここまで述べてきたように，マツノザイセンチュウは病原体として確かに宿主マツに深刻なダメージを与えます。では，樹体内への侵入を果たしたマツノザイセンチュウは必ず宿主を枯死させるのかというとこれがそうとも限りません。ためしに身近にあるマツの若い枝をじっくり調べてみてください。カミキリムシにかじられたような跡がついていたとしたら，それはイコール「マツ枯れに感染している可能性がある」ということで，そのマツはマツノザイセンチュウの脅威といままさに闘っている最中かもしれないのです。さて，このマツがこの先発病するか否か。大抵の場合，それを決定しているのは線虫側（主因）とマツ側（素因）両方です。さらに，マツの運命は他の生物的/非生物的要因（誘因）にも左右されます（**病害三要因**）。気温や降水量の影響もあれば，感染の起こる時期や一度に感染する線虫個体数の影響もあるでしょう。では，見事生き残りを果たした宿主マツは，本当にマツノザイセンチュウとの闘いに勝利したといえるのでしょうか。ふとこんな疑問が浮かんだことからはじまった「感染後，それから」を追う研究をご紹介しましょう。

13.1　病気に罹るか罹らないか
相性を決めるもの

　運悪くマツノザイセンチュウに感染してしまったマツのその後の運命は，一般には「親和性」によって決まります。マツが感受性で，かつマツノザイ

センチュウが病原性をもつ場合，彼らの関係は親和性—いわば，牛と口蹄疫ウイルスの関係となります。しかし，マツが抵抗性であったりマツノザイセンチュウが病原性をもたなかったり，あるいはその両方であったりしたら，彼らは非親和性—つまりヒトと口蹄疫ウイルスの関係—であってマツは感染しない，ということになります。では，この親和性は何によって決まっているのでしょうか。

(a)「被害者」側の要因

　マツ，と私達は普段ひとくくりにしていますが，実は「マツ」という名前の種があるわけではありません。とがった針葉をもっていて，常緑で，不老長寿のシンボルとされていて，松ぼっくりができて……というイメージで語られるのはマツ科のなかでもマツ属の樹木です。それだけでも世界中になんと100種以上。このマツ属に属する種の多くは，マツノザイセンチュウに感受性であることがわかっています。日本でマツといえば白砂青松の海岸風景が思い浮かぶことと思いますが，その主人公たるクロマツ (*Pinus thunbergii*) も感受性です。他にもアカマツ (*P. densiflora*)，リュウキュウマツ (*P. luchuensis*)，ヒメコマツ (*P. parviflora* var. *parviflora*)，チョウセンゴヨウ (*P. koraiensis*) など日本各地にみられるマツはほぼすべて感受性です。マツノザイセンチュウに感染するルートには自然感染と人工接種の2通りあるわけですが，上記の種はそのいずれの場合も宿主として体内での線虫増殖を許してしまいます。過去に多くの研究者が，人工接種後の枯死率に基づいてマツの感受性の度合いをランク付けしようと試みてきましたが，決定版はいまだなく，また自然条件下での罹病率とのあいだにしばしば齟齬が生じることがわかっています。たとえば，ある報告では中程度の感受性とランク付けされているフレキシマツ (*P. flexilis*) とラジアータマツ (*P. radiata*) が，別の報告では抵抗性とされていたりします。また，高度に抵抗性とされているテーダマツ (*P. taeda*) やスラッシュマツ (*P. elliottii*) でもマツ枯れ被害が報告されている，といった具合です。気になるマツが感受性かどうか手っ取り早く知りたいなら，それぞれの原産地に着目してみることをお勧めします。というのも，アメリカ北東部起源のストローブマツ (*P. strobus*) やテーダマツなどが

概して抵抗性であるのに対し，日本原産種やヨーロッパアカマツ（*P. sylvestris*）を含むユーラシア原産種には感受性のものが多いのです。これは，マツノザイセンチュウが北米原産であるためと考えられています。原産地北米ではマツノザイセンチュウが大規模なマツ枯れ被害を起こすことはめったになく，通常はすでに枯死したマツや他の要因によって衰弱したマツの樹体内に生息して生活環を全うしています。これは，日本在来のニセマツノザイセンチュウ（*Bursaphelenchus mucronatus*）というマツノザイセンチュウの近縁種が日本で送っている生活スタイルによく似ています（線虫の生態・生活史については第7章参照）。本来 *Bursaphelenchus* 属の線虫は，森林流行病の主役を演じるようなスター性のある線虫ではなく，衰弱木や枯死直後の木の中でカビを食べながら細々と生活している地味な線虫なのです。一方，感受性とマツの分類学的な位置との関連性もこれまでたびたび指摘されており，プライスらによる分類体系（Price et al. 1998）の *Australes* 亜節および *Contortae* 亜節には抵抗性の，*Pinus*（*Sylvestres*）亜節や *Ponderosae* 亜節および *Oocarpae* 亜節には感受性の種が多く含まれます。現在，マツの分類は分子系統に基づいて種および亜節レベルで見直しが進められています。マツの分類上の位置が実際のところ線虫感受性に関係しているかどうか判断するには，もう少し今後の研究を待つ必要がありそうです。

　マツ属以外でもマツ科の種はマツノザイセンチュウの**宿主**となる可能性があり，カラマツ（*Larix kaempferi*），オウシュウトウヒ（*Picea abies*），ヒマラヤスギ（*Cedrus deodara*）などで自然感染が見つかっています。いずれも樹脂道を有するか，あるいは外から傷をつけると傷害樹脂道を形成することが知られている種で，そこが線虫の移動経路となっているようです。ただし，ほとんどの場合乾燥や虫害など線虫以外の要因が関与しており，マツノザイセンチュウ単独でこれらの非マツ属樹種に萎凋症状を引き起こすかといえば判定が難しいところでしょう。

　マツの感受性を決めるのは，種特有の形態的・生理的特性です。ここでは詳細を割愛しますが，マツノザイセンチュウに抵抗性の種は，動的な（感染にともなう阻害物質の生成や組織構造の変化など）もしくは静的（構成的）な（もともと厚くて堅い樹皮や線虫に対する阻害成分をもっているなど）防御システム

を備えています。

(b)「加害者」側の要因

　マツノザイセンチュウを病原体としてみたとき，宿主を殺す能力は「病原性」や「病原力」として評価されます。マツノザイセンチュウはマツを宿主として利用するだけでなく，前述のとおり彼らを枯死にいたらしめることもあります。つまり，「病原性をもつ」わけです。原産地北米では，マツノザイセンチュウの種内でこの病原性が変異し，レース（系統）の分化が進んでいることが指摘されています。アメリカ合衆国やカナダ西部で分離されたレースには，マツ属ではなくモミ属，トウヒ属，カラマツ属ばかりで検出されるものがいるのですが，このような病原性の変異は形態差異によるとも遺伝的差異によるともいわれていて，詳細はわかっていません。日本では，現在のところこのような病原性の分化はないと考えられています。

　では，マツノザイセンチュウが病原性を有するとして，感受性宿主に病気を起こす能力はどのくらいでしょうか。その量的な形質を表すのが「病原力」です。こちらは日本国内でもかなり分化が進んでいて，感受性マツに対してさえほとんど病気を起こさないような「弱病原力系統」とよばれる系統もいます（第15章）。マツノザイセンチュウの病原力は分離源（伝搬昆虫および宿主樹木）ごとに異なっており，一般に，宿主への接種試験を行ったうえで，その枯死率によって評価されます。

　強病原力系統と弱病原力系統の違いはどこにあるのでしょうか。DNAレベルでいえば，両者はリボソーマルDNAのITS領域の配列が異なっているのですが，それが病原力の違いに直結しているかどうかはわかっていません。弱病原力系統は強病原力系統と比べて $in\ vitro$（カビの上で培養した場合）の増殖率が低く，移動速度も遅いことから，生理的にも，生態学的にも，また発育上も不利な立場にあります。こういった性質は $in\ vivo$（宿主樹体内）でも確認されており，宿主の皮層組織への侵入能力も低いことがわかっています。伝搬昆虫であるカミキリムシとの関係においても，弱病原力系統のマツノザイセンチュウは虫体への乗り移りがうまくできず伝搬効率が低いため，マツを枯死させてカミキリムシの産卵に好適な木を作り出すこともできませ

ん。カミキリムシにしてみれば無賃乗車されているようなものです。このように，弱病原力系統のマツノザイセンチュウはマツ枯れの感染プロセスに関連したさまざまな点で劣っているといえます。増えない，分散しない，枯らさない……。なんて控えめな，と思いきや，彼らは感受性マツの苗木中で病気を起こすことなく長々と生存し続けるというしぶとい一面ももっていたりします。弱病原力系統のマツノザイセンチュウは，マツに明確な**病徴**を発現させないことで人目を逃れ，駆逐を免れながらひっそりと生きる道を選んだのかもしれません。では，そんな病徴をともなわない感染は宿主にとってプラスとマイナス，どちらの影響を及ぼすのでしょうか。二つの事例をご紹介しましょう。

13.2 準備はOK
備えあれば憂いなし？

　植物の特徴を一言でいうとどうなるでしょうか。「動かない」。そう，植物は自らを害するものに出くわしても走って逃げることができないのです。そんなわけで，植物は来たるべき病原体との遭遇に備えて高度な防御システムをもっています。これはちょうど動物でいうところの免疫系に相当するものです。ただし，植物は動物と違って抗体などの特殊部隊は持ち合わせていませんが。病原力の弱い細菌，菌類，ウイルスなどにあらかじめ感染している植物は，病原力の強い病原体の侵入に際して速やかに防御応答を誘導することができます（**全身獲得抵抗性**）。これは動物の免疫系を活性化するためのワクチンを連想させますが，植物の**誘導抵抗性**の場合，抗原抗体反応は関与しません。この誘導抵抗性は，マツ枯れにおいても確認されています。弱病原力系統のマツノザイセンチュウ（以下，弱病線虫とします）をあらかじめ接種しておいたマツは，その後，強病原力系統のマツノザイセンチュウ（以下，強病線虫とします）に感染した場合に全身に誘導抵抗性を発動するのです。マツノザイセンチュウの発見に大きく貢献した清原友也博士とその研究グループは，この誘導抵抗性に関しても数多くの報告を行っています。①マツに誘導される抵抗性の程度は前接種した弱病線虫の頭数に比例する。②前接種

（弱病線虫）と本接種（強病線虫）の間隔は抵抗性の誘導効果に影響する。たとえば、クロマツ苗の生存率がもっとも高くなったのは前接種を本接種の3〜4週間前に行った場合であり（生存率は90〜95％）、それより間隔が長くても短くても、生存率は60％にまで低下したとされています。③弱病線虫を異なる部位に複数回接種（繰り返し接種もしくは同時多点接種）した場合、単一接種よりも抵抗性の誘導効率が高くなる。この誘導抵抗性は宿主の種特異的なものではなく、クロマツ、アカマツ、テーダマツなどに広く認められているもので、マツの樹齢とも無関係と考えられています。ここで興味深いのは、マツ枯れにもともと抵抗性のあるテーダマツでも誘導抵抗性の効果が認められたことです。種固有の抵抗性と誘導抵抗性を比較研究する材料にうってつけといえるでしょう。

　マツ枯れでも、インフルエンザやおたふくかぜなどのようにワクチンによる予防が可能になるのでは、と期待がふくらむところですが、残念ながらこの誘導抵抗性効果の持続性は不確かなもので、時には何年か後に発病して最終的に枯れてしまったりします。とくに成木ではその傾向が顕著なようです。これは、弱病線虫を用いた誘導抵抗性はいわば延命措置として有効なだけで、マツが枯死するのを食い止める効果はないことを示唆しています。では、接種された弱病線虫はその後どうなるのでしょうか。通常はたいして増殖することもなく息絶えていくものと考えられますが、そうでなかったとしたら……。弱病線虫の一つであるOKD-1は、強病線虫であるKa-4と $in\ vitro$ 条件、つまりカビの上で培養した場合には交雑しますが、$in\ vivo$ 条件のクロマツ樹体内ではほとんど交雑しないことが報告されています。このように、事前に接種された弱病線虫が、後に同じマツに侵入してくる強病線虫と出会ったとしても、その後の増殖に寄与する可能性は低いといえましょう。しかし、病原力が弱いとはいえマツノザイセンチュウはマツノザイセンチュウ、現在巷で問題になっている**生ワクチン**と同様に、宿主体内で意外にしぶとく生存し続け、場合によっては宿主を害する可能性もあります。このように、弱病線虫を利用してマツを保護することができるかというと疑問点が多く残り、やはり別の選択肢を探したほうがよさそうです。

　その候補に挙げられるのが微生物でしょう。これまで糸状菌や細菌が試み

られてきたなかで *Cladosporium*, *Lophodermium*, *Septoria*, *Botrytis cinerea* といったカビの仲間はマツに誘導抵抗性を付与することがわかっています（残念ながら効果は持続しませんでしたが）。このような微生物接種は前述の弱病線虫に比べれば安全性が高く，効果を高いレベルで維持することさえできればマツ枯れ対策に有効かもしれません。ちなみに，ニセマツノザイセンチュウを含むマツノザイセンチュウの近縁種についても試験されていますが，結果は今一つといったところ。成功することもあれば失敗することもある，という具合でした。

　弱病線虫を接種した感受性マツは，テーダマツやストローブマツといった抵抗性マツに強病線虫を接種した場合と同じく，皮層の部分的な壊死や**傷害周皮**の形成を示します。これは線虫を閉じ込めて移動分散するのを阻止しようとするマツの精一杯の抵抗の一環で，一時的であれ誘導抵抗性が効果的である所以となっています。マツの誘導抵抗性を起動させる「オン／オフ」のスイッチはどこにあるのでしょうか。私が行った実験では，弱病線虫と糸状菌 *B. cinerea* はいずれも「引き金」として有効でしたが，効果の持続性では前者に軍配が上がりました。これは，誘導抵抗性の効果を維持するには事前接種された微生物が宿主植物内で生存していること，つまりスイッチを「オン」にしつづける必要があることを示していると考えられます。熱殺したり摩砕したマツノザイセンチュウやその培養ろ液では誘導効果が見られなかったとの報告とも矛盾しません。マツ枯れ感染に対するマツの防御機構を完全に理解するには，誘導抵抗性を始動させる物質や，誘導経路に関わる酵素や遺伝子などを解明していく必要があるでしょう。

　では，実際に野外で弱病線虫に感染した場合はどうでしょうか。自然界に存在するマツノザイセンチュウ個体群においても弱病原力のものが一定数存在するといわれており，シミュレーションモデルの結果から，とくに被害が終息した地域でその傾向が顕著であるとされています（詳細は第15章参照）。ということは，野外に自生するマツは病原力の強い線虫にも弱い線虫にも出会う可能性があるわけです。ここで疑問が生じます。マツの抵抗性は自然界でも誘導されるのでしょうか。もしそうなら，その抵抗性はマツ枯れから樹木を守ってくれるでしょうか。これまで述べてきたことに照らしてみると，

弱病線虫に自然に感染した場合にもマツ枯れに対する誘導抵抗性が始動して病徴の進展を遅らせている可能性があるといえるでしょう。そういった「抵抗性」は，短期的には機能するかもしれませんが，これはいってみれば，より多数のマツノザイセンチュウに攻撃を受けることになるわけで重複感染に他なりません。結局は年越し枯れやオフシーズンの枯損の一因となっているように思われます。

13.3　見えざる感染

　感受性マツがマツノザイセンチュウに感染した場合，大抵は（人工接種であればわずか1か月で！）樹脂の滲出が停止し，樹液流動が低下，やがて針葉の退色などの外部病徴を示すようになります。しかし条件次第で — 環境条件だったりマツの生理状態だったりするわけですが — 親和性の組み合わせであっても生き残るマツというのが存在します。たとえば，クロマツの3年生苗に5万頭のマツノザイセンチュウを接種しても，毎日水遣りをしていれば枯死率は低下したという報告もあります（ただしこの場合も樹体内で線虫は少数生存し続けていたようですが）。そういった「生存木」ではマツ材線虫病が完治しているのでしょうか。あるいは発病前の潜伏期間なのでしょうか。

　生存木は，多くの場合，病歴を示すなんらかの痕跡をとどめています。たとえば，マツノザイセンチュウ接種後に生き残った感受性マツでは，翌年の新芽の伸長が悪くなりますし，部分的な萎凋や枝枯れの症状も—とくに抵抗性マツで—しばしば見受けられます。萎凋症状の発現が翌年に持ち越される，いわゆる年越し枯れは，感染時期が遅い場合や冷涼な地域でしばしば起こります。これまでの研究から，樹脂滲出の異常や針葉の退色といった顕著な病徴がはじめて現れるのはシーズンを問わないこと，年越し枯れの発生率は周辺気温に反比例することがわかっています。

　一方，アメリカのバーグダールとハリックは20年生のヨーロッパアカマツに3万頭のマツノザイセンチュウを接種し，発病にいたらなかった外見上健全な「潜在感染木」が10年の長きにわたってマツノザイセンチュウの宿

主となっていたことを報告しました（Bergdahl and Halik 1998）。要は「キャリア」の状態です。これは，マツ材や丸太の取引に潜在感染のリスクがともなうことを意味しており，検疫システムの強化が望まれています。潜在感染木はまた生態学的にも重要です。現在のところ感染してしまうと治療の手立てがないマツ枯れにおいて，もっとも有効な防除策はひたすら被害木を伐採し処理する伐倒駆除です。その際，枯死木や衰弱木を診断する基準となるのは外部病徴の有無と樹脂分泌なのですが，一見無病徴な樹木は診断をかいくぐり，防除の対象から漏れている可能性があるのです。「見えざる感染」をいかにして可視化するか。私は DNA ベースの手法に賭けてみることにしました。簡単にいうと，マツの組織内に潜んでいるマツノザイセンチュウを，線虫そのものではなくマツノザイセンチュウという種に特異的な DNA をターゲットとして見つけ出すのです。DNA ベースなら形態的に非常によく似た近縁種—これは本当にそっくりで，かなり訓練を積まないと識別できません—を見間違えることもないうえ，従来の線虫抽出法の効率の悪さもカバーできます。検出感度を計算したところ，マツ材 8 g から体長わずか 1 mm 程度のマツノザイセンチュウ 1 頭を検出することが可能であるとわかりました。そこで，この手法を適用して，マツ枯れ被害の広がるクロマツ林分とアカマツ林分を対象とした徹底的な感染診断を敢行しました。マツ 1 個体あたり 5 サンプル，樹幹にドリルで穴をあけて材組織を採取し，そのうち 2 サンプル以上でマツノザイセンチュウが検出されたものを「クロ」と判定しました。なぜ 1 サンプルではだめなのかというと，実はこの手法，検出感度が高すぎて異物混入（余談ですが，これを研究業界では親しみを込めて（？）俗に「コンタミ」と呼びます。これは汚染を示す英単語「contamination」からきています。）に弱いという弱点があるのです。混入による偽陽性の可能性を軽減するために 2 サンプル以上，という基準を設けたわけです。結果，予想をはるかに上回る割合で，外部病徴や樹脂分泌の異常といった感染の兆しの認められないマツの多くが，マツノザイセンチュウを体内に保有していることが明らかになりました（クロマツでは 54 個体中 12 個体，アカマツでは 39 個体中 2 個体）。これらのデータは，目視可能な外部病徴と樹脂分泌がいずれも，「隠れた」マツノザイセンチュウ感染を検出するうえで不十分であることを強く示唆し

ています。この調査で潜在感染木と診断されたうちの何本かはまもなく病徴を発現して枯死しましたが，一部は，とくにクロマツの場合，少なくともその後2年間は生存し続けました。やはり，潜在感染木はマツノザイセンチュウにとって都合のいい隠れ家となって，さらに枯死した場合には伝搬昆虫の産卵好適地となることで病原体をまき散らす発生源となっている可能性があるのです。

では，発病しなければ周辺に影響がないのでしょうか。自然感染であれ人工接種によるものであれ，マツノザイセンチュウに感染した感受性マツは特徴的な揮発性物質，いわば匂いを発します。マツはもともと香りの強い樹木ですが，感染マツはさらに，エチレン，エタノール，テルペン類（α-ピネンやβ-ピネン等のモノテルペン類，ジュニペンなどセスキテルペン類）などを，傷をつけたマツとも無傷のマツとも異なるパターンで放出します。匂い成分のなかにはマツノザイセンチュウを媒介するカミキリムシに対して生理活性をもつものもあります。モノテルペン類とエタノールを特別な比率で混合すると，モノテルペン類単独の場合よりもマツノマダラカミキリの誘引活性が高くなることがわかっています。このような匂い物質の放出が，マツノザイセンチュウに自然条件で感染しつつ病徴を示さなかったような潜在感染クロマツでも確認されました。

林分内でマツ枯れ被害の発生する場所というのは，年度が違ってもオーバーラップしていることが多く，前年までに枯死したマツや切り株の周辺では新たな被害が発生しやすいことが経験的に知られていました。当初は，枯死木から健全木へと両者の癒合した根っこを伝ってマツノザイセンチュウが移動しているためと考えられていましたが，その後の研究によってマツ類の場合根の癒合は比較的少ないことがわかってきました。そんななか，二井一禎博士は，潜在感染クロマツが羽化脱出して間もない伝搬昆虫の誘引源となり，周辺のマツに被害を広げる一因となっていることを示す状況証拠をつかみました。さらに，自然のチョウセンゴヨウ林分内で潜在感染木を複数発見しました。これらに基づいて，潜在感染木がマツ材線虫病の伝染環や拡大様式にどのように関わっているかをモデル化した「ドミノ感染仮説（オリジナルでは「chain infection model」）」が提唱されています（図13.1）。このモデルはマ

第13章 感染しても枯れない？

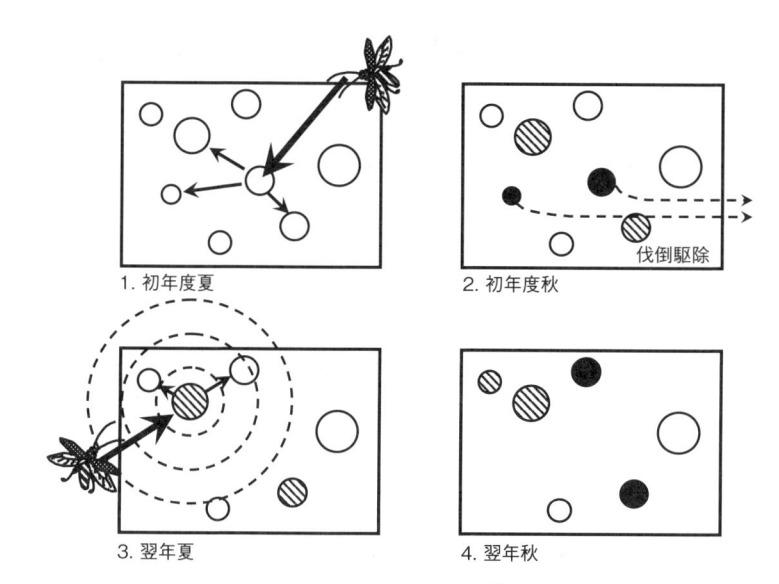

1. 初年度夏
2. 初年度秋　伐倒駆除
3. 翌年夏
4. 翌年秋

図13.1 ドミノ感染仮説．
ある林分において初夏に媒介昆虫を介したマツノザイセンチュウの導入が起こると（1），同年秋頃までに発病したマツ（黒丸）は，速やかに発見して伐倒駆除対象とすることが可能となる．ただし，無病徴のマツ（斜線の丸）は見落とされて放置され（2），翌年夏の感染シーズンに媒介昆虫を誘引する（3）．同年秋までに，やはり一部のマツは発病にいたらず感染源としてとどまり続ける（4）．Futai (2003) より改変．

ツノザイセンチュウに感染したマツの一部が潜在感染木となって伐倒対象から漏れていること，そして伝搬昆虫がそれらの放出する匂い物質に誘引される可能性が高いことを前提としています。こうしてマツノザイセンチュウが被害木周辺のマツにまで持ち込まれるために，同じ場所で何度もマツ枯れが起こっているというわけです。野外において枯死過程にあるマツの周辺に伝搬昆虫が集中分布する傾向があることも，この説を支持しています。しかし，感染マツから放出される匂い物質が誘引しているのは交尾済みのカミキリ—感染の主体は羽化脱出直後のカミキリによる後食であり産卵時の感染は主要ではないとされています—であって，未交尾のカミキリは健全マツから放出される匂いの方を好むとの研究報告もあります。無病徴の潜在感染木から放出される匂い物質が未交尾のカミキリを誘引するかどうかについては，詳細

な研究が待たれるところです。

　潜在感染木の重要性は，マツ材線虫病以外にヤナギの細菌病害やカシの糸状菌病害などでも，生態学的あるいは経済的な観点から認知されるようになってきました。マツ材線虫病に関しては，枯死木を徹底的に伐倒駆除しても被害が繰り返し発生していることが問題視されており，防除にたずさわる人のやる気を削いでいます。潜在感染木の存在はこういった被害再発を部分的には説明できるでしょう。マツ枯れ感染後の運命の，白でも黒でもない灰色の，いわば第三の選択肢として，潜在感染木にはこれから注目する必要があるに違いありません。

13.4　宿主の運命はだれの手に？

　マツ枯れ感染に際して宿主が発動する防御反応は，マツノザイセンチュウが病原体であることが明らかになった1971年以来，これまで化学，生理学，組織学など様々な側面から研究されてきました。しかし，感染から発病までのプロセスは現象レベルで詳細に解明されてきているものの，宿主が「生きるか死ぬか」「病徴を発現するか否か」「感受性か抵抗性か」，それぞれの決定因子はいまのところ特定されずにいます。鍵を握るのはマツノザイセンチュウとマツのどちらなのでしょうか。トマトとネコブセンチュウの関係についていえば，トマト側の抵抗性遺伝子（*Mi*遺伝子）がサツマイモネコブセンチュウ（*Meloidogyne incognita*）を認識するレセプターをコードすることがわかっており，幅広い生物に保存されたこの遺伝子は病原体と出会った際の防御応答を発動する起点となっています。マツ枯れでは遺伝子を含む分子レベルの研究がはじめられて間もないこともあって，まだ情報が十分とはいえない段階です。マツノザイセンチュウに感染したマツがどのような運命をたどることになるのか，そのターニングポイントを特定するためにはまだまだ研究が必要なようです。

〈竹内祐子〉

参考文献

秋庭満輝 (2006)「マツノザイセンチュウの病原性と病原力の多様性」『日本森林学会誌』, **88**: 383-391.

Bergdahl, D.R. and Halik, S. (1999) Inoculated *Pinus sylvestris* serve as long term hosts for *Bursaphelenchus xylophilus*. pp. 73-78. In Futai, K., Togashi, K. and Ikeda, T. (eds.), *Sustainability of pine forests in relation to pine wilt and decline. Proceedings of International Symposium, Tokyo, 27-28 October 1998*. Shokado, Tokyo, Japan.

Futai, K. (2003) Role of asymptomatic carrier trees in epidemic spread of pine wilt disease. *Journal of Forest Research*, **8**: 253-260.

Ikeda, T. and Oda, K. (1980) The occurrence of attractiveness for *Monochamus alternatus* Hope (Coleoptera: Cerambycidae) in nematode-infected pine trees. *Journal of Japanese Forestry Society*, **62**: 432-434.

Kishi, Y. (1995) *The pine wood nematode and the Japanese pine sawyer*. Thomas Company, Tokyo, Japan.

Kiyohara, T. and Bolla, R.I. (1990) Pathogenic variability among populations of the pinewood nematode, *Bursaphelenchus xylophilus*. *Forest Science* **36**: 1061-1076.

Kosaka, H., Aikawa, T., Ogura, N., Tabata, K. and Kiyohara, T. (2001) Pine wilt disease caused by the pine wood nematode: the induced resistance of pine trees by the avirulent isolates of nematode. *European Journal of Plant Pathology*, **107**: 667-675.

Price, R.A., Liston, A. and Strauss, S.H. (1998) Phylogeny and systematics of *Pinus*. pp. 49-68. In Richardson, D.M. (ed.), *Ecology and Biogeography of* Pinus. Cambridge University Press, Cambridge, UK.

Takeuchi, Y. (2008) Host fate following infection by the pine wood nematode. pp. 235-249. In Zhao, B.G., Futai, K., Sutherland, J.R., Takeuchi, Y. (eds.), *Pine Wilt Disease*. Springer, Tokyo, Japan.

第14章

何もせずにいいとこ取り？
―― マツノザイセンチュウの巧みな寄生戦略

　宿主の運命を左右するもう一方の主役はもちろんマツノザイセンチュウです。寄生虫としてのマツノザイセンチュウにスポットライトをあててみると，両者の関係はまた違ったものに見えてきます。本章ではマツノザイセンチュウの寄生戦略に焦点を当てることにより，マツノザイセンチュウ側から見たマツ枯れの発病メカニズムを紹介したいと思います。

　前章でも見ていただいたとおり，マツノザイセンチュウはマツに寄生する寄生虫です。線虫のなかにはマツノザイセンチュウのようになんらかの**宿主**（寄生する相手のこと）に対して寄生性を有する種が数多く存在し，これらの寄生線虫は寄生虫の一つの代表的なグループです。寄生線虫の多くが細長くニョロニョロした形態をしています。近頃では日常生活において実際に目にする機会はほとんどないにもかかわらず，寄生虫は世間一般では忌み嫌われる存在です。たとえば，他人のことを「彼は寄生虫みたいな奴だ」という風に表現することがありますが，これは決して褒め言葉ではありません。この言葉は「自分では何もせずにいいとこ取り」という含みをもっています。そう，寄生虫は一般的には怠け者でダメなやつの代表格なのです。しかし，寄生虫を研究する一人としてはっきりといえるのは，寄生虫は決して怠け者ではないということです。彼らは何もせずに甘い蜜を吸うどころか，実際には自らの生死をかけて，あの手この手を使いながら必死にそれぞれの宿主と戦っているのです。

　生物はふつう自らの体に異物が侵入すると，それを排除するための防衛機構を発動します。たとえばヒトの場合だと免疫系がよく知られています。同

じように，植物から昆虫まで，ほぼすべての生物がしくみは違いますが異物を排除するなんらかの機構をもっています．つまり，寄生線虫が他者である宿主に寄生するためには，それぞれの宿主が装備している防衛機構をなんとかしてかいくぐらなければならないのです．進化の過程で宿主が自己を守るためのさまざまな防衛機構を発達させると，対する寄生線虫はそれを攻略する新たな寄生手段を身につける必要がでてきます．つまり，寄生線虫は長い年月をかけてそれぞれの宿主環境にふさわしい独自の寄生戦略を獲得してきたといえるのです．

　寄生線虫の寄生戦略はこれまでにも数多くの研究がなされてきた領域です．とくに医学的見地から，ヒトの寄生線虫病の治療法や薬をつくるうえで重要ですし，さらには，寄生線虫の戦略のなかには非常に巧妙なものが多く，研究者の知的好奇心を大いに刺激するものであることも要因の一つでしょう．では具体的にどのようなものが寄生線虫の戦略といえるのでしょうか．わかりやすいものでは，どのようにして宿主に侵入するのか（媒介者を必要とするか否かなど），宿主の中でどのように栄養をとるのか，といったことが挙げられます．これらとは反対に，ややイメージしにくいものとして，「分子レベル」の寄生戦略ともいえる，目に見えないミクロな世界での攻防もあります．たとえば上述の宿主の自己防衛機構をいかにして回避するか，さらにはどのようなしくみで宿主を殺すのかなどです．これらのしくみは顕微鏡で観察をするだけでは到底わからず，はるかに詳細で複雑な研究を行ってはじめて明らかになります．近年，さまざまな技術の発達によってこのような分子レベルの寄生戦略の理解が急速に進んできました．

　では，本章の主役であるマツノザイセンチュウに関してはどうでしょうか．マツノザイセンチュウは植物寄生線虫としては例外的に知名度が高いにもかかわらず，その詳細な寄生戦略については実のところ近年までほとんどわかっていませんでした．これは，マツノザイセンチュウ自身が扱いにくいというだけでなく，森林の病気という点も研究するうえでの難しさに追い討ちをかけています．樹木という研究材料はとても大きく，そして生長に長い年月を要するため実験室内での研究材料としては扱いづらいのです．しかし，最近になってようやくマツノザイセンチュウの寄生戦略に関しても「分子」の

側面から理解しようという動きが出てきました。以後これらの研究を可能にした分子生物学技術の発展という背景を交えながら，最新の研究展開について紹介します。

14.1　生物のゲノム情報って何？

　最近では多くの人がテレビや新聞を通じて「**ゲノム解読**」という言葉を耳にしたことがあるのではないでしょうか。とくに大きなニュースとして取り上げられた2003年のヒトゲノムの解読完了は記憶にも新しい出来事です。

　このヒトゲノム解読の完了とはどういうことでしょうか。ヒトのしくみのすべてが明らかになったということなのでしょうか。実際，ゲノム解読以前にはゲノム解読の終了によってヒト（もしくは生物）の生理や発生などのしくみのほとんどが明らかになると考えていた研究者もいたようです。しかし，いまとなってはこの考えを支持する者はおそらく誰もいないでしょう。つまり，ゲノム解読が完了してもヒトの生命のしくみの大部分はわからないままだったのです。

　ゲノムというのはある生物がもつすべての遺伝情報のことで，しばしば「生物の設計図」と表現されます。しかし，建築の世界なら設計図を見れば建物の全体像が把握できるでしょうが，造りのより一層複雑な生物においてはそうはいきません。現代の科学技術のレベルでは，ゲノムに記載されている部品（遺伝子）の大部分は理解できても，それ以降の組み立て過程を読み解くことは依然として容易ではありません。つまり，現状では，ゲノムは生物個体を構成する部品カタログ（どのような部品が使用されているか）としての意味合いが強いといえます。しかし，この部品カタログは生物全体を理解するうえでの基礎となる情報で，これなくして生物を詳細に理解することはできないのです。

14.2　マツノザイセンチュウにおける分子生物学研究の幕開け

　前節で述べたように，ゲノムというのは生物にとってもっとも基本的なものなので，マツノザイセンチュウを詳細に理解しようとすれば必然的にゲノム情報，場合によっては遺伝子情報が必要となります．そこで，森林総合研究所の菊地泰生博士らの研究グループはマツノザイセンチュウの膨大な量の遺伝子情報を取得し，2007年に発表しました．遺伝子全体を網羅するものではないのですが，これはゲノム情報の完全解読に向けた非常に重要な第一歩でした．この後，いくつかのグループによってマツノザイセンチュウの遺伝子発現を解析した成果がつぎつぎと発表されるようになりました．これらの情報は単なる設計図としてだけではなく，いつ，どんな場面でその部品（遺伝子）が必要になるのかという説明書としても有効です．たとえば，マツノザイセンチュウが宿主であるマツに感染した際にどのような遺伝子のスイッチがオンになるのか，あるいは媒介昆虫に乗って感染を拡大するときにはどのような遺伝子が関与しているのかといったことを理解する手掛かりとなります．しかし，依然としてマツノザイセンチュウの寄生戦略の全容解明にまではいたっていません．なぜなら，「空間的な情報」，つまりどの部品が建物のどの部分にどれだけ使用されたのかという情報が決定的に欠けているためです．遺伝子というのは転写，翻訳という過程を経て最終的にはタンパク質となります（セントラルドグマ）．マツノザイセンチュウの寄生戦略の全容を理解するためには，このタンパク質がいつ，どこに，実際にどれだけの量存在するのかを知ることが不可欠なのです．遺伝子が発現するのはあくまで細胞内でのことであり，その産物であるタンパク質がマツノザイセンチュウの体のどの部分にどれだけ合成されるのかという情報は与えてくれません．そこで私は，マツノザイセンチュウの寄生戦略をより明確にするために，遺伝子ではなくタンパク質にねらいを定めたのです．

14.3 マツノザイセンチュウのタンパク質を解析する

　私がタンパク質の解析をはじめたのは，上述のマツノザイセンチュウの遺伝子断片の半網羅的解析が発表された年と同じ 2007 年でした．当時，タンパク質の大規模解析というものはすでに医学分野や応用微生物分野でそれなりに注目を集めていました．しかし，マツ枯れを扱う森林科学分野においてはまったく研究報告がなく，まさに一からのスタートとなりました．マツノザイセンチュウのタンパク質を解析するにあたって，私は 2 種類のタンパク質に的を絞ることにしました．それが「体表面タンパク質」と「分泌タンパク質」です．

(a) 寄生線虫の防弾チョッキ？　「体表面タンパク質」

　寄生線虫の体表面タンパク質は線虫体表面の最外層に存在し，一般に宿主の防御機構から逃れて自らを守るうえで重要な役割を果たしています．線虫が宿主に侵入する際，体表面タンパク質は直接宿主細胞との接点になります．このとき，宿主は寄生線虫の体表面に存在する分子を認識することで，線虫の存在に気づいていると考えられます．また，宿主は線虫の存在を感知するとこれを排除しようとしますが，そのときに線虫側の防御システムとしてもっとも重要なのも体表面分子だとされています．線虫はヒトのように免疫系をもっていないので，体表面で自己を守るというしくみは一層重要でしょう．マツノザイセンチュウにおいても，体表面タンパク質はマツの防御反応をかいくぐるため，もしくは対抗するためになんらかの役割を担っているのではないか．私はそのような考えから，まず体表面タンパク質の全体像をつかむために，マツノザイセンチュウの生育ステージごとの体表面タンパク質の違い，そしてマツへの感染にともなう体表面タンパク質の変化を調べてみることにしました．線虫の体表面タンパク質は大部分が**糖タンパク質**であることが知られているため，糖タンパク質（厳密には糖タンパク質の糖鎖の部分）を認識して結合できる数種の**レクチン**を使って可視化してみました（付属 CD 参照）．結果は予想以上に興味深いものでした．まず，マツノザイセンチュ

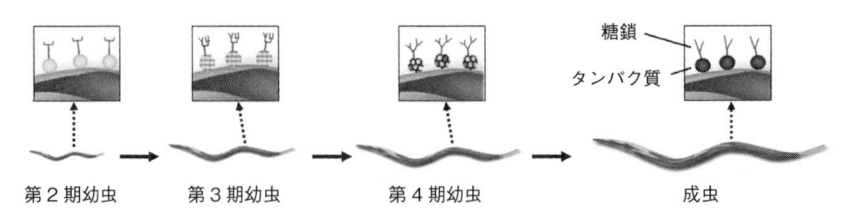

図 14.1　マツノザイセンチュウ体表面分子の可変性.
マツノザイセンチュウの体表面分子の性質は生育ステージ間で顕著に異なる.

ウの体表面タンパク質の種類や構造などの性質が，生育ステージによって大きく変化していることがわかりました。つまりマツノザイセンチュウは脱皮をするたびに古い体表面タンパク質を脱ぎ捨て，性質の異なる新しい体表面タンパク質を身にまとうというスタイルをとっていたのです（図 14.1）。さらに驚いたことに，同じ生育ステージの線虫でも宿主のマツに侵入した後の状態と実験室内でカビの上で増殖している状態とでは，まったく体表面タンパク質の性質が異なっていました。どうやらマツノザイセンチュウの体表面タンパク質はさまざまな環境に適応できるように，非常に柔軟性に富んだ変化しやすい性質，つまり可塑性をもっているようなのです。

　では体表面タンパク質は具体的にどのように変化しているのでしょうか。私はつぎにこの問題に取り掛かりました。いろいろ検討した結果，**プロテオーム解析**という手法を使って体表面タンパク質を一網打尽に同定していくことにしました。この解析手法は，ある場所に存在するタンパク質を「直接」同定するということがポイントです。遺伝子発現解析の場合はタンパク質合成過程の起点を標的としているため，あるタンパク質がおそらく作られているだろうということしかわかりません。また，その局在に関してもあくまで予測しかできません。ところが，プロテオーム解析ではタンパク質そのものを直接同定するのでその存在は明らかですし，どこにどれだけ存在するかも知ることができます。この解析では先に述べたマツノザイセンチュウの遺伝子情報を利用して行われました。

　では，すんなりとプロテオーム解析を導入することはできたのでしょうか。実は，新しい解析技術を身につける大変さ以外にもう一つ大きな問題がたち

はだかりました。プロテオーム解析を行うためには，想像を絶する量—線虫の頭数にしてなんと約 2 億頭分—の体表面タンパク質サンプルが必要だったのです。では遺伝子解析はどうなのかというと，PCR という技術を使えば目的の遺伝子を選択的に増幅することができるためそれほどサンプルの量は問題となりません。ちなみに，よく新聞等で「犯行現場に残された，たった一本の髪の毛から犯人を特定した」などと紹介される DNA 鑑定も同様の技術です。さて，私がこのとき標的としていたのはマツに感染した際の体表面タンパク質の変化です。そのためには，マツに感染する前後で線虫の体表面タンパク質を比較する必要がありました。つまり，マツに感染した後のマツノザイセンチュウをふたたび取り出してきて，体表面タンパク質のみを集める必要があったのです。これには本当に苦戦しました。何度もマツに線虫を接種し，線虫の増殖を辛抱強く待った後で，今度はマツを細かくはさみで切り刻んで，そこから線虫を抽出するという操作をひたすら繰り返しました。最終的には自分達で大切に育ててきた 3 年生クロマツ苗を 2500 本ほど使用しました。そうして解析に必要なだけの体表面タンパク質をようやく集め終えたのは，線虫を集めはじめてから 2 年近くが経過した頃でした。

　必死な思いで集めたマツノザイセンチュウの体表面タンパク質の解析結果はたくさんの新しい知見を提供してくれました。まず，マツノザイセンチュウがマツに感染すると，その体表面に存在するタンパク質総量が急激に増加することがわかりました。さらに興味深かったのは，とくに著しく量が増えるタンパク質の種類が抗酸化酵素や解毒酵素として知られるものだったことです。これまでの研究から，マツはマツノザイセンチュウの侵入に対する防御反応の一つとして，まず自己体内で活性酸素を大量に生成することが知られていました。この現象は**オキシダティブバースト**といわれ，他の植物でも広く共通して見られる，異物を排除するための基本的なしくみです。また，この活性酸素の生成につづいて，マツ体内でタンニンなどのポリフェノール物質が生じることもわかっていました。これらの情報をあわせて考えると，マツノザイセンチュウの体表面タンパク質が担う一つの重要な役割が浮かび上がってきます。マツノザイセンチュウが体内に侵入すると，マツは速やかに「異物」として感知し，それを排除するために活性酸素やタンニンを生成

します。それに対してマツノザイセンチュウは，自らに毒性をもつこれらの物質から身を守るために体表面を抗酸化酵素や解毒酵素で覆って防衛するのでしょう。この，いわば防弾チョッキのようなタンパク質を身にまとうことによって，マツノザイセンチュウはマツからの攻撃に屈することなくマツ樹体内を動きまわることができるのだと考えられます。他にも数多くの表面タンパク質が同定できましたが，それらの詳細な機能を明らかにすることは目下進行中の課題の一つです。今回明らかになった防御システムとしての役割以外にも，体表面タンパク質にはまだまだ重要な役割があるのではないでしょうか。そう期待を抱かせてくれるほどに，マツノザイセンチュウの体表面タンパク質はとても柔軟にその性質が変化するのです。

(b) 宿主細胞内（間）に送り込む「分泌タンパク質」

　体表面タンパク質の研究が軌道に乗りはじめたころ，それと並行してマツノザイセンチュウの分泌タンパク質へのアプローチもはじめました。寄生線虫の分泌タンパク質は古くから注目され，寄生戦略における重要性もよく知られていました。マツノザイセンチュウにおいても，当時すでにセルラーゼやβ-1, 3-グルカナーゼなど数種の細胞壁分解酵素が分泌されているとの報告がありました。では，このように分泌タンパク質が体表面タンパク質に比べてよく研究されているのはなぜなのでしょうか。その理由は，まず分泌タンパク質が宿主の組織内もしくは細胞内に直接送り込まれるものであるため，体表面タンパク質に比べて，より積極的に宿主にはたらきかける分子である可能性が高いと推測されることにあります。また，線虫体表面を覆うかたちで存在する表面タンパク質と異なり，体外に分泌されることから，サンプリングや解析が比較的容易であるということも一因でしょう。いずれにせよ，分泌タンパク質もマツ細胞との直接の接点となる分子であることには変わりないので，体表面タンパク質と同様に調べてみることにしました。

　当時すでに知られていたマツノザイセンチュウの分泌タンパク質種はセルラーゼ，ペクチナーゼ，β-1, 3-グルカナーゼ，エクスパンシン様タンパク質の4種だけでしたが，他の寄生線虫の研究報告などから，マツノザイセンチュウは少なくとも数百種程度の分泌タンパク質を分泌していることが予想さ

れました。そこで私は，分泌タンパク質においても体表面タンパク質の場合と同様に，プロテオーム解析によってまず網羅的に同定しようと考えました。ただし，この研究ではもう一工夫を凝らしました。マツノザイセンチュウの病原力，つまりマツを枯らす能力（第15章参照）が高い系統と低い系統では，分泌タンパク質になんらかの違いがあるのではないか。そんな考えから，この研究では病原力が高い系統と弱い系統をそれぞれ2系統ずつ，計4系統の分泌タンパク質の網羅的解析を行うことで，病原力の違いを規定する病原力決定因子の探索を同時に試みたのです。

　実際にマツノザイセンチュウの分泌タンパク質を集めはじめると，体表面タンパク質ほどではないものの，なかなか骨の折れる作業が続きました。異なる4系統のマツノザイセンチュウから同じようにタンパク質を集める必要があったためです。結局この作業を完遂するまでに，数ヶ月間の月日と，最終的に数千枚のシャーレを費やすことになりました。解析は現在まだ進行中ですが，これまでにすでに100種を超えるマツノザイセンチュウ分泌タンパク質の同定を終えています。同定された分泌タンパク質は，機能のよく知られた細胞壁分解酵素のようなものから機能の明らかになっていないものまで多岐にわたっており，体表面タンパク質ほどの種数ではありませんでしたが，抗酸化酵素としてよく知られるスーパーオキシドジスムターゼなども含まれていました。さらに，マツノザイセンチュウ系統間で分泌タンパク質を比較した結果，病原力の高い2系統だけに共通して多く分泌されているタンパク質が存在することが明らかになりました。現時点ではまだはっきりとしたことはいえませんが，これらのタンパク質はマツノザイセンチュウの寄生戦略，もしくは病原性の発揮過程において何か重要な役割を担っている可能性が高いと考えられます。また，どうやらマツノザイセンチュウが分泌するタンパク質の量はマツ組織内に存在するなんらかの物質に影響を受けているらしいことがわかってきました。つまり，マツノザイセンチュウはマツ樹体内へと侵入した後，そこに存在するある物質を察知して分泌タンパク質の分泌量を増やすようなのです。このような分泌制御が影響を及ぼすのは分泌タンパク質全体なのか一部の種類なのか，まだ明らかにはなっていません。もし，マツを枯らすうえで重要なタンパク質がマツ側の因子によって誘導され

るならば，これはまさに線虫の巧妙な寄生戦略といえるでしょう。紹介してきたように，マツノザイセンチュウ分泌タンパク質に関する研究はまだ発展途上にあります。とくに今後は，線虫側のタンパク質が宿主分子とどのように作用しあっているのかという，分子レベルでの相互作用が急速に明らかになってくるものと期待されます。

14.4 マツノザイセンチュウはどのように寄生性を獲得してきたのか？

　本章ではマツノザイセンチュウの「寄生戦略」を主題としていますので，その獲得様式に関しても紹介したいと思います。つまり何故それぞれの寄生線虫が異なる環境，異なる宿主において寄生虫として生存できるようになったのかということです。マツノザイセンチュウにおいて，この寄生戦略の「進化」に関する研究はこれまでにほとんどありませんが，他の寄生線虫の研究例を含めるとすでにいくつかわかってきている興味深い現象があります。その一つの例が**遺伝子水平伝播**（もしくは水平移動）とよばれるしくみです。1998年にスマントらによって，シストセンチュウという植物寄生性線虫が細胞壁分解酵素の一つであるセルラーゼの遺伝子をもっていて，実際に酵素として機能しているということが報告されました（Smant et al. 1998）。これは非常に重要な発見で，多くの研究者が強く興味を惹かれました。なぜなら，それまで動物はセルラーゼ遺伝子をもっていないと考えられていたからです。多くの動物の場合，細胞壁の分解は共生微生物に頼っています。しかし，シストセンチュウはセルラーゼの遺伝子を自身のゲノムの中に保有していたのですからそれは驚きです。植物に寄生する線虫の場合，宿主の細胞壁を分解できなければおそらく上手く寄生することはできないでしょうから，このセルラーゼは当然寄生戦略において重要な一つの分子ということがいえます。では，シストセンチュウはどのようにしてセルラーゼ遺伝子を獲得し，自身で細胞壁を分解できる能力を獲得したのでしょうか。詳細な遺伝子配列の比較解析からシストセンチュウはバクテリア（細菌）からセルラーゼ遺伝子を受け取ったと考えられています。この現象は遺伝子水平伝播とよばれ，いま

では進化の原動力の一つとして広く受け入れられています。では，マツノザイセンチュウにおいてはどうでしょうか。これまでの研究からマツノザイセンチュウもセルラーゼ遺伝子をもつことがわかっています。ただし，マツノザイセンチュウはバクテリアからではなく菌類からその遺伝子を獲得したと考えられています。さらに，この線虫ではセルラーゼのほかにもいくつかの遺伝子が他の微生物から獲得されたことが示唆されています。私が現在行っている分泌タンパク質の解析のなかでも，この遺伝子水平伝播によって獲得された可能性の高いタンパク質が見つかってきています。実際のところ，マツノザイセンチュウにおいてどれだけの数の遺伝子が遺伝子水平伝播によって新たに獲得されて，それが寄生戦略にどのような影響を及ぼしているのかということに関しては依然としてよくわかっていません。また，**遺伝子重複**も遺伝子水平伝播と並び寄生性の進化において重要要素であると考えられますが，この点に関しては今後，より詳細に解析していくことで徐々に明らかになってくるでしょう。

14.5　おわりに

　本章では，マツノザイセンチュウの寄生戦略を分子レベルのミクロな視点で紹介してきました。寄生戦略を理解しようという場合，本章で述べてきたようにどのようにして寄生するのか，ということだけでなく，どのようにしてそのような寄生のしくみが獲得されてきたのかという視点をもつことも重要になります。また詳しくは次章（第15章）でご紹介しますが，寄生戦略が自然生態系のなかでどのように維持されていくのかを理解することも必要でしょう。マツノザイセンチュウの研究において本格的に分子生物学的技術が導入されてからの歴史はまだ浅いものの，その研究のなかからマツノザイセンチュウの寄生戦略に関する新たな知見が数多く得られてきました。近年，マツ材線虫病が世界規模でのより大きな問題になってきているため，ここでご紹介した分子生物学的アプローチによる研究は急速に熱気を帯びてきています。これらの研究の積み重ねの先に，長年明らかにされてこなかったマツ

ノザイセンチュウの寄生戦略の詳細を鮮明にできるのではないかと考えています。冒頭に述べたように，寄生虫はただ漫然と宿主の中で甘い蜜を吸いながら生活しているわけではないことが伝わりましたでしょうか。寄生虫は激しく揺れ動く不安定で厳しい環境のなかで，柔軟にバランスをとりながら，また時には新たな戦略を身につけながら粘り強く寄生しているのです。

(新屋良治)

参考文献

Kikuchi, T., Aikawa, T., Kosaka, H., Pritchard, L., Ogura, N. and Jones, J.T. (2007) Expressed sequence tag (EST) analysis of the pine wood nematode *Bursaphelenchus xylophilus* and *B. mucronatus*. *Molecular and Biochemical Parasitology*, **155**: 9-17.

Kikuchi, T., Jones, J.T., Aikawa, T., Kosaka, H. and Ogura, N. (2004) A family of glycosyl hydrolase family 45 cellulases from the pine wood nematode *Bursaphelenchus xylophilus*. *FEBS Letters*, **572**: 201-205.

Shinya, R., Morisaka, H., Takeuchi, Y., Ueda, M. and Futai, K. (2010) Comparison of the surface coat proteins of the pine wood nematode appeared during host pine infection and in vitro culture by a proteomic approach. *Phytopathology*, **100**: 1289-1297.

Shinya, R., Takeuchi, Y., Miura, N., Kuroda, K., Ueda, M. and Futai, K. (2009) Surface coat proteins of the pine wood nematode, *Bursaphelenchus xylophilus* : profiles of stage and isolate-specific characters. *Nematology*, **11**: 429-438.

Smant, G., Stokkermans, J.P.W.G., Yan, Y., de Boer, J.M., Baum, T.J., Wang, X., Hussey, R.S., Gommers, F.J., Henrissat, B., Davis, E.L., Helder, J., Schots, A. and Bakker, J. (1998) Endogenous cellulases in animals: isolation of β-1,4-endoglucanase genes from two species of plant-parasitic cyst nematodes. *Proceedings of the National Academy of Sciences of the United States of Amerixa*, **95**: 4906-4911.

第15章

進化と系統で読みとく病原力のふしぎ

「お父さん知らなかったの？ピチュウが進化してピカチュウになるんだよ！それでね，ピカチュウが進化したらねえ，ライチュウになるの」

「えっ，ピチュウって海賊版かと思ってた。でもオマエ，まだ理科で習ってないと思うがなあ，それは進化とはいわんぞ。変態だ，変態。」

「変態じゃ変だもん。進化っていってるよ。それに進化の方がカッコいいじゃん」

「うー，いや，進化っつーのはな，云々……」

このように普段口にする進化という言葉のイメージはかなりあいまいで，生物学でいう進化とは意味内容に多少のずれがあることも多いと思われます。少し硬い話になりますが，最初にきちんと定義したいのでいま手元にある岩波生物学辞典（第4版）の記述を引いておくことにしましょう。

> **進化**：生物個体あるいは生物集団の伝達的性質の累積的変化．（—中略—）種あるいはそれより高次レベルの変化だけを進化と見なす意見があるが，一般的には集団内の変化や集団・種以上の主に遺伝的な性質の変化を進化と呼ぶ．（—後略）

ちなみに「集団」とは同種の個体が共時的に空間的なまとまりをもって集まったもの，つまり潜在的に遺伝子の交流が可能な個体どうしの集まりのことで，「個体群」ともよびます。本章では「個体群」で統一します。注意してもらいたいのは，種あるいはそれより高次レベルの大きな進化と，種内で

起こる小さな進化の二つの生物学的概念が含まれていることです。このどちらをも「進化」という言葉で指すせいで，生物学的な議論の場でさえすれ違いをきたすことがあります。前者の大進化，つまり元の種とは性質や体制の大いに異なる新しい種が生じる進化の方が，日常的な感覚に近いですね。そもそも，ダーウィンが提唱した進化論は，神による創造に代わる多様な種の創生の説明原理であると当時の人々にみなされたのでした。しかし本章で扱うのは後者の小進化の方です。というわけで，この先の話題について，「単なる種内の変化じゃないか。進化，とは大言壮語だ！」と怒らないでください。小さな変化でもそれがある方向に累積的に起こる，あるいは不可逆的な変化が起こることが，性質の異なる新しい種が生じるうえで重要だという説は有力です。それに，柔軟に変化すること自体が生物特有の本質的な面白さでもあります。大進化を実験的に検証することはおそらく不可能でしょう。しかし，マツノザイセンチュウほど世代の短い生物であれば，実験室レベルの小進化をこの目で見ることができます。環境的・遺伝的に人為操作を加えて進化の結果を比較することも可能です。また，限界はあるものの，数理モデルをうまく利用すれば野外における進化もシミュレートできます。そして，あれもこれもと探求したいことは山のようにあります。

　マツノザイセンチュウの病原力がどのように決定されるか追究したくて病原力の進化という荒海に漕ぎだしてしまったのは少し無謀だったかもしれません。病原力の進化のあり方をアウトラインだけでも明らかにしたかったのですが，まだ力不足で，残された課題に思いが募ります。ここで，病原力のふしぎの周辺を漂泊した記憶を整理し，自分なりの海図に記したささやかな放浪の物語を披露してみたいと思います。

15.1　少年期に見たマツ枯れ

　広島市の宇品港は波静かな瀬戸内に開いた広島湾の主要な窓口です。ここから高速船に乗り，南へ。金輪島，峠島，似島，江田島，大奈佐美島と大小の島々を通り過ぎた先に能美島，私の故郷があります。船が速度を落とし，

能美島と江田島に挟まれた津久茂の瀬戸をゆっくりと通り抜けるころになると、「ああ、ようやく田舎に帰ってきたぞ」という心持ちになります。津久茂の瀬戸の西側には野登呂山から延びる山塊が海際まで迫っており、急峻なガレ場をところどころに見せています。花崗岩のむき出しになった、やせ地です。尾根部や小尾根のこうしたやせ地に、ひょろ長いマツがぽつぽつと残っています。

「残っている」と書いたのは、昔はもっとたくさんのマツが山腹から尾根にかけて覆っていたからです。しかし1991年9月の台風19号を境に、景観が大きく変わってしまいました。19号は雨をあまり降らせず、そのかわり強烈な風を吹き荒らしました。大潮の時刻と重なったこともあり、広島県沿岸部での高潮の被害と塩害はひどいものでした。島のマツ林も手ひどく痛めつけられ、ほどなく枯れるものが多くありました。枯れは2、3年ほど急激に進行して、やがて白骨化した幹だけが遠目にも異様に目だちました。

山一面のマツが真っ赤に枯れ上がり白骨化していく様は、当時中学生だった私の心に強い印象を残しました。いわゆるマツ枯れの発生とさらなる被害拡大には複数の要因が複雑に絡みあっています。上記であれば、台風のもたらした物理的な損傷や生理的ストレスがマツ樹の枯死をうながしたでしょう。しかし、現在日本のほぼ全土に蔓延しているマツ材線虫病の関与も見逃せません。いまとなっては推測でしかないのですが、弱ったマツ林にとどめを刺したのはマツ材線虫病の病原体、マツノザイセンチュウであったことでしょう。

15.2　線虫の病原力

この線虫は糸状菌の培養菌糸を餌として人工的に培養できます。人工的に培養を試みるのは微生物学の基本ステップです。培養株が維持できれば、特定の株の性質をいろいろと繰り返して調べられるからです。現場から採取して**継代培養**に持ち込んだ培養株のことを分離株、あるいは横文字でアイソレイトとよんでいます。マツノザイセンチュウにも数多くのアイソレイトがあ

り，しばしば実験に供されているのはそのうちの代表的な数株です。注意してもらいたいのですが，線虫のアイソレイトの遺伝的な「品質管理」はこれまであまり強く意識されてきませんでした。糸状菌であれば**単菌糸分離**や**単胞子分離**を，細菌や酵母であれば単コロニー分離等を経て遺伝的にほぼ純粋なアイソレイトとされることが一般的ですが，マツノザイセンチュウのアイソレイトはそうではないのです。この線虫はクローン繁殖ではなく雌雄のある**有性生殖**でのみ繁殖するため，アイソレイトとよばれるものであっても，野外から採取した個体群を単に継代培養したものであるか，せいぜい雌成虫単頭から培養増殖させた子孫からなる個体群であって，遺伝的にはある程度多様な個体を含んでいます。

　さて，培養した線虫を人工的に感染させてやると，関東以西の平野部の気候条件では健全なマツの成木が一夏でバッサリと枯れてしまいます。体長1 mmほどの小さな線虫が，かように劇的な枯死をもたらすのは驚異的です。なぜ線虫は病気を起こすのか。マツノザイセンチュウが病原体であると証明されて以来，研究者はこの問題に取り組んできました。病気のメカニズムが解明されれば，より効果的な対抗策の開発につながるかもしれません。

　どうして（How）線虫は病気を起こすのか。この難問にチャレンジするために非常に役立つ研究材料が，研究者の手の内にあります。ほとんど病気を起こさない，つまり病原力の弱いアイソレイトです。病原力の強いアイソレイトと弱いアイソレイトとを使って比較実験を行うことで，病気が起こるために必要な因子やプロセスがあぶり出されるはずです。ただしこの作戦には若干の難点があります。これについては本章の最後の方で少し触れることにします。ともあれ，多くの研究者の努力によって，線虫がマツ樹体内に侵入し移動分散・増殖することが発病に不可欠であること，その過程で線虫の直接の加害などで**樹脂道**や**柔組織**等の生きた細胞が損傷を受け，また通水組織である**仮導管**が閉塞することにより，最終的には水が上がらなくなって枯死にいたることが明らかにされてきました。それに関与している線虫側の病原因子は何なのでしょうか。疑問は尽きません。

15.3 どうして（Why）病気を起こすのか？
病原力を決める進化的要因

　一般に病原体の病原力は強いものから弱いものまでさまざまです。どうして（Why）そうなのか。すでにいまから30年ほど前，この問いに基本的で明瞭な答えを与えたメイとアンダーソンによる論文があります（May and Anderson 1983）。この論文は，単位時間あたりに感染個体を増加させる割合（基本増殖率）を最大化するような病原力が，病原体の分布拡大にとってもっとも有利であるから地域個体群内に広まる，つまり進化する，としています。基本増殖率が大きくなるのは，感染しやすくしかも病気が長引くときです。病気が長引くと病気にかかった個体（宿主という）が感染源でありつづけるので，新たな感染の機会が増加します。だから，病原力が強すぎて宿主をすぐに殺してしまっては都合が悪いのです。しかし，病原力の弱い方が常に有利かというとそうでもありません。病原力の強い病原体はしばしば宿主からより多くを搾取し，宿主体内での密度を高めたり胞子などの耐久体を大量に生産したりできます。こうすることで新しい宿主個体への伝播の機会や成功率を高められるのです。また，病原力が強ければ，宿主の回復を遅らせて感染状態を長引かせることができるかもしれません。要は，病原力と伝播率，回復率といったパラメータ間の関係のあり方によって，どのようなレベルの病原力が進化するかが決まるということです。そして，この関数関係は宿主と病原体の組み合わせや環境によってさまざまな形態を取ります。

　先に挙げた論文には，進化の実例として，ノウサギの駆除のためにオーストラリアに導入された粘液腫ウイルスの病原力の推移が示されています。この致死的なウイルスは導入後たちまちノウサギのあいだに感染を広げ，1年後にはその個体数を激減させました。同時にウイルスの致死率も導入時より大幅に低下し，以降は中庸の状態で推移するようになりました。彼らのデータに基づく考察によると，中庸の病原力が進化したのは，病原力の弱いウイルスに感染してもノウサギはすぐに回復してしまい，感染状態が長引かないせいで極端な弱病原力が進化しなかったからだと説明されています。それでは，マツ材線虫病の場合はどの程度の病原力が進化するのでしょうか。

15.4 マツ枯れは枯れなきゃ伝染らない

　マツ材線虫病とノウサギの粘液腫を比べてみると，すぐに両者の相違点をいくつも挙げることができます。もっとも大きな違いは，伝播の様式です。粘液腫は病気にかかったノウサギから他の個体へとノミの吸血を介して伝播されます。ウサギは生きていなくてはいけません。マツ材線虫病の場合は，線虫の運び屋であるマツノマダラカミキリはマツが発病し，樹脂分泌が停止してはじめて産卵に訪れます。そして卵からふ化した幼虫が材内で成虫にまで成長し，線虫を乗せて出てきます。カミキリムシの成虫は性成熟のためにマツの若枝を摂食しますが（後食），このとき線虫は生きたマツに伝播されます。したがって，新たに感染を拡げるには，マツが枯れなければいけません。病原力を弱めて感染期間を長引かせることにメリットはないように思えます。

Column　　　　ティンバーゲンの四つの「なぜ？」

　生き物の世界はふしぎであふれています。どうしてカブトムシは雄にだけ角があるのか，どうしてコアラはユーカリの葉しか食べないのか，どうしてバラの花はいい匂いがするのか等々，考えはじめると頭がいっぱいになってしまいます。百科事典や生物の教科書に答えが書いてあるとは限りませんが，生物学はこのような素朴な疑問を深く掘り下げていく考え方のヒントを示してくれます。

　1973年にノーベル医学生理学賞を受賞したN. ティンバーゲンという生物学者がいます。彼は，イトヨという魚の雄の縄張り争いについて研究し，単純な刺激をきっかけとして複雑な闘争行動が本能的に引き起こされることを明らかにしました。ティンバーゲンは動物の行動を解析するための枠組みとして四つの疑問のもち方があることを提示しています。これが「ティンバーゲンの四つのなぜ（どうして）」です。はじめに挙げたコアラの例で具体的に説明しましょう。どうしてコアラはユーカリを食べるのか，という疑問は四つに分類することができ，それぞれ答えるべき内容が異なります。

1. 「どのような生理生化学的あるいは心理学的メカニズムによってその行動

が引き起こされるのか」という疑問には，匂い，見た目などからユーカリの葉を食物と認識するから，と答えることができるでしょう。これを至近要因といいます。
2.「個体の発育，発達過程でどのようにしてその行動が獲得されていくか」という疑問には，離乳期に親の糞を食べ，ユーカリの味や匂いに慣れるから，と答えることができるでしょう。これを発達要因といいます。
3.「その行動が個体の生存や繁殖にとってどのように有利な機能を果たしているのか」という疑問には，他の動物に食べられないユーカリを食餌源として独占的に利用することは生存にとって有利（あるいは不可欠）であるから，と答えることができるでしょう。これを進化要因といいます。
4.「その行動が祖先種においていつどのように発生し，どのような経過で受け継がれてきたか」という疑問には，他の動物に追いやられて樹上生活をはじめたコアラの祖先種がユーカリを食べるようになり，その性質がコアラに受け継がれたから，と答えることができるでしょう。これを系統発生要因といいます。

　四つのなぜは動物の行動学以外にも応用できます。至近要因・発達要因・進化要因・系統発生要因を区別しそれぞれ同等に目配りすることによって，生き物のもつふしぎの全体像に余すところなく光を当てることができるのです。また，これらの要因は独立ではなくお互いに関連しており，一つの要因の理解が進むとほかの要因についても相補的に理解が進むことは少なくありません。本書に描かれたさまざまなふしぎにもこのような総合的なアプローチが適用できるでしょう。

　しかし現に，病原力の弱いアイソレイト（分離株）が存在するのです。この弱いアイソレイトも，変異体などではなく野外から採集された個体群に由来します。これって不思議なことではないでしょうか。マツを枯らすことができなければ，線虫は新天地に運んでもらえないのではないか。病原力の弱い線虫は野外で病原力の強い線虫との競争に負けてしまうのではないか。なぜ，病気を起こせない線虫がいるのか—裏返せば，どうして（Why）線虫は病気を起こすのかという疑問になりますが—病原力をめぐる二つの「どうして」（How & Why）が，研究というものをはじめて間もなかった私の心をとらえました。少し回り道になりますが，とりあえずは弱病原力アイソレイト

の由来についてもっと調べてみた方がよさそうです。

15.5　弱い線虫の系譜

　現在，実験等で標準的に用いられている弱病原力アイソレイトは2株あります。C14-5およびOKD1とよばれる2株です。このほかに，いまでは絶えてしまったと思われますが，OK2という株がよく使われました。これら3株を病原力の強い代表的なアイソレイトと比べると，病原力以外の性質もいろいろと異なるところが多くあります。そこで，強病原力アイソレイト群と弱病原力アイソレイト群のあいだで「家柄の違い」があるのではないか，と考えるのは自然なことです。研究室の大先輩にあたる岩堀英晶氏（九州沖縄農業研究センター）らは，遺伝子を解析してこの問題に取り組みました（Iwahori et al. 1998）。遺伝子は親から子へ受け継がれるものだから，親戚関係を推測するうえでとても有力な鍵になります。遺伝子の本体は，情報です。もう少し詳しくいうと，A・T・G・Cと略される4種類のヌクレオチドという化学物質の並び方の情報です。このヌクレオチドが一列に長くつながって鎖状になり，それが対になったものが，みなさんもよくご存じのDNAの鎖です。というわけで，細胞をすりつぶしてDNAを取り出し，その中のヌクレオチドの配列を読んでやれば，遺伝子の情報がわかるのです。岩堀氏らは，多数の線虫アイソレイトからDNAを取り出し，DNA上のITSとよばれる特定の領域の配列を調べて比較しました。すると，弱病原力アイソレイトのC14-5とOK2はヌクレオチドの配列が他の強病原力アイソレイトたちと部分的に異なることがわかりました。なお，弱病原力アイソレイトどうし，強病原力アイソレイトどうしは非常に似通っており，ほぼ同一の配列をもっていました。遺伝的に近しい親戚兄弟のような生物のグループを「系統」といいます。つまり，強・弱病原力アイソレイト群はそれぞれ別個の系統に分けられたといえます。念のために述べておきたいのですが，強・弱病原力系統は相互に自由に交雑します。つまり，両系統はマツノザイセンチュウという同一の種に属していることは間違いありません。

私は，まず手はじめに上記の実験を追試してみることにしました。ただ同じ遺伝子を調べるのでは芸がないので，彼らの調べた ITS とは DNA 上の場所が異なる *hsp70a* という遺伝子を調べてみました。するとどうでしょう，代表的な強・弱病原力アイソレイト群はやはり別系統となったのです。これは偶然の一致とは思えません。遺伝的に異なった「家柄」（＝系統）が少なくとも二つ存在するらしいという推測が，より真実味を帯びてきました。また，このとき調べたアイソレイトには，ただ一つだけ強弱両タイプの混合型が見出されたのですが，残りのすべてが強病原力系統のタイプの遺伝子のみをもっていました。このことから，病原力の弱い系統はもともと日本の広範囲に点々と分布していたが勢力を拡大する強い系統に飲み込まれて衰退し，落ち武者のようになって局地的に生き延びた，という可能性も想像することができます。ここで，二つの疑問が湧き起こりました。実験に用いたアイソレイトは多くが 1970 年代に採られたものです。それでは現状はどうなのかという疑問が一つ。もう一つは，二つの系統がぶつかったとき何が起こったかということです。自分なりの答えを出すためのヒントを求めて，弱病原力アイソレイト C14-5 のふるさとを訪ねる旅に出ました。

東京駅から京葉線で東に，千葉で外房線に乗り替えてさらに 1 時間ほど，上総一ノ宮の駅に降りたちました。ここから 2 km あまり歩けば太平洋にたどり着きます。砂浜が広がっています。九十九里浜です。広大な砂浜に大きな波が打ち寄せるためと温暖な土地柄のためでしょうか，サーファーの姿も目にします。沖からの風は波をよぶだけでなく，砂を巻き上げて内陸に吹き付ける厳しさももっています。この砂混じりの風を防ぎ弱めるため，海岸線にそってクロマツの防風林が古くから守り育てられています。40 年ほど前この地で，林業試験場（現在の森林総合研究所）の清原友也氏らは全国調査の一環としてアイソレイトの収集を行いました。その一つが弱病原力アイソレイト C14-5 としてわれわれの手に受け継がれているのです。長い時を想いながら海岸沿いの道をひたすら歩きます。防風林はよく手入れされていましたが，所々に枯れたマツを見つけることができました。また，枝が部分的に枯れているものもありました。このような枯れたマツや枯れた枝をサンプルしました。

さて，研究室に持ち帰った枯れ枝から，ベルマン法という方法でいつものように線虫を取り出します。なるべく野外の現状が知りたかったので，培養を経ず，取り出した線虫個体群そのものから DNA を抽出し *hsp70a* 遺伝子のタイプを解析しました。見つかるのは弱病原力系統タイプだろうか，それとも強病原力系統タイプに取って代わられたか……。結果はこうです。弱病原力系統タイプの遺伝子は，残っていました。ただし，強病原力系統タイプと混じりあう形で，です。枯れ枝の中には，しばしば両者のタイプの遺伝子がともに存在していたのです。もし弱病原力系統というものが実在したのであれば，勢力を拡大する強病原力系統に駆逐されたのではなく，遺伝的に取り込まれながら現在も名残をとどめていると考えることができます。地域によっては，このように強・弱病原力系統の混じりあった個体群の子孫が生き延びています。

15.6 個体群の病原力は遺伝子の頻度で決まる

一つの枯れ木の中の個体群中に，遺伝的に異なる系統の線虫個体が混在していることが存外に多いとわかりました。強・弱病原力系統が混じりあった個体群の病原力は，強くもなく弱くもなく中庸であったのでしょうか。これは，とりあえず混ぜてみるしかありません。モデル実験として，強病原力アイソレイトの S10 と弱病原力アイソレイトの C14-5 を合計 1 万頭となるように割合を変えて混合し（S10 の割合が 0, 1, 10, 30, 50, 70, 90, 99 および 100%），1 か月のあいだ餌の上で培養しました。ここまでくると交雑が十分に進んでいるはずです。増えてきた線虫個体群から DNA を抽出し *hsp70a* 遺伝子の頻度を調べてみたところ，C14-5 タイプの対立遺伝子の頻度は混合したときに比べやや低くなっており S10 に押され気味ではあったものの，当初の割合に応じて個体群に遺伝的に寄与していることが確かめられました。強病原力タイプの *hsp70a* 遺伝子そのものが病原力関連因子ではないところが非常にもどかしいのですが，おおざっぱにいえば，S10 のもっている病原力遺伝子も *hsp70a* 遺伝子と同等の頻度で個体群に含まれていると期待できます。

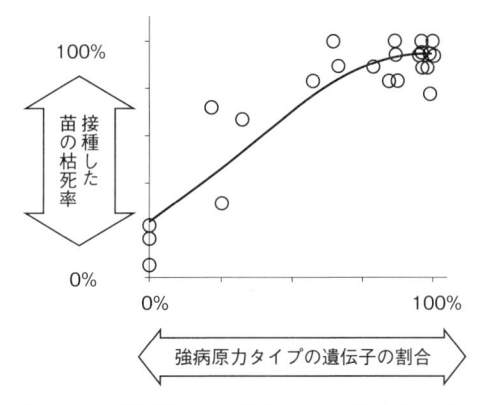

第 15 章　進化と系統で読みとく病原力のふしぎ

図 15.1　強病原力の線虫の遺伝的な寄与度が大きい個体群ほどマツ苗をよく枯らす.
白丸（○）は強・弱病原力のアイソレイトを混合して作った各個体群を表す.

　こうして強・弱病原力アイソレイトの遺伝的寄与度を見積もった線虫個体群をマツの苗に接種して病原力を評価しました。苗といっても，種子から芽が出て数か月の実生苗で，主軸の太さが 1 mm ばかりの小さな小さな苗です。このような実生苗を用いれば，限られたスペースの中で実験規模を大きくすることができます。合計 700 本あまりの苗に対する接種の結果はきれいなものでした。予想どおり，強病原力の S10 の遺伝的な寄与の大きい個体群ほど多くの苗を枯らす傾向が明白でした（図 15.1）。間接的ながら，線虫個体群の病原力が病原力関連遺伝子の頻度で決まることが実験によって確かめられたわけです。病原力関連遺伝子はまだ特定されていないので，このようにするより他ありませんでした。自明な結果のようですが，遺伝的にある程度多様な個体からなるアイソレイトを実験に使ってきたマツ材線虫病研究においては注意しておくべきことです。

　上記の実験結果はまた，野外でのマツノザイセンチュウの病原力の進化を考える際に，個体群内の個体間競争プロセスと個体群間の競争プロセスがともに重要であることに改めて気づかせてくれました。ある地域でマツ材線虫病が広まるかどうかには，一義的には線虫個体群の性質が重要です。とくに私としては，線虫が感染後いつどれくらい確実にマツを枯らすのかが気にな

ります。こうした点で性質が異なる個体群間で宿主マツをめぐる競争が起きた場合，有利な性質をもった個体群がより速やかに広まっていくはずです。一方，個体群の病原力は病原力関連遺伝子の頻度で決まります。この遺伝子を担っているのは個体，つまり一頭一頭の線虫です。個体群を構成する個体間の競争によって淘汰が起これば病原力関連遺伝子の頻度も変化し，個体群の病原力も変化する可能性があります。だから，個体群内の競争プロセスもやはり重要なのです。病原力の強い線虫と弱い線虫とが一つの個体群内で競争したときにはどちらが有利でしょうか。病原力を発揮するのになんらかのコストがかかるとすれば，怠け者の弱病原力線虫に有利な場面があるかもしれません。病原力が生存能力と分かちがたく結びついているのであれば，必ず強病原力の線虫が有利になることでしょう。さあ，どちらでしょうか。

15.7　強い者が勝ち残るのか

　マツに感染し発病させ枯死させる過程で，病原力が強いという性質は果たして有利にはたらくのでしょうか。例によって，とにかくやってみることにしました。マツの苗に線虫を接種し，およそ枯れた時点で回収します。もし病原力の強い線虫個体がマツの苗を枯らす過程で有利（生存・繁殖能力が高い）ならば，再分離された個体群は病原力が強まっているはずです。ところで，接種実験に際してささやかな工夫をしてみました。強病原力アイソレイトのS10と弱病原力アイソレイトのC14-5を1：99で混ぜあわせることで遺伝的に多様な程度がはっきりした個体群を用意したことが一つ。それから，混ぜあわせた個体群を接種に先だって1か月間培養したことがもう一つの工夫です。弱病原力アイソレイトは代表的な強病原力アイソレイトに比べてマツの生組織への侵入力自体が弱いことがわかっています。単に混ぜあわせただけのS10とC14-5を接種した場合，マツ苗に侵入定着する時点でS10が非常に有利になると予想されます。侵入定着力に関連する遺伝子以外に病原力関連遺伝子があった場合でもこれらはS10に乗ってセットで運ばれるため，結果として病原力を強める効果が過大評価されてしまうことになります。こ

こで，接種に先だってC14-5とのランダム交配を数世代も経ておけば，異なる遺伝子どうしの結びつきは十分ランダムになります（ただし，DNA上での遺伝子間の距離が十分離れているという仮定のもとで）。同じS10由来あるいはC14-5由来の遺伝子どうしがとりたててセットになって運ばれることもないはずです。こうすることで遺伝的な性質個々の有利さがより正確に評価できると期待しました。

　接種後1か月して，一部の苗が枯れはじめました。なるべく枯れた直後と思われる苗を5本選び，ベルマン法でそれぞれ線虫を取り出します。しばらく餌の上で培養したのち，アンチホルミンという塩素系の薬品（台所用漂白剤のようなもの）で表面を殺菌し，無菌になった卵の集まりから五つのアイソレイトを立ち上げました。このアイソレイト群をここでは「マツ枯れ群」とよぶことにしましょう。比較のため，マツ苗へ接種せず培養維持していた混合個体群一つ（「元株」）と，あらかじめ熱湯で枯死させておいたマツ苗に接種して再分離された個体群五つ（「熱湯枯死群」）とを同様に表面殺菌処理して得た計6アイソレイトを加え，勇んで計800本あまりの実生苗に接種してみたのですが……。結果はなんとも歯がゆいものでした。病原力に関連する性質—苗への侵入力，苗の枯死率等—はいずれも熱湯枯死群よりもマツ枯れ群で強い傾向があったのですが，統計的に信頼してよいといえるほどの差ではありませんでした。完全な実験設計ミスです。生きたマツ苗を枯らす過程で顕著に強病原力が選択されるに違いない，という予断が私のなかにありました。しかし実験事実はそれほどスパッと割り切れるものではなかったわけです。接種にかかる手間が非常に大変で，このことが実験規模を事実上制約していたとはいえ，アイソレイトあたりの接種本数を減らしてでも各群内のアイソレイト数を6か7に増やすという手もあったと思います。苦い経験です。このように，病原力の強い線虫個体がマツの苗を枯らす過程で有利（生存・繁殖能力が高い）かどうかについては，はっきりした結論が出せませんでした。ただ，とりたてて不利ではないとみても良いでしょう。また，マツ枯れ群・熱湯枯死群ともにすべてのアイソレイトが元株より病原力が強かった（枯死率が高かった）ことから考えると，病原力関連因子はマツ苗の生きた組織というより化学成分そのものに対する対抗力に関連するのかもし

れません。この仕事に興味をもった誰かが，追試してくれないものでしょうか。ひとまずは，個体群内の競争プロセスについては保留ということにしておきましょう。

15.8 進化を計算する

　つぎは，個体群間の競争プロセスを通じた病原力の進化を考えてみます。本来ならば，野外のマツ林で何年も継続して線虫個体群を採取し接種試験などで病原力を評価していくと同時に，マツ林の立木密度や要因別の枯死本数など病気の流行過程に関与しそうな因子の変動を記録して，どのような条件でどのような病原力が進化するのか実証するべきですが，これは大事です。毎年継続して割ける時間と労力が保証されていないと，とても手が出せないタイプの研究です。こういう研究の前にはしっかり仮説を立て（ただし，それでも予断は禁物ですが），その検証に必要なデータが何か考えを練り上げておかないと，ほとんどすべてが徒労に帰するおそれがあります。調査目的に合致した調査地を見つけるのも大変です。そこでまず，現実のマツ枯れの代わりにバーチャルな，つまり仮想現実のマツ枯れを調査することにしました。落語の頭山ではないですが，ケチな私は「頭の中」にマツを生やしたのです。

　手はじめに，マツ枯れの流行を表す極力シンプルなモデルを考えてみました。マツは一定の割合で自然に枯死しますが，材線虫病に感染すると枯死率が上乗せされます。この上乗せ分，つまり超過死亡率が線虫個体群の病原力です。発病枯死したマツからは一定の割合で新たな感染が起こり，感染マツの本数が増加します。健全マツの本数はその分だけ差し引いておきます。マツが枯死して密度が下がると，親木の本数に応じて新たにマツが生えやすくなるようにしました。ただし，マツの齢は考慮していないので，想像してみるなら空き地にいきなり成木が生えるイメージになります。このような大胆な単純化がモデルの難しさであり妙味でもあります。数学的な取り扱いを簡単にするため，微分方程式を利用して健全マツと感染マツの単位面積あたりの本数の経時変化を記述しました。式からは，マツの枯死と実生による繁殖

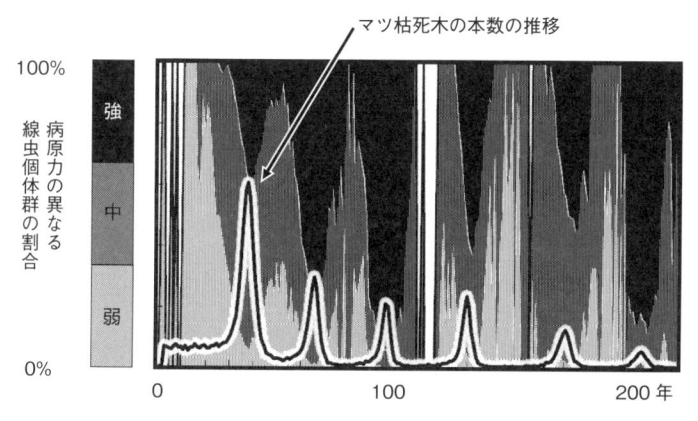

第15章　進化と系統で読みとく病原力のふしぎ

図15.2　マツ枯れの流行と同調して線虫個体群の病原力は強くなる（シミュレーション）.
横軸はマツ枯れ初発生後の経過年数.

とがちょうど拮抗して釣りあっている状態が容易にわかります。ここにもとの線虫個体群とは病原力の若干異なる個体群が侵入してきたと想像してみましょう。もとの個体群が他のどのような個体群の定着も許さない場合，そのときの病原力がもっとも有利なのだと考えることができます。計算の結果，このモデルでは際限なく強い病原力が進化することがわかりました。ただし，これは究極の姿であって，途中経過を無視しています。

そこでつぎに，マツ1本1本の状態やそれぞれに感染している線虫個体群の病原力などを逐一モニタリングすることができるコンピューターシミュレーションに取り組みました。何度も繰り返して平均をとってみると，全体の方向性としてはやはり常に強病原力が進化していました。シミュレーションで扱えるマツの本数は有限なので，病気の流行が激しい様相を示すようになるにつれてパソコンのなかのマツ林は早晩枯れ果ててしまう運命です。しかしつぶさに見ていくと，病原力は病気の流行サイクルと同調して変動しており（図15.2），マツの立木密度が低下する局面では弱い病原力が進化していたのです。

15.9 弱さがしたたかさに変わるとき

　以上二つの解析結果をどう解釈すればよいでしょうか。強病原力の個体群はマツを確実に早く枯らし，感染源を生じさせる点ではたしかに有利でしょう。しかし，極端に密度の低いマツ林では枯れ木にマツノマダラカミキリが来なかったり，たとえ線虫がカミキリムシに乗り込んだとしても新たな行き先を見つけることが難しく，せっかく枯らしたマツが無駄玉におわってしまう危険性が高いのです。一方で弱病原力の個体群は，運がよければマツの密度が再び高まるまで感染状態のまま生残する可能性があります（第13章参照）。病原力が弱いことによって，積極的にではないものの個体群が絶滅する不利さが軽減されていると解釈できます。前述のとおり，地域によるでしょうが，マツノザイセンチュウの個体群には遺伝的に多様な個体を含んでいるものがあります。つまり，強いように見えて弱さを，弱いように見えて強さを隠しもっているわけです。自然の見えざる妙手によって強さが表れたり弱さが表れたりするのは，なんとも面白いではありませんか。マツノザイセンチュウは，弱さという要素を含んで柔軟に変化することで，自らが宿主マツ林に引き起こす劇的な変化のサイクルに結果として対応できているともいえます。ところで，今回の解析ではマツの側の抵抗性の進化等を考慮しませんでした。北米の原産地でマツノザイセンチュウが集団的な枯損被害を引き起こすことがないのは，実のところ，進化の競争の果てに抵抗性を極度に発達させたマツ側が勝利した様を見ているのかもしれません。

　どうして（Why），線虫は病気を起こすのか？―やすやすと枯れるマツが手の届くところにあるから―これが私の出した一応の解答です。

15.10　ふたたび，どうして（How）？

　どうして，線虫は病気を起こすのか。'How'の方の疑問に取り組んだことも紹介しておきたいと思います。病原力関連因子をあぶり出すには強・弱

病原力アイソレイトで比較実験をすればよいようなものですが，前述したとおりこの作戦には若干の難点があります。一つは，利用できるアイソレイトの種類が少なすぎることです。実験規模の制約上しかたのない面もありますが，アイソレイトの種類が少ないと統計的に意味のある比較ができません。病原力の違いに関連する性質が知りたいのに，使ったアイソレイトのあいだにたまたまあった性質の違いを見ているに過ぎないかもしれないのです。もう一つ，根の深い問題があります。岩堀氏らや私達の研究では，代表的な強・弱病原力アイソレイトは種内の別系統に属すると考えられました。たとえていうなら，この二つは「家柄」が異なっています。ここで少し横道にそれて，S村のウサギファミリーとクマファミリーのことを想像してみましょう。ウサギファミリーは耳と門歯が長い。クマファミリーは耳が丸くて門歯は短い。二つのファミリーから10人ずつでも選び出して比較すると，おそらく耳の長さと門歯の長さとのあいだに相関関係が浮かび上がってくるでしょう。しかしこれをもって，生理的に耳と門歯の形状が関係すると考えるのは早計です。単に一族親戚が似ているという以外の何物でもないからです。マツノザイセンチュウの場合も，単なる系統間の違いを病原力の違いに関連づけてしまってはいないでしょうか？この気持ち悪さを解決するにはどうしたらよいでしょうか。

　もちろん，観察事実を整理し傍証も含めて合理的に説明できればよいのですが……。私は，ちょっと違う方向から攻めてみようと思いました。系統的な偏りのない個体群のセットを「創り出した」のです。簡単なことで，強病原力アイソレイトKa4と弱病原力アイソレイトOKD1を交配させ，子世代F1を得，同じ親から生まれたF1どうしを交配して孫世代F2を得，さらに同じF1から生まれたF2の雌雄のペアから計17個体群を立ち上げました。しかし，「言うは易く行うは難し」です。自慢ではありませんが，私はマツノザイセンチュウのトップブリーダーだと思っています。さて，育成した個体群は，Ka4とOKD1に由来する遺伝子をモザイク状に受け継いでいると期待されます。遺伝子どうしに系統的に偏った結びつきはありません。このことを利用し，病原力と移動速度，培地上での増殖力のあいだに必然的な相関関係があるのかどうか調べました。すると意外なことに，病原力の強い個

体群ほど培地上での増殖力が弱いという負の相関が現れました．これは，病原力関連因子をもつにはなんらかのコストがかかることを示唆しており，とても興味深い結果です．私達の研究では病原力と増殖力の関係という古典的なテーマに取り組みましたが，同様の実験スキームは病原力関連因子の探索にもっと応用できそうです．ただし，育成したF2後代個体群は，個体群内に遺伝的に多様な個体を含んでおり，非常に不安定であることが大きな欠点です．

どうして（How），線虫は病気を起こすのか？―それなりに頑張っているから―……まだまだ及第点には手が届きそうにありません．

15.11　ややこしいからおもしろい！

マツノザイセンチュウは1頭だけではマツの木を枯らすことができません．大量に増殖し，個体群になってはじめて大木をも枯らす驚異的な力を発揮するのです．だから研究者は，どうして（How）病気を引き起こすのかという問いに答えるためには，線虫個体群の種々の特性について評価し病原力のレベルとの関連性が解析できなければいけません．しかし，これがややこしい．個体群の中には遺伝的に多様な線虫個体が含まれていて，しかもその構成は確率的なゆらぎや個体間の競争によって変化しうるからです．一つの解決策は，遺伝的なばらつきのきわめて小さい近交系（≒純系）を目的に応じてうまく利用することです．個体間のばらつきが少なければ構成の変化が最小限にとどめられるから，個体群の「品質」を管理し維持することもできます．マツノザイセンチュウ近交系群の育成には少なからず労力と時間を要しますが，現在のところ複数の研究機関で利用が進みつつあります．

さて，「どうして（How）？」に答えるためには，個体群のもっている遺伝的な複雑さをいったん削ぎ落としてしまうことが必要だという話をしました．しかし，実際の野外でダイナミックにうごめいているのは遺伝的に多様な個体からなる個体群です．まさにその遺伝的な多様さ，ややこしさのおかげで，個体群は柔軟に変化（＝進化）しているのです．このややこしさを解きほぐ

すだけでなく，さらに再統合して，どうして（Why）病気を引き起こすように進化したのか，今後どのように進化していくのかなどを考えることが面白いのではないかと思っています．これから先の研究では，病原力等の関連遺伝子を探索する研究，遺伝子と表現型の野外での動態を実証する研究，理論により解釈する研究，この三つを有機的に関連づけながら，病原力のふしぎが解明されていくことが必要だと考えています．

（竹本周平）

参考文献

Eo, J., Takemoto, S. and Otobe, K. (2011) Is there a relationship between the intrinsic rate of propagation and in-vitro migration and virulence of the pinewood nematode, *Bursaphelenchus xylophilus*? *European Journal of Plant Pathology*, **130**: 231-237.

ポール・W・イーワルド（2002）『病原体進化論—人間はコントロールできるか』（池本孝哉・高井憲治訳）新曜社，東京．

Iwahori, H., Tsuda, K., Kanzaki, N., Izui, K. and Futai, K. (1998) PCR-RFLP and sequencing analysis of ribosomal DNA of *Bursaphelenchus* nematodes related to pine wilt disease. *Fundamental and Applied Nematology*, **21**: 655-666.

May, R.M. and Anderson, R.M. (1983) Epidemiology and genetics in the coevolution of parasites and hosts. *Proceedings of the Royal Society of London. Series B, Biological Sciences*, **219**: 281-313.

Takemoto, S. (2008) Population ecology of *Bursaphelenchus xylophilus*. pp. 105-122. In Zhao, B.G., Futai, K. Sutherland, J.R. and Takeuchi, Y. (eds.), *Pine Wilt Disease*. Springer, Tokyo, Japan.

第4部

ナラ枯れ
病気を森にまき散らす昆虫

第3部では昆虫が線虫を運んで樹木を枯らす「マツ枯れ」について，いろいろな側面から紹介しました。第4部で紹介するのは，カシノナガキクイムシという昆虫が菌類を運んで樹木を枯らす，「ナラ枯れ」とよばれる現象です。昆虫が菌類を運んで樹木を枯らす，と聞くとなんだかややこしいイメージで，めずらしい現象だと思われるかもしれませんが，そんなことはありません。世界三大樹病の一つとして知られる**ニレ立枯病**（Dutch elm disease）や，北アメリカでマツ類が大量枯死している現象もこれにあたります。ニレ立枯病は，**樹皮下穿孔性キクイムシ**が病原菌の胞子を健全なニレに運搬することで被害が拡大し，20世紀中に2度，ヨーロッパと北アメリカで大流行しました。同様にマツ類の樹皮下に穿孔するマウンテンパインビートル（Dendroctonus ponderosae）も，病原菌を健全木に運ぶことで北アメリカ太平洋岸のマツ林に大規模な被害を引き起こしています。

　ナラ枯れを引き起こすカシノナガキクイムシはコウチュウ目ナガキクイムシ科（Coleoptera: Platypodidae）に属する体長5 mmほどの小さな細長い昆虫で，養菌性キクイムシの一種とされています。「養菌性キクイムシ」とは，自らが掘った坑道の壁に菌を培養し，それを餌とするキクイムシ類の総称で，分類学的にはナガキクイムシ科の全種と，キクイムシ科（Scolytidae）の一部が含まれます。カシノナガキクイムシは原則として1年1化，つまり1年に卵から成虫までのサイクルを1回だけ全うする昆虫ですが，地域によっては1年に2回生活史を繰り返すこともあります。冬が来ると5齢幼虫の状態で越冬し，翌年の6月上〜下旬に新成虫の羽化がはじまり，7月ごろに羽化の最盛期を迎えます。羽化した雄成虫は坑道から脱出し，繁殖に適した新たな**宿主**樹木を見つけると穿入孔を掘り，同時に集合フェロモンを放出して多数のカシノナガキクイムシの雌雄を誘引します。こうして集中加害（マスアタック）が引き起こされるのです（第16章参照）。

　カシノナガキクイムシはその一生の大部分の時間を樹幹内で過ごします。雄成虫，雌成虫，さらには成熟幼虫がつぎつぎに坑道を掘削し，樹体内部で時には総延長4 mに及ぶ，長くて複雑に分岐した坑道システム（gallery）を構築します（第17章参照）。ところで，カシノナガキクイムシの幼虫は酵母類を餌として繁殖します（第18章参照）。雌成虫はその背部胸板にある10個前後の小さな孔「**マイカンギア**」の中に餌となる菌を保持して新しい樹に移動し，そこに坑道を掘り進めながら，その壁に餌となる菌を植え付けて幼虫のために菌の畑を用意するのです。病原体のナラ菌もこの餌となる酵

母とともにマイカンギアに入り込んでいるため，酵母とナラ菌は枯死木から健全木へとカシノナガキクイムシにより伝播され，生活史を全うするのです。

　樹体内に侵入したナラ菌はカシノナガキクイムシが掘削した坑道に沿って辺材組織に広がり，辺材部（木材の外側の白っぽい部分）に暗褐色の変色域を形成させます。この変色域では水分通導が阻害されるため，変色域が一定以上拡大すると樹木は枯死することになります。カシノナガキクイムシの加害を受けたナラ類やカシ類の樹木は 7 月下旬から外部病徴を発現し，8 月中旬には枯死が目立つようになります。枯死木の発生は 9 月上旬までにほぼ終了しますが，翌春までかかって発病枯死する場合もあります。

　カシノナガキクイムシは体長が 5 mm ほどで，よほど注意していなければ見逃してしまうほど小さな昆虫です。一方，彼らが暮らす森は広大で，針葉樹や広葉樹などいろんな樹種で構成されています。そんな小さな昆虫が，どうやって自分にとって好適な宿主木を広い森の中から探し出すのでしょうか。第 16 章では，野外で収集されたデータの解析からこの疑問に対する答えを探します。

　多くの昆虫が卵を生んだら生みっぱなしで子供の世話は焼かないのに対し，カシノナガキクイムシは成虫が坑道に長期間とどまって，坑道内部の清掃など子供の世話をしていると考えられています。ただ，坑道の中を観察するのが難しいので，このあたりの詳しい生態ははっきりとはわかっていません。坑道の外からでもなんとか中の様子がわからないかということで，第 17 章では，坑道の外に排出される木屑からカシノナガキクイムシの生活様式を探ります。

　ナラ枯れを引き起こすカシノナガキクイムシは，木を枯らす病原菌以外に自分の餌となる菌類も運搬し，運搬先で養っていると考えられています。彼らはいったいどのような菌類を養っているのでしょうか。第 18 章では，カシノナガキクイムシが坑道内で共生している菌類を，形態観察に加え分子生物学的手法を用いて明らかにした研究を紹介します。

　カシノナガキクイムシの坑道の中には，その共生菌以外にもいろんな微生物が生息していると考えられます。そのなかにカシノナガキクイムシに対する病原性を持ち合わせている微生物はいないでしょうか。このような微生物を用いれば，農薬など化学薬品を使わない環境に優しい**生物的防除**が実現します。第 19 章では，そのような病原微生物探索の過程を紹介します。

　ところで，昆虫が菌類を運んで樹木を枯らすという現象を，樹木・昆虫・

菌類のそれぞれの立場から考えてみましょう。樹木にしてみれば枯らされていいことはないので，昆虫や菌類に対する抵抗性が進化していくでしょう。樹木の抵抗性が強力だと，昆虫は病原菌の力を借りなければ樹木を枯らすことができず，菌類とうまく共生するように進化するかもしれません。また，菌類は自分では長距離の移動ができませんが，昆虫に運んでもらうことでピンポイントに自分に適した宿主木に運んでもらうことができるので，昆虫にうまく運んでもらえるような形質が進化すると考えられます。このように，昆虫が菌類を運んで樹木を枯らすという系では，昆虫と菌類は共生関係にあるのではないか，と考えられてきました。しかし，運んだ菌類が樹体内で繁殖しすぎると昆虫にマイナスの影響があることも知られており，必ずしも両者は共生関係にあるわけではなく，菌類が昆虫を一方的に利用しているだけではないか，という説も提唱されています。

　確かに，健全な宿主木をどんどん枯らしてしまうような破滅的な系がそんなに安定した系であるとも思えません。昆虫と樹木の関係から考えれば，もともと衰弱している木を有効利用する，という戦略の方がすぐれているとも考えられます。ナラ枯れを引き起こすカシノナガキクイムシも，もともとは衰弱木など抵抗性が弱まった樹木を攻撃していたようですし，この系で昆虫にとって菌類は必ずしも必要ではないのかもしれません。このように，昆虫が菌類を運んで樹木を枯らす現象については，まだわかっていないことがたくさんあります。室内実験や野外調査で明らかにされてここで紹介するのは，世間を騒がす厄介な現象のほんの一部分に過ぎません。貴方がこの本を読んでいるいまも，世界のどこかでこのややこしい現象を解明すべく日夜研究が進められていることでしょう。

　最初に挙げた例以外にも，最近ではお隣の韓国でナラ枯れとそっくりの現象が問題になりつつありますし，昆虫が菌類を運んで樹木を枯らす現象は世界的に増加傾向にあります。ナラ枯れにはいまだ有効な防除対策が確立されておらず，被害は日本で拡大の一途をたどっています。病原菌を運搬するカシノナガキクイムシはとかく悪者扱いされがちですが，カシノナガキクイムシとそれを取り巻く微生物たち，研究対象としてこれほど面白い生き物はなかなかいません。この第4部を読んでその魅力の一端に触れていただければ幸いです。

（山崎理正）

第16章
探索は闇雲じゃなく精確に
―― 微小な昆虫による宿主木の探し方

16.1 街中の人と森の中の虫

「A町の黒いビルの1階にある，いま人気のイタリアンレストランに来てください」，そんな手紙を友人から受け取った貴方が，地下鉄のA町駅で降りてエスカレータで地上に上がったと想像してみて下さい。貴方の目の前にはニューヨークのような高層ビル街が拡がっています。悪いことに，貴方は携帯電話をもってくるのを忘れたので，友人に連絡を取ることもインターネットの検索ツールを使うこともできません。おまけにA町は外国で，言葉が通じず通りすがりの人に道を聞くこともできません。こんなとき，貴方はどうやって目的のレストランを探し出しますか？

一旦ビル街の中に入ってしまうと，近くのビルに視界を遮られて，遠くのビルは見ることができません。ビル街を出て高台に上れば，黒いビルがどの辺にあるか大体の位置を把握することができるかもしれません。黒いビルがたくさんあったら，一つ一つあたる必要があります。黒いビルがかたまっていれば，そこに行けば効率的にレストランを探せるかもしれません。狙いを定めた方向に歩いて行って，イタリアの国旗がはためいているのが見えたり，イタリア料理特有のニンニクの香りが漂ってくれば，目的地に近づいている確信を得ることができるでしょう。友人からの手紙には「いま人気の」と書いてあったので，黒いビルの外に長い行列ができていたらそこが目的のレストランかもしれません。このように，人とのコミュニケーションができず検

索ツールもなければ，自分の視覚や嗅覚に頼って目的地にたどり着くしかないのです。

体長が 5 mm しかない小さな虫が森の中で特定の木を探し出すのは，たとえていえば貴方が海外の高層ビル街で携帯電話や言葉に頼らずイタリアンレストランを探すようなものです。本章の主役のカシノナガキクイムシ（*Platypus quercivorus*）は，ブナ科の一部の樹木しか宿主として利用することができません。彼らは広大な森の中で，自分たちが利用できる樹木を探し出し，子供が育つのに好適な場所を選んで穴を掘らなければなりません。貴方はレストランを探せなくても後日友人に謝れば済むかもしれませんが，カシノナガキクイムシの場合はそういう訳にはいきません。好適な樹木を探し出せなければ自分の子供を残せないので，そこに大きな選択圧がかかり，視覚や嗅覚，触覚による洗練された探索様式が進化していると考えられます。

本章ではカシノナガキクイムシの宿主探索様式について，探索飛行がはじまってから特定の木の樹幹に穴を掘るまで，順を追って考えていきます。彼らは何を頼りに森の中で利用できる樹木を探しているのでしょうか。利用できる樹木のなかでも，好適度合に差があるかもしれません。より好適な木を選ぶような選り好みをしているのでしょうか。また，最終的にどこに穴を掘るかはどうやって決めているのでしょうか。本論に入る前に，まずは主役のカシノナガキクイムシについて紹介したいと思います。

16.2　小さな虫が木を枯らす

近年，夏期にミズナラやコナラなどブナ科の樹木が集団枯死する「ナラ枯れ」とよばれる現象が問題になっています。秋の紅葉を待たずに山が一面茶色く染まるのは異様な光景で（図 16.1），新聞やテレビなどメディアに毎年取り上げられるので，「ナラ枯れ」という用語を聞いたことがある方も多いかと思います。山に入って枯れた木に近づいてみると，根元に木屑のようなものがたくさんたまっているのがわかります。これは，カシノナガキクイムシ（図 16.2）という体長が 5 mm 程度の小さな虫達が食い散らした跡なのです。

図 16.1　京都府北東部の芦生地域で観察されたブナ科樹木の集団枯死被害.
2005 年 8 月（左）．3 年後には枯葉も落ち枯死した樹幹が目立っている（右）．

図 16.2　カシノナガキクイムシの成虫.
雄（左）と雌（右）．スケールの単位は mm．

　食い散らすといっても，彼らは木の組織を直接食べている訳ではありません．カシノナガキクイムシは木に穴を掘り，長い坑道を構築し，坑道の壁に植え付けた酵母を食べて生きています．そのような酵母はもともと木の中には存在しないので，カシノナガキクイムシは自分たちでその酵母を持ち込みます．餌となる酵母だけでなく，木を枯らしてしまうような病原菌も持ち込むので，カシノナガキクイムシがたくさん穿孔した木は枯れてしまいます．枯れた木の根元にたまっているのは，坑道を構築する際に排出される木屑とカシノナガキクイムシの糞が混ざり合ったフラスとよばれるものです．
　菌や酵母を自分で木の中に持ち込み，坑道壁で繁殖させる，この独特の生

活スタイルから，カシノナガキクイムシは養菌性キクイムシとよばれています。通常，養菌性キクイムシは健全な木を枯らすことはありません。健全な木は抵抗性があり，少々病原菌が入っても枯れないので，普段は衰弱木など抵抗性が弱まった木に穿孔し，森の中で細々と生活していると考えられています。このように衰弱もしくは枯死した植物の組織しか利用できない昆虫を**二次性昆虫**といいます。ところが，なんらかの要因でキクイムシの個体群密度が上昇すると，健全な木に集団で穿孔し，数の力で枯らしてしまうようになります。このように健全な木を利用したり，生きた植物の葉っぱを食べたりする昆虫を**一次性昆虫**といいます。カシノナガキクイムシは二次性昆虫のままでいたら目立たない存在なのですが，一次性昆虫になると健全木を枯らすので俄然目立つ存在になり，私たちの目に触れるようになります。

このようなカシノナガキクイムシの一次性昆虫化は，最近はじめて起こった訳ではありません。過去にも小規模ながら，日本の各地でナラ枯れが発生していた記録があります。古くは江戸時代にも同様の現象が起こっていたことが，古書を紐解くことで明らかにされています。ただ，過去の発生時には被害は数年で終息していることがほとんどでした。ところが，現在日本の各地で発生しているナラ枯れの被害は，そのはじまりは1980年代にまでさかのぼります。30年にわたって被害が継続しているのです。

なぜいままでのように被害が終息しないのか，その原因については推測するしかないのですが，人間活動の変化が影響しているのではないかというのが有力な説です。昔は，ブナ科の樹木は薪や炭として利用するために頻繁に切られて，山に太いミズナラやコナラがあることはありませんでした。ところが**燃料革命**以降，人間が木を切らなくなって，放置された薪炭林ではミズナラやコナラがどんどん成長して太くなっていきました。カシノナガキクイムシはその生活場所として木の辺材部分を利用するので，太い木ほど宿主としては好適です。昔は一次性昆虫化が起こっても，周りに太い木もなくそれ以上カシノナガキクイムシの個体群密度が上昇することがなかったのが，最近はたくさん太い木があることで，カシノナガキクイムシの高い個体群密度がずっと維持されているのではないかと考えられています。

カシノナガキクイムシの穿孔にともなう枯死が確認されているのは，ミズ

ナラやコナラ，クリやツブラジイなどブナ科の 4 属（コナラ属・クリ属・シイ属・マテバシイ属）15 種の樹木です。ブナ科のなかでもブナやイヌブナ（ブナ属）では被害が報告されていません。カシノナガキクイムシはまず雄がブナ科樹木に穿孔し，浅い穴を開けて雌を待っています。雌がやってきて交尾が成立すると，木の辺材内に長い坑道を構築し，その中で産卵します。坑道構築の過程で，雌が持ち込んだ菌や酵母を坑道壁に植え付け，ふ化した幼虫は坑道壁で繁殖した酵母を食べて育ちます。通常宿主木は 1 年しか利用できないので，翌年の夏に羽化した成虫は親が開けた穴から脱出して，新たな宿主木探索の旅に出かけます。

16.3 相性のいい木の探し方

　生まれ育った木を飛び立ち，新たな宿主木の探索をはじめたカシノナガキクイムシの眼前に拡がっているのは，広葉樹や針葉樹，健全木や衰弱木など，さまざまな健康状態のいろんな樹種で構成されている森です。そのなかからミズナラなど，相性のいい木を探し出さなければなりません。最初の例でいえば，ビル街を離れて高台に上って目的の黒いビルがどこにあるか探している状態ですが，待ち合わせの時刻が迫っているので貴方は悠長に探している時間はありません。カシノナガキクイムシの場合も飛翔エネルギーが限られているので，探索にそんなに時間を割くことはできません。こんなとき，どのような探索方法が有効でしょうか。

　針葉樹を宿主とする**樹皮下穿孔性キクイムシ**の場合，まず針葉樹がたくさん生えているような林分を，つぎに利用可能な樹種を，最後に木の健康状態を認識して，宿主木選択をしていると考えられています。キクイムシはその選択の過程で，針葉樹に特有の揮発成分を宿主への定位に利用しているだけでなく，宿主ではない広葉樹の揮発成分も忌避剤として利用していることが明らかになってきました。カシノナガキクイムシが同様に樹木からの揮発成分を宿主木選択に利用しているかどうかはまだ不明なのですが，もしブナ科樹木に特有の成分があるのなら，多様な森の中で視覚的に宿主を探すよりも，

嗅覚を利用した方が効率的かもしれません。いずれにしても，森の中で宿主がかたまって生えているような場所があれば，そこにまず飛んでいった方がその後の宿主木の特定がスムーズに進行すると思われますが，カシノナガキクイムシもそのような探索をしているのでしょうか。

　京都府の東北部に位置する京都大学の芦生研究林では，長期的な森林の動態を明らかにするために，大面積の固定調査プロットが設定されています。そのようなプロットを対象として，どんなミズナラがカシノナガキクイムシのアタックを受けて枯れたかを解析することで，この疑問に答えることができました。まず，調査地におけるミズナラの分布パターンは集中分布で，その集中斑の大きさは 0.08 ha 程度だということがわかりました。そして，ミズナラがカシノナガキクイムシのアタックを受ける確率には，ミズナラ個体の太さとその個体の周辺のミズナラの密度が影響を及ぼしていて，集中分布する太いミズナラほどアタックを受ける確率が高いことが明らかになりました。カシノナガキクイムシが坑道の構築場所として辺材部を利用することを考えれば，辺材部の体積が大きい太い木を好むというのは納得できる結果です。また，アタックを受ける確率に影響を及ぼしていたのは周辺 0.09 ha のミズナラの密度で，このスケールはミズナラの集中斑のスケールとほぼ一致しました。カシノナガキクイムシは森の中で集中分布しているミズナラをなんらかの方法で検出しているのです。

　芦生研究林の他の林分で，小面積を対象にカシノナガキクイムシの飛来穿孔消長を詳細に追った研究によって，対象木に飛来した後の行動も見えてきました。まず，直径が 10 cm 以下の細い木には飛来さえしていないことが明らかとなりました。繁殖に適さない木は最初から選択の対象から外している訳です。また，前年にアタックされたものの生き残った木を，カシノナガキクイムシは飛来してから穿孔する段階で選り好みして避けていることも示唆されました。このような木は繁殖に不適だということがわかっています。カシノナガキクイムシはこれら繁殖に不適な木を飛来前には認識できないものの，飛来後穿孔するかどうかを決定する段階で認識して排除していると考えられるのです。さらに，抵抗性の異なる 3 種のブナ科樹種間で飛来と穿孔のパターンを比較したところ，カシノナガキクイムシは木に飛来する段階で

は樹種を区別していないが，穿孔する段階で区別し，抵抗性が低く，より好適なミズナラを選んでいることがわかりました．

　これらの結果を総合して見ると，カシノナガキクイムシはまずブナ科樹木の'かたまり'のようなものを検出して飛来し，その'かたまり'の中から穿孔対象木を選ぶ段階で，不適な個体や樹種を排除していることが伺われます．針葉樹を宿主とするキクイムシは広葉樹をその'匂い'で排除していることを考えれば，カシノナガキクイムシも同様になんらかの情報を利用して不適な木を排除していることは想像に難くありません．また，直径 10 cm 以下の細い木がこの'かたまり'に属しているにもかかわらず飛来の段階から選択肢に入っていないことを考えると，カシノナガキクイムシは森の上から'かたまり'を探索している可能性もあります．直径 10 cm 以下の細い木は背も低く林冠に達していないので，彼らには'見えない'のかもしれません．

16.4　皆で襲えばこわくない

　ブナ科樹木の'かたまり'までたどり着いたカシノナガキクイムシがつぎにしなければならないのは，どの木に穿孔するかという選択です．'かたまり'の中には好適な太い木が何本もあるかもしれません．どれを選べばよいのでしょうか．先に述べたように，カシノナガキクイムシは 1 頭では元気な宿主木を弱らせることができません．行列を目印にして人気のレストランを探し出すように，すでに仲間がアタックしはじめている木を選べば，その後繁殖に成功する確率が上がるかもしれません．また，先にアタックした個体もその後仲間がたくさん来てくれた方が，宿主木の抵抗性に打ち勝つ可能性が高まります．アタックする対象木が森の中で分散するよりは，ある程度集中する方がカシノナガキクイムシにとっては都合がよいのです．そのため，いち早く宿主木を見つけて穿孔したカシノナガキクイムシは，同種他個体を呼び寄せる集合フェロモンを分泌することが知られています．フェロモンに誘引されて多くのカシノナガキクイムシが集まり，マスアタックとよばれる集団

穿孔が起きると，健全な木も枯れてしまいます。では，どのような木でマスアタックが生じるのでしょうか。この点を明らかにするために現在進行中の研究を紹介します。

調査は京都府東部の高層湿原，八丁平の周辺二次林で行っています。ここでは，カシノナガキクイムシの宿主となりうるミズナラとクリが優占しています。毎年春に 90 ha の調査区域を歩いてまわり，前年にカシノナガキクイムシのアタックを受けた樹木を探します。被害木を見つけたらその位置を GPS で測位し，樹種や太さや生死を記録します。このようなデータを蓄積することで，アタックを受けたがマスアタックにはいたらず生き延びた木，アタックを受けマスアタックにいたり枯死した木がそれぞれどのような特性を持ち合わせているかがわかることになります。枯れた木だけなら航空写真等で検出することが可能ですが，ここではアタックはされたけれど生き残った木も調べる必要があります。そのような木は上空からは未被害木と区別することができません。山を歩いて 1 本 1 本の木の根元まで行き，樹幹上の穿孔や地際にたまったフラスを確認してはじめて確認できるのです。90 ha（100 ha は 1 km × 1 km の広さ）の踏査はなかなか大変な作業で，毎年複数の調査員で 10 日以上かけて調べています。実際の調査の様子は，「山狩り」をイメージしてもらえればよいかと思います。1 日歩けば簡単に 1 kg ぐらいは痩せることができる調査です。

2 年分のデータを解析した結果，アタックされはじめた木がマスアタックにいたり枯死する確率は，樹種によっては異なるけれど太さによっては異ならない，ということがわかりました。ミズナラの方がクリより枯死確率が高いという結果は，マスアタックにいたる段階でカシノナガキクイムシが樹種を識別していることを示唆しています。前節で紹介した，カシノナガキクイムシは飛来する段階では樹種を選んでいないけれど穿孔する段階でミズナラを選んでいる，という観察とも矛盾しない結果です。一方で，枯死確率は太さによって違いはありませんでした。前節で紹介したように，カシノナガキクイムシは飛来する段階ですでに不適な細い木はアタックの対象から外しているので，その後さらに太い木を選ぶ必要は無いのかもしれません。その他の要因としては，周辺のミズナラやクリの密度と地形が枯死確率に影響を及

ぼしていました。

　この調査で山を歩いていると，被害木が集中的に分布していることを実感します。被害木が1本見つかると，その近くで立て続けに何本も見つかることが多いのです。実際データを解析してみても，被害木の分布は強い集中性を示しています。前節で考察したように，カシノナガキクイムシはピンポイントに1本の木を狙って飛来してくるのではなく，ブナ科樹木の'かたまり'に飛来しているのでしょう。その'かたまり'をどのように認識しているのか，これを解明することがこれからの課題です。

16.5　穴はどこに掘るべきか

　穿孔対象木を選んだカシノナガキクイムシが最後に決定しなければならないのは，穴を掘る場所です。自分の遺伝子をできるだけ多く残すためには，子供達が育つのに最適な環境を選ばなければなりません。かといって，飛来後悠長に穴を掘る場所を決めていたら，穴を掘る前にアリなどの捕食者に食べられてしまうかもしれません。彼らは迅速にかつ的確に好適な場所を探さなければならないのです。カシノナガキクイムシにとって最適な生育環境とは何でしょうか。子供達は卵からふ化して成虫になるまで，ずっと坑道の中で暮らします。餌は坑道壁に植え付けられた酵母です。酵母が繁殖しやすい環境，というのがまずはじめに考えられます。また，坑道を構築する空間には限りがあります。他の個体も坑道を構築するからです。つまり，競争を回避できる環境，というのも重要です。

　カシノナガキクイムシの穿孔は，樹幹下部に集中することが知られています。その理由として，樹幹下部は樹体が枯死した後も含水率が高いままで保持されるので，菌類や酵母の繁殖に好適なことが考えられています。しかし，いくら樹幹の下部が好適だとはいっても，皆が皆樹幹下部に穿孔してしまったら，坑道の構築場所をめぐって競争が激化し，結果的に**繁殖成功度**が低下する，つまり残せる子どもの数が少なくなるかもしれません。そうなったら元も子もありません。樹幹の下部が混み合ってくるにしたがって，より上部

第4部　ナラ枯れ

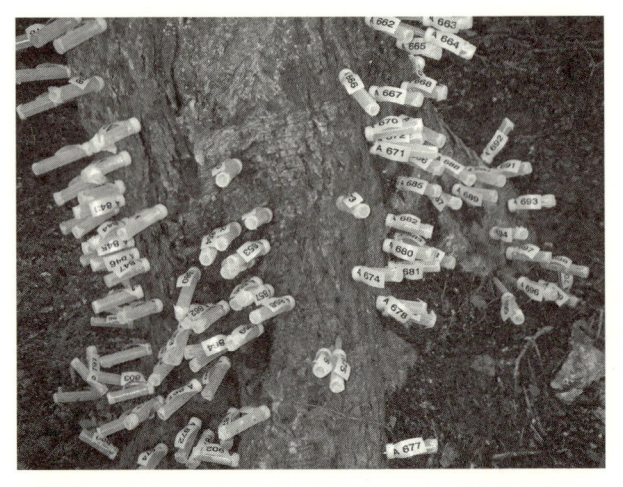

図 16.3　カシノナガキクイムシにアタックされて枯死したミズナラに取り付けた羽化トラップ．
樹幹上に掘られた1個1個の穿入孔を塞ぐように設置されている．

に穿孔するなど，カシノナガキクイムシはその場その場で最大の繁殖成功度を見込める最適な場所を選んで穿孔しているのかもしれません。

　これを確かめるには，カシノナガキクイムシが飛来してから穿孔するまでの行動を直接観察する必要があります。野外における直接観察は非常に難しいのですが，マスアタックを受けて枯死した樹木の樹幹上において穿孔部位の高さや周辺の穿孔密度などの特性を解析したり，特性の異なる穿孔部位間で繁殖成功度を比較することでも，カシノナガキクイムシがどのように穿孔部位を選択するのかを間接的に評価することは可能です。マスアタックを受けて枯死したミズナラで，樹幹に掘られた穿孔に個別に羽化トラップを仕掛け（図16.3），穿孔部位の特性と繁殖成功度を調べてみました。この調査では6本の木に総計2464個のトラップを仕掛け，1万7904頭のカシノナガキクイムシを捕獲することができました。1穿孔あたりの繁殖成功度には大きなばらつきが認められ，ゼロが非常に多いなかで，306頭脱出した穿孔もありました。毎週2000個以上のトラップを確認し，捕獲されたカシノナガキクイムシをカウントするのは大変な作業ですが，得られたデータを解析して

みたところ，その苦労を補ってあまりある面白いことがわかってきました。

　まず，木に穿孔したカシノナガキクイムシがそもそも繁殖成功するかしないかという段階には，穿孔した高さと穿孔部位の凹凸が影響を及ぼしていることがわかりました。穿孔した部位が低いほど繁殖成功する確率が高いというのは予想どおりの結果でした。カシノナガキクイムシは雄が先に穿孔し，後から雌がやってくるので，繁殖成功確率は雌がやってきてくれる確率，と読み替えることができます。子供達の生育に適した樹幹上の低い場所に穴を掘ったらちゃんと雌が飛んできてくれるけれど，生育に適さない高い場所には雌が飛んできてくれないのかもしれません。また，樹幹上で凹んだ部位ほど繁殖成功する確率が高いという傾向も認められました。野外で被害木を観察していると，樹皮の裂け目など凹んだ部位にそもそも穿孔が多いことがわかります。凹んだ部位で穿孔をはじめた方が早く辺材部にたどり着けるので，捕食者を回避できるなどの効果があるのかもしれません。ただ，今回の結果は，そのように選ばれた凹んだ部位のなかでも，さらに凹んだ部位ほど繁殖成功確率が高いことを示しています。その適応的意義は不明なのですが，カシノナガキクイムシがなんらかの方法によって，樹幹上の凹んだ部位を選択しているというのは興味深い現象です。

　つぎに，一旦繁殖が成功した後，どのくらいの数の次世代を残せるかという1穴当たりの羽化脱出数には，樹幹上の穿孔密度が影響を及ぼしていることがわかりました。穿孔密度に対して繁殖成功度は一山型の変化を示し，これは周囲の穿孔密度が低すぎても高すぎてもだめで，穿孔密度が中程度のときに繁殖成功度が最大になることを意味しています。この結果は，**アリー効果**と坑道構築空間をめぐる競争で解釈可能です。カシノナガキクイムシは持ち込んだ病原菌を坑道壁にはびこらせることで宿主木を衰弱させ枯死にいたらしめるのですが，そのためには宿主木の抵抗性反応に打ち勝つ必要があります。カシノナガキクイムシは局所的に穿孔を集中させることで抵抗性打破を達成していると考えれば，穿孔密度が高くなればなるほど繁殖成功度が高くなることは理解できます。しかし，穿孔密度が閾値を超えると繁殖成功度は逆に低下していく傾向も認められました。穿孔を集中させすぎると，その後辺材内に坑道を構築していく際に構築場所をめぐって他個体との干渉が生

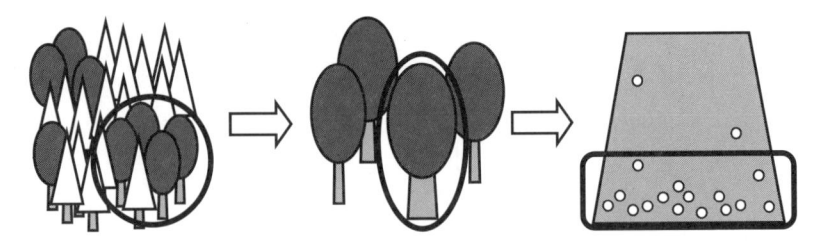

図 16.4　カシノナガキクイムシの宿主木および穿孔部位選択様式.
飛来対象としては集中分布する太い宿主木を，マスアタックの対象としては好適な樹種を，穿孔部位としては樹幹上の低い場所を選択することで繁殖成功度を高めている.

じ，短い坑道しか作ることができなくなって繁殖成功度が低下するのかもしれません。

本章3節からここまでに紹介してきた研究でわかったことを図 16.4 にまとめました。カシノナガキクイムシは宿主や非宿主などいろんな樹種で構成されている森の中で，集中的に分布している太い宿主木に飛来し，宿主木のなかでも利用価値の高いミズナラをマスアタックの対象として選び，さらに樹幹上の低い位置に選択的に穿孔することで繁殖成功確率を上げているのです。

16.6　多様な森で生きのびる

本章2節でも述べたように，カシノナガキクイムシは本来は二次性昆虫で，衰弱木や枯死木しか宿主として利用することができません。少ないながらも森の中に存在するそのような木だけを利用していても，細々とではあるかもしれませんが世代を繋げていくことができると考えられます。二次性昆虫の性質だけもっていればよいものを，なぜ健全木もアタックできるようになるという潜在能力も持ち合わせているのでしょうか。

カツオドリという鳥をご存じでしょうか。この鳥は1回の産卵で1～2個の卵を生みます。どの卵もふ化して雛は生まれるのですが，先に生まれた

雛が後で生まれた雛を巣から蹴り出したりする「兄弟殺し」が行われ，成鳥にまで育つのは大抵1羽のみです。複数の雛を育てるために餌をたくさんとってくるのは大変なので，親鳥は雛の「兄弟殺し」を容認します。最初から育てられないことがわかっているなら卵を1個だけ生めばよいのになぜ2個の卵を生むことがあるのか，その理由は環境の時間的な不均一性にあると考えられています。通常の年はカツオドリは餌環境に恵まれておらず，1年に1羽しか雛を育てられません。でも，もっと長期的に考えれば，何十年かに一度はなんらかの要因で餌が豊富な年があって，たくさん雛を育てられるかもしれません。そのような環境の変動はカツオドリには予測できないので，餌が豊富な年の到来に備えて毎年1～2個の卵を生んでいるのです。

　同じようなことがカシノナガキクイムシにもあてはまるかもしれません。通常は衰弱木や枯死木は森の中でまれな存在です。でも，何十年に一度かは台風の直撃などで大量に木が倒れて，利用できる資源がどっと増え，カシノナガキクイムシの個体群密度が急上昇するかもしれません。増えた仲間がすべて資源を獲得するため，みんなで攻撃することで，いつもは利用できない健全木も利用できるように衰弱させ，そうすることで飛躍的に繁殖成功度を上昇させている可能性があります。このチャンスを逃す手はありません。資源の増加にともない個体群密度が急上昇する，というまれなイベント発生時に繁殖成功度を最大限にするために，一次性昆虫になるオプションが残されているのではないでしょうか。

　個体群密度の上昇にともなう二次性昆虫から一次性昆虫へのシフトがどのように起こっているのかについては，まだよくわかっていません。森の中でカシノナガキクイムシの個体群密度が上昇すると1本の木に集まる虫の数が増えて，健全木が枯死する確率も飛躍的に上昇しているだけで，ナラ枯れが顕在化していない状況でもナラ枯れが目立つ状況でも，カシノナガキクイムシの行動は何も変わっていないのかもしれません。いずれにしても，彼らが生息する森はいろいろな樹種で構成されていて，空間的に非常に不均一です。さらに衰弱木や枯死木がどこにどれだけ発生するかを考えれば，年によってその場所も量も変わるので時間的にも不均一です。このように空間的にも時間的にも不均一に資源が分布する環境の中で生きていくために，カシノナガ

キクイムシは好適な宿主を探し出す精緻な探索システムを進化させてきたのでしょう。次章以降では，彼らの複雑な生活様式や餌環境，周囲の生き物との関わり合いについて紹介していきます。

（山崎理正）

参考文献

伊藤進一郎・山田利博（1998）「ナラ類集団枯損被害の分布と拡大」『日本林学会誌』, **80**: 229-232.

小林正秀・上田明良（2005）「カシノナガキクイムシとその共生菌が関与するブナ科樹木の萎凋枯死―被害発生要因の解明を目指して―」『日本林学会誌』, **87**: 435-450.

Yamasaki, M. and Futai, K. (2008) Host selection by *Platypus quercivorus* (Murayama) (Coleoptera: Platypodidae) before and after flying to trees. *Applied Entomology and Zoology*, **43**: 249-257.

Yamasaki, M. and Futai, K. (in press) Discrimination among host tree species by the ambrosia beetle *Platypus quercivorus*. *Journal of Forest Research*.

Yamasaki, M. and Sakimoto, M. (2009) Predicting oak tree mortality caused by the ambrosia beetle *Platypus quercivorus* in a cool-temperate forest. *Journal of Applied Entomology*, **133**: 673-681.

Zhang, Q-H. and Schlyter, F. (2004) Olfactory recognition and behavioural avoidance of angiosperm nonhost volatiles by conifer-inhabiting bark beetles. *Agricultural and Forest Entomology*, **6**: 1-19.

第17章

親子二世代の連係プレー
―― 木屑が語る坑道の中の社会的な生活

17.1 穴の中の様子を探るには

前章ではナラ枯れを引き起こすカシノナガキクイムシがどのように宿主木を探しているのか，また，彼らの生活場所である坑道をどのような場所に構築しているかについて紹介しました．本章では宿主木や坑道構築場所の選択が終わった後，カシノナガキクイムシの坑道の中での生活様式を紹介します．とはいえ坑道は木の中なので，様子をうかがうためにはちょっと工夫が必要です．

小学生の時に寄生虫の卵を調べるために，検便があったことを覚えておられるでしょうか．検便はこれだけなく潜血検査にも用いられ，人間ドックなどの定期健康診断には必ず含まれている項目です．検出感度は非常に高く，大腸のポリープやガンなどの早期発見に非常に有効な検査です．ただ，検便だけではどこから出血しているかまではわからないので，血液反応陽性の場合は大腸内視鏡検査となります．これは文字通り内臓をえぐられるような検査で，話のネタにはなりますがあまり経験したくないものです．

人の大腸は外からは見えないので，最終的にはカメラで確認するとしても，検便で大体の状態がわかれば非常に助かります．キクイムシの坑道も木の中に掘られているので，外からは中の様子をうかがい知ることができません．木を割れば中の様子はわかりますが，割ってしまうとキクイムシの生活環境が破壊されてしまうので，継続的に坑道が拡張されていく様子を調べたりす

ることはできません。何か非破壊的な検査はできないでしょうか。カシノナガキクイムシの場合，坑道の直径は 2 mm にも満たないので，直径が 10 mm 以上ある大腸カメラはおろか，直径 6 mm 程度の胃カメラも入れることができません。では，坑道から排出されるフラスで中の様子がわからないでしょうか。前章で少し紹介しましたが，フラスとはキクイムシの糞と木屑が混ざりあった物です。

　ブナ科樹木に穿孔する他のキクイムシで，フラスをその活動の指標にした例があります。Svihra and Kelly（2004）によれば，殺虫剤の有効性を評価するために，殺虫剤処理をした枝としなかった枝でフラスの排出量を比較した結果，殺虫剤処理をした枝ではほとんどフラスが見られず，排出フラス量にははっきり見て取れる差が生じたのです。フラスの排出量を調べることで，キクイムシの活動が殺虫剤によって低下もしくは停止したことを判断できるわけです。

　本章では，穿入孔から排出されるフラスの質と量から，カシノナガキクイムシの木の中での生活様式を探ります。実はフラスの質と量を調べるだけで，木を割らなくてもいろんなことがわかるのです。また，坑道の入口部分，穿入孔の特徴とその適応的意義についても紹介します。キクイムシの坑道は本当によくできた構造なのです。

17.2　穴から排出されるフラス

　ミズナラやコナラがカシノナガキクイムシに攻撃されているかどうかは，秋でもないのに葉が茶色く変色していれば遠くからでもわかるわけですが，これは攻撃が始まって 1 か月ほど経過した後のことです。もっと前の段階，攻撃がはじまって間もない段階はどうすれば検出できるでしょうか。キクイムシに限らず，樹木がある昆虫の攻撃を受けているかどうかは，その昆虫に特有の指標を見つけることによって明らかになります。たとえば葉を食べる昆虫のことを食葉性昆虫といいますが，チョウ目やハチ目などいろんな分類群の昆虫が含まれています。樹木がどの分類群の食葉性昆虫に食べられてい

図 17.1 カシノナガキクイムシの穿入孔から排出されるフラス.
繊維状のフラス（左）と粉末状のフラス（右）．穿入孔の直径は約 2 mm.

るのかは，地上に落ちている食べられた葉の食痕や，糞の形態などである程度はわかります．キクイムシの場合は，樹幹上の穿入孔や根元に堆積しているフラスがこれにあたります．たとえばカシノナガキクイムシと同属の *Megaplatypus*（=*Platypus*）*mutatus* が樹木を攻撃しているかどうかは，穿入孔の存在と幹から排出されるフラスによってわかります．このキクイムシの場合，攻撃がはじまって間もない木では粗いフラスが観察され，穿入孔からは樹液が流出しています．また，マウンテンパインビートル（*Dendroctonus ponderosae*）や養菌性キクイムシ *Platypus flavicornis*, *Xyleborus glabratus*, *X. crassiusculus* の場合はもっと細かいフラスが排出されて，攻撃された木の根元に堆積しています．

　他の養菌性キクイムシと同様に，カシノナガキクイムシもミズナラやコナラなどの宿主木に穿孔した際に，穿入孔からフラスを排出します（図 17.1）．カシノナガキクイムシの樹木への攻撃は，7 月初旬にまず雄によって開始されます．穿孔対象木を選んだ雄は樹幹上に深さ約 4 cm の円筒形の穿入孔を掘り，この時からフラスの排出が始まります．穿入孔に雌がやってくると，雄は外に出てきて雌を穿入孔内に迎え入れ，穿入孔の入口で交尾後，今度は雌，雄の順で穿入孔に入り，そこから雌は水平母坑を掘っていきます．雌は坑道の壁に卵を生み付け，共生菌の胞子を植え付けます．ふ化した幼虫は水平母坑の坑道壁で繁殖した共生菌を食べて成長します．ふ化幼虫は冬までに

終齢幼虫にまで成長し，その後冬眠します。翌春，終齢幼虫は縦穴の**蛹室**を作ってその中で蛹化します。蛹化は5月に始まり，6月から7月にかけて羽化した未熟な成虫は表皮が硬化するまで蛹室にとどまります。8～9月までに約40%が羽化し，10月までに大多数の羽化成虫は生まれ育った坑道から去っていきます。

カシノナガキクイムシはその生活史の大部分を木の中で過ごすのでその観察は難しく，上述の生活史についてもすべてはっきりわかっているわけではありません。そこで注目されるのが，穿入孔から木の外に排出されるため容易に観察できるフラスです。カシノナガキクイムシが木の中で過ごす長い期間中，穿入孔から排出されるフラスは質も量も一定ではありません。この不均一性は何を物語っているのでしょうか。

17.3　繊維状と粉末状のフラス

野外でカシノナガキクイムシの穿入孔の周囲を観察すると，フラスには二つのタイプがあることがわかります。繊維状の粗いフラスと，粉末状の細かいフラスです（図17.2）。ただ，野外ではそれぞれの穿入孔の奥がどういう状態かわからないので，どんな時に繊維状のフラスが，どんな時に粉末状のフラスが排出されるのかはっきりしません。そこで，実験室内で用意した丸太にカシノナガキクイムシの雄と雌を導入して穴を掘らせ，定期的に割材して中の様子を観察することによって，二つのタイプのフラスはどのような時に生産されるのかを調べました。すると，雄に続いて雌を導入した直後，すなわちカシノナガキクイムシの成虫雌による坑道の構築がはじまったときには，繊維状のフラスしか生産されないことがわかりました。生み付けられた卵から幼虫がふ化した後も，坑道内で生産されるフラスはすべて繊維状でした。坑道の中で活発な幼虫が見られるようになってはじめて，粉末状のフラスが生産されるようになりました。つまり，繊維状のフラスは成虫によって，粉末状のフラスは幼虫によって生産されていると考えられます。

ここでカシノナガキクイムシの成虫と幼虫の口器の形態を詳しく見てみま

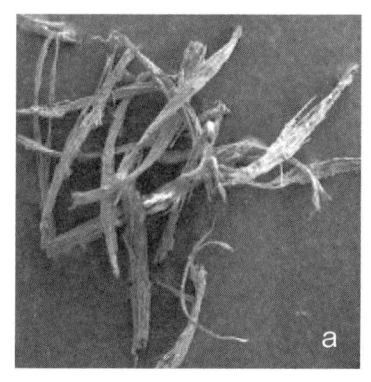

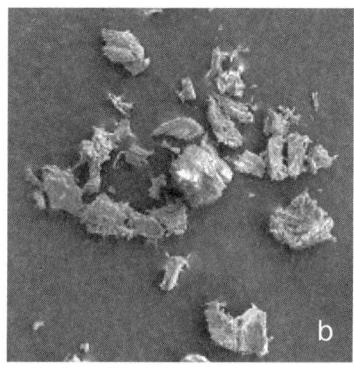

図17.2　カシノナガキクイムシが生産するフラスの電子顕微鏡写真.
繊維状のフラス（a）と粉末状のフラス（b）.

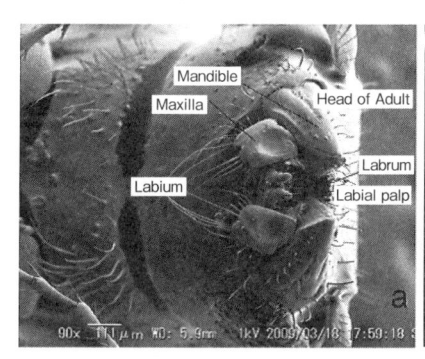

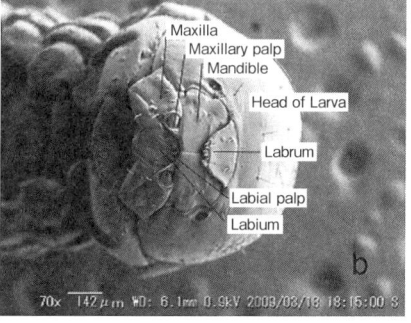

図17.3　カシノナガキクイムシの口器の電子顕微鏡写真.
雄成虫の口器（a）と幼虫の口器（b）．口器は上唇（Labrum），大顎（Mandible），小顎（Maxilla），下唇（Labium）からなり，小顎には小顎肢（Maxillary palp），下唇には下唇肢（Labial palp）がある．

しょう（図17.3）。他の養菌性キクイムシと同様に，カシノナガキクイムシ成虫の口器は，上唇，一対の大顎，一対の小顎，下唇からなり，菌食性の甲虫に特有の形態をしています。大顎は硬化した顎で，小顎は食物を保持したり噛んだりするときに補助的な役割を果たします。小顎肢と下唇肢は食物を口に運び，大顎が噛んでいる間食物を保持しています。これら口器が，とくに大顎・小顎・下唇が成虫と幼虫のあいだで異なることによって，フラスのタイプ，すなわち繊維状か粉末状かが決められていると考えられます。成虫

の口器は，大きくて強力な（硬化した）大顎，上唇，完全に硬化した小顎と下唇からなっています。大きくて硬化した成虫の口器は木材繊維を引き抜くのに適応しており，成虫が坑道を掘ると繊維状のフラスが排出されるのです。これに対して3〜4齢幼虫の口器は，上唇と大顎は発達して硬化しているのですが，小顎と下唇はまだ硬化していなくてやわらかいままです。幼虫は坑道を掘るためにシャベルのように大顎を使い，その結果粉末状のフラスが排出されるのです。

17.4　フラスが語る木の好適性

　では，このフラスの量から穴の中の様子が何かわからないでしょうか。穴を掘ってできた木屑がおもな成分なのであれば，フラスの量から坑道の長さがわかるかもしれません。この点を明らかにするために，室内でいろんな樹種の丸太にカシノナガキクイムシに穴を掘らせ，坑道の長さとフラスの排出量の関係を調べてみました。使用したのはカシノナガキクイムシの好適な宿主であるミズナラとコナラ，宿主として利用はできるが好適ではないクリ，宿主として利用できないスギとウラジロノキ，合計5種の樹木から採取した丸太です。その結果，どの樹種においてもフラスの排出量と坑道の長さには相関関係がありました。つまり，フラスの排出量さえわかれば，中を割って見なくても坑道の長さが大体わかるということです。

　ミズナラについては，健全な個体とすでにカシノナガキクイムシに感染した個体から丸太を採取し，実験に供しました。その結果，坑道の長さは，カシノナガキクイムシが健全なミズナラに構築した場合と感染済みのミズナラに構築した場合で差がありました。雄成虫が坑道の構築をはじめたときは，感染丸太からの方が健全丸太と比べて多くのフラスが排出されたのですが，雌成虫が一旦導入されると，健全丸太の方がフラス排出量も多く坑道の長さも長くなりました。産卵数とふ化卵数は，健全丸太の方がはるかに多くなり，健全なミズナラは坑道の構築や産卵など雌の活動にとって好適な環境であることがわかりました。

この5種の樹木の丸太を用いた実験では，最終的にフラスの排出量と坑道の長さを調べるだけではなく，雄に最初に穴を掘らせ，そこに雌を導入し，雌が生んだ卵がふ化して幼虫となり，成長して成虫になるまでの過程も5種の樹種のあいだで比較しました。穴を掘らせるといっても，丸太にただカシノナガキクイムシをのせただけでは，掘って欲しいところに穴を掘ってはくれません。そこで丸太に小さな穴を開け，そこにピペットチップを挿して中にカシノナガキクイムシの雄成虫を入れました。こうすることで，坑道を掘ることに対する雄成虫の選好性を比較したのです。各樹種の3本の丸太にそれぞれ5個の穴を人工的に作って雄成虫を導入したのですが，ミズナラでは平均3.33個，コナラでは平均4個，クリでは平均3.67個の穴が雄成虫によって掘り進められました。宿主ではないウラジロノキとスギでも穴は拡張され，その数はそれぞれ平均で4.67個と2.33個でした。つまり，雄は宿主ではなくても穴を掘ってしまうのです。

次の段階は雌による定位と交尾，そして幼虫の発育です。雄につづいて雌もピペットチップで導入したところ，ミズナラとコナラは雌によって宿主として受け入れられ，カシノナガキクイムシはミズナラとコナラにおいてのみその生活史をまっとうすることができました。ミズナラの4本（3本は健全，1本は感染木）の丸太では，それぞれ幼虫がふ化した坑道は1本でした。幼虫がふ化した坑道はコナラでは3本のうちの2本，スギでは3本のうちの1本でした。ウラジロノキとクリの丸太では，幼虫がふ化した坑道はありませんでした。この結果を見ると，雄よりも雌の方が，宿主をしっかり選り好みしているように思われます。

繁殖に成功した坑道あたりの次世代の数も樹種によって異なっていました。カシノナガキクイムシは感染済みのミズナラよりも，あるいは他のどの樹種の丸太よりも健全なミズナラの丸太に多くの卵を生みました。また，健全なミズナラにおいてのみ，幼虫は成虫にまで発育しました。カシノナガキクイムシはコナラでも産卵し，多くはふ化して幼虫になりました。ウラジロノキとクリの丸太では，次世代は生まれませんでした。スギの丸太では1本だけ繁殖に成功した坑道が見られ，そこには2個だけ卵が生み付けられていました。

交尾後，雌成虫は坑道の拡張を続け，フラスは雄によって穿入孔から排出されます。坑道の長さは健全なミズナラ丸太で一番長くて平均44.2 cm，次いで感染ミズナラ（26.8 cm），スギ（15.4 cm），コナラ（13.2 cm），ウラジロノキ（11.9 cm），クリ（6.1 cm）の順でした。フラスの排出量も坑道の長さと同様のパターンを示しました。健全なミズナラと感染ミズナラの場合が他の樹種に比べてフラスの排出量が多く，それぞれ平均で855.3 mg，349.9 mgでした。

カシノナガキクイムシの繁殖が成功するか否かは，交尾後の産卵と幼虫発育段階で決まると思われます。調査した5樹種のなかでは，交尾後，産卵や幼虫の発育にまでいたることができたのはミズナラとコナラだけでした。例外的にスギでは雌が産卵にまでいたりましたが，卵はふ化しませんでした。好適な樹種であるミズナラやコナラでは，雄は人工的な穿入孔を拡張して坑道を掘削し，交尾後排出されるフラスは増加しました。これらの結果は，雄が坑道掘削を開始し雌がそれを拡張するという過去の研究と一致するものでした。

17.5　変動するフラスの質と量

カシノナガキクイムシが生産するフラスには二つのタイプがあり，繊維状のフラスは成虫によって，粉末状のフラスは幼虫によって生産されることを紹介してきました。カシノナガキクイムシは雄成虫がまず単純な穴を掘り，交尾後は雄に変わって雌が坑道の掘削をはじめ，坑道の終端あたりに産卵し，新しい分岐坑を掘削してその終端にまた産卵します。その後，坑道の拡張という仕事は幼虫が引き継ぐわけですが，引き継ぎのタイミングはどうなっているのでしょうか。たとえば雌成虫と幼虫が同時に働き，二つのタイプのフラスが同時に排出されたりするのでしょうか。

野外で40日間にわたって，21個の坑道についてフラスの生産量を毎日観察したところ，フラスの生産活動には三つのステージがあることがわかりました。成虫が坑道を掘る繊維状フラスステージ，フラスが生産されない中間

ステージ，そして幼虫が坑道を掘る粉末状フラスステージです．つまり，成虫が坑道を掘削する時期と幼虫が坑道を掘削する時期は重なっていなかったわけです．繊維状フラスステージの長さは 5 〜 21 日（平均で 11.14 日），中間ステージの長さは 2 〜 20 日（平均で 11.95 日）でした．粉末状のフラスが生産されはじめるのは，坑道の構築がはじまってから 19 〜 27 日目でした．

　室内で 3 本の丸太を用いて同様の観察を行ったところ，フラスの生産には三つのステージがあることを確認できました．しかし，フラス生産の長期変動パターンには丸太間で大きなばらつきがありました．丸太 No. 1 では繊維状フラスステージは 23 日間だったのですが，繊維状フラスステージが終わったのと同じ日に粉末状フラスステージがはじまったので，中間ステージは 24 時間以内だったことになります．丸太 No. 2 でも同様の変動パターンが観察され，繊維状フラスステージは 22 日間，その後短い中間ステージがつづきました．一方で丸太 No. 3 では，フラス生産の長期変動パターンはまったく異なっていました．繊維状フラスステージは 11 日間で，その後の中間ステージは 11 日目から 32 日目まで 21 日間も続き，33 日目からようやく粉末状フラスステージがはじまったのです．

　野外と室内における観察から，粉末状のフラスは繊維状のフラスの生産が終わってすぐに生産されはじめるのではなく，数日たってから幼虫によって生産されはじめることが明らかになりました．このフラスが生産されない中間ステージの長さに大きなばらつきがあったわけですが，これは何を意味しているのでしょうか．雌成虫が作る分岐坑の本数によって，中間ステージの長さが異なるのかもしれません．前述のように，雌成虫は何本かの分岐坑を作り，それぞれの分岐坑を作り終わった後その終端に産卵します．もし分岐坑が 1 本だけならふ化する幼虫の数も少ないので，幼虫が成熟して坑道を拡張しフラスを生産するようになるまで時間がかかり，その結果中間ステージは長くなると考えられます．逆に分岐坑がたくさん作られると，雌成虫が最後の分岐坑を作り終わった頃には，最初の分岐坑から生まれた幼虫が坑道の掘削をはじめているので，フラスが生産されない中間ステージは短くなると考えられます．

　本研究では分岐坑の本数は数えていないのでこの仮説は検証できていない

のですが，仮説を支持する結果は得られています。中間ステージの長さと繊維状のフラスの排出量の関係を調べたところ，両者の間には負の相関がありました。つまり，フラスの排出量が少ない（作製した分岐坑が少ない）場合は中間ステージが長く，フラスの排出量が多い（作製した分岐坑が多い）場合は中間ステージが短かったわけです。

ところで，繊維状フラスステージは二つの重要なフェーズからなります。交尾前のフェーズと交尾後のフェーズです。**樹皮下穿孔性キクイムシ**や養菌性キクイムシの交尾前のフェーズには，二つの異なったタイプが見受けられます。*Ips* 属や *Pityogenes* 属など一夫多妻制のキクイムシでは雄が先に宿主木に飛来し，穿入孔を掘って雌を待ちます。対照的に，*Scolytus* 属や *Trypodendron* 属，*Tomicus* 属のような一夫一妻制のキクイムシの場合，雌が先に宿主木に飛来して穿入孔を掘り，坑道の掘削をはじめ後から雄も参加します。*Megaplatypus* 属やカシノナガキクイムシなどの *Platypus* 属は一夫一妻制なのですが上記の例外で，雄が坑道構築をはじめます。交尾後のフェーズではカシノナガキクイムシの場合，雌成虫は坑道の拡張，雄成虫は穿入孔からフラスの排出，という分業体制がしかれます。

中間ステージの後にはじまる粉末状フラスステージは，幼虫活動の指標となります。現在までに研究されているナガキクイムシ科の終齢幼虫はすべて自分で蛹室を作り，ほとんどの種では蛹になる前の幼虫期間に利用する分岐坑も自分で作ります。幼虫によって作られた分岐坑の多くは成虫によって作られた坑道よりも複雑で，カシノナガキクイムシの場合，坑道が多くの縦穴や分岐坑で構成されている場合は坑道の完成までに数週間かかります。

17.6　入口が傾いている意義は

いままで紹介してきたカシノナガキクイムシのフラスは，穿入孔から木の外へとゴミのように排出されます。排出するのは雄の役目で，同様の行動は他のキクイムシでも報告されています。キクイムシに限らず，社会性を営むほとんどの動物では，排泄物を生活場所から離れた特定の場所に捨てに行く，

第17章 親子二世代の連係プレー

図17.4 カシノナガキクイムシの穿入孔に爪楊枝を刺した様子.
穿入孔の入り口が下に傾いていることがわかる.

あるいは排泄物が出る度に生活場所から取り除くという行動が観察されます。カシノナガキクイムシの場合，雄はこの他にも穿入孔から入ってくる侵入者を排除するなど坑道を防衛する役割も担っています。マツに穿孔するキクイムシ Ips pini でも，坑道から雄を排除するとわずか3日で坑道内で捕食性の甲虫が増加することから，雄が捕食者を排除していることが明らかになっています。ゴミを捨てたり入ってくる外敵を追い出したりしなければならない穿入孔は，どのような構造になっているのでしょうか。穿入孔が水平からどれぐらい傾いているかを測ってみたところ，平均で20度ぐらい下に傾いていることがわかりました（図17.4）。この角度，いったいどういう意味があるのでしょうか。

まず考えられるのは，下に傾いている方がゴミを捨てやすいのではないかということです。実験室内で穿入孔の傾きを変えてみることで，この機能が確認できました。フラスの排出量は，自然条件下で見られるように穿入孔を下に20度傾けた場合が一番多く，次いで水平の場合，一番フラスの排出量が少なかったのは穿入孔を上に20度傾けた場合でした。穿入孔が下に傾いていると，雄がフラスを押し出すときにあまりエネルギーを使わないで済むのでしょう。

同様に，穿入孔が下に傾いている方が外敵を追い出しやすいとも考えられます。フラス排出量を調べたのと同様の実験で，この機能も確認できました。

穿入孔の角度を下に20度，水平，上に20度と変えて，それぞれの穴に別の雄を侵入者として入れてやった場合に，先住者の雄が侵入者を排除するのにどれぐらい時間がかかるかを比較してみたのです。その結果，穿入孔が下に20度傾いている場合は侵入者を追い出すのにかかった時間は1～7分，穿入孔が水平もしくは上に20度傾いている場合先住者の雄は侵入者を追い出すのに10分以上かかりました。フラス同様，外敵を追い出すのにも，穿入孔が下に傾いていると好都合なようです。

とはいえ，下に傾いていると万事がうまくいくわけではありません。フラスや外敵が追い出されやすいということは，中にいる幼虫も外に落ちやすいと考えられます。しかし，実験室内で60個の坑道を観察してみると，3個の坑道から計10匹の幼虫しか落下しませんでした。自然条件下でも，5%の坑道からしか幼虫の落下は観察されていません。あまり幼虫が落下しないのは，穿入孔付近にとどまっている雄がこれを防いでいるのでしょうか。実験室内でカシノナガキクイムシの坑道から雄を排除してしまうと，40個の坑道のうち10個の坑道から43匹の幼虫が落下しました。雄がいないと，実に25%の確率で穿入孔から幼虫が落下してしまうのです。同様のことはブナ科樹木に穿孔する *Platypus cylindricus* の雄を排除する実験でも過去に確認されています。

一般に，動物の行動には常に利益と損失の両方がともない，利益が損失を上回るような（純利益がプラスの）行動しか進化しないと考えられています。カシノナガキクイムシが穿入孔を下に傾けて掘ることの利益は，フラスを簡単に清掃できたり，外敵をうまく排除できたりすることです。一方，損失は，下に傾いていることで奥にいる幼虫が外に落ちやすくなってしまうことです。この損失を補填するために雄は幼虫の落下を防ぐという余計な負担を強いられるわけですが，この負担を補って余りある利益があるからこそ，下に傾いた穿入孔を掘るという行動が進化したのでしょう。

17.7　坑道の中の社会的な生活

　カシノナガキクイムシの穿入孔から排出されるフラスを詳しく調べることで，外からは見えない坑道内での彼らの生活の一端を垣間見ることができました。宿主となる木に最初に飛来した雄が穿入孔を掘り，これを雌が拡張して坑道が形成されます。雌は坑道壁に共生菌を植え付け，これを食べて成熟した幼虫が坑道の拡張という仕事を受け継ぎます。坑道掘削時に生産されるフラスは，穿入孔付近にとどまっている雄によって坑道の外に排出されます。このような親子2代にわたる連係プレーによって，彼らの生活場所である坑道は作られ，清浄に維持されていくのです。

　カシノナガキクイムシの穿入孔から排出されるフラスからは二つの重要な情報が得られます。まずフラスのタイプによって，カシノナガキクイムシの発育状況が推定できます。たとえば，繊維状のフラスが排出されていれば，雄と雌が次世代生産の初期段階にあることがわかります。この段階では，雄は単純な坑道を掘って雌と交尾し，雌は坑道の終端付近で産卵して，新しい分岐坑を掘りその終端で産卵，という行動を繰り返しているのです。また，粉末状のフラスは，成虫がするように幼虫が坑道を掘り続けて，繁殖のための坑道を拡張し新しい分岐坑を作っている証拠となります。

　つぎに排出されたフラス，とくに粉末状のフラスの量によって，坑道内の幼虫の数が推定できます。掘りはじめてから時間がたった坑道では幼虫によって多くの粉末状のフラスが生産され，その量は初期に雄雌成虫によって生産される繊維状のフラスよりも遙かに多いのです。

　前節で紹介したように，カシノナガキクイムシは雄がフラスを坑道の外に排出したり幼虫が落ちないように守ったり，子どもの世話をしていると考えられます。子供に対して親が世話をする昆虫を**亜社会性昆虫**とよび，これはアリなどに見られる**真社会性**の初期段階とみなされています。カシノナガキクイムシが亜社会性昆虫なのかどうかはまだはっきりとはわかりません。今後，本章で紹介したような非破壊的な調査方法も活用することによって，坑道の中で営まれている社会的な生活の様子が徐々に明らかになっていくこと

でしょう。

(Hagus Tarno／山崎理正)

参考文献

Jackson, D.E. and Hart, A.G. (2009) Does sanitation facilitate sociality? *Animal Behaviour*, **77**: e1-e5.

Kirkendall, L.R., Kent, D.S. and Raffa, K.F. (1997) Interactions among males, females and offspring in Bark and Ambrosia Beetles: the significance of living in tunnels for the evolution of social behavior. pp. 181-214. In Choe, J.C. and Crespi, B.J. (eds.), *The evolution of social behavior in insect and arachnids*. Cambridge University Press, Cambridge, UK.

Reid, M.L. and Roitberg, B.D. (1994) Benefits of prolonged male residence with mates and brood in pine engravers (Coleoptera: Scolytidae). *Oikos*, **70**: 140-148.

Sone, K., Mori, T. and Ide, M. (1998) Life history of the oak borer, *Platypus quercivorus* (Murayama) (Coleoptera: Platypodidae). *Applied Entomology and Zoology*, **33**: 67-75.

Svihra, P. and Kelly, M. (2004) Importance of oak ambrosia beetles in predisposing coast live oak trees to wood decay. *Journal of Arboriculture*, **30**: 371-376.

Tarno, H., Qi, H.Y., Endoh, R., Kobayashi, M., Goto, H. and Futai, K. (2011) Types of frass produced by the ambrosia beetle *Platypus quercivorus* during gallery construction, and host suitability of five tree species for the beetle. *Journal of Forest Research*, **16**: 68-71.

第18章

'神々の食べ物' とは何か？
――カシノナガキクイムシと菌類の共生系

　人類の農耕は1万5千年ほど前にはじまったとされていますが，それよりはるか昔に'農耕'を営みはじめた生物がいるといわれています。高等シロアリ（Higher termites），ハキリアリ（Attine ants），養菌性キクイムシ（Ambrosia beetles）などの昆虫がそれで，菌類を育てて自らの餌にする'農耕'を，実に400万年以上前に開始したといわれているのです。そんなユニークな生態をもつ昆虫の一種が，いま日本の森でドングリをつける木々を枯らしています。それが本章の主人公，カシノナガキクイムシ（カシナガ）です。

　先述のとおり，ナラ枯れはカシナガが植物に病気を起こすカビ *Raffaelea quercivora*（ナラ菌）を宿主木の材内へ運ぶことによって起こるとされています。第16章でも述べたように，カシナガは幹の内部を巣にして繁殖し，翌年また新たな宿主を求めて樹の外へ飛んでいきます。この間，虫たちの生活はすべて樹の内部で営まれます。樹の中で多数の次世代虫が生まれ，育ち，蛹になり，やがて羽化して一人前になるわけですが，この間ずっと樹の中にいるにもかかわらず一生を通じて材を口にすることはありません。正確には，口にくわえたり，かじって巣を作ったりということはあっても，材を飲み込むことはないようです。つまり，キクイムシと名がついていても，樹を食べているわけではないのです。ではいったい，何を食べて生活しているのでしょうか。どうやら巣の中で菌類を食べて生きているらしいのですが，大繁殖するいわば命の素が何なのか最近まで正体がはっきりしませんでした。また，養菌性キクイムシの一種とされているものの，本当に'農耕'など営んでいるのか，どのような生活をしているのか，樹の中での生きざまは興味をひか

れる謎に満ちています。しかし森林害虫として注目され，防除の重要性が強調されるあまりに，興味深いカシナガの生きざまはあまり注目されてきませんでした。

本章では，カシナガのパートナーである微生物，とくに共生菌類に注目してカシナガの不思議な生態の一部をのぞいてみましょう。

18.1 菌類と密接に関わる養菌性キクイムシ

第4部の導入部でもふれたように，養菌性キクイムシは特定の菌類と共生関係にあり，その菌類は虫のおもな餌となります。このような生態をもつキクイムシ類の存在は19世紀から知られていました。あるキクイムシが巣の壁の白いペースト状の物質を食べている様子が観察され，この物質が'アンブロシア'（Ambrosia, 神々の食べ物・不死の意）とよばれていました。後にペースト状の物質は菌類であると報告され，食物とみられるその菌類を総称してアンブロシア菌（Ambrosia fungi）とよばれるようになりました。このことからアンブロシア菌を餌としているように見えるこれらキクイムシの仲間のことをAmbrosia beetlesとよぶようになり，「共生菌を養う」ことから養菌性キクイムシという日本語訳があてられたようです。

では，共生菌を養うとはいったいどういうことなのでしょうか。具体的に，虫は密接に関わる菌類に対して，何をしているのでしょうか。先述したとおりこの点は研究が進んでおらず，現象の発見から150年以上経ったいまもはっきりしたことがわかっていません。特定の菌類にとって生育しやすいよう虫が菌類の環境を調えている，菌類が必要とする養分を虫が供給している，など可能性はいろいろ考えられていますが，具体的に証明された例はほとんどありません。カシナガを含むナガキクイムシ類についても同じく，虫が菌類に何をどう助けているのか，科学的にすべて解明されたわけではありません。ただ，巣内をつぶさに見てみるといずれのナガキクイムシの坑道内でも菌類が旺盛に生育していることが観察できます。また養菌性キクイムシは，樹から樹へと共生菌を運搬する特殊な器官，**マイカンギア**（Mycangia

あるいは Mycetangia, 菌嚢）をそなえていることからも菌類との密接な関係がうかがわれます。マイカンギアは虫体の外に開いているくぼみで，かつそのくぼみには分泌腺の開孔部が存在しています。いわば，汗を分泌するヒトの汗腺のようなものがくぼんで袋状になっているような構造と思ってください。マイカンギア内には共生菌が格納され（「マイカンギアには共生菌の胞子が格納されている」と本に書かれていることがありますが，必ずしも胞子すなわち菌類の分散態・耐久態とは限りません），共生菌を効率的に運ぶのに役立つといわれます。興味深いことに，マイカンギアの形態や存在部位は虫の種によってさまざまなのですが，これについては中島敏夫氏によるすぐれた文献がありますのでそちらを参照していただきたいと思います（中島 1999）。ナガキクイムシの場合，マイカンギアは前胸背板（胸部の背中）に開孔するタイプのものと，口腔奥に存在するタイプのものが見つかっています。先述したとおり，虫が共生菌の維持や生育について具体的にどのようなアクションを起こしているのかは謎だらけですが，巣内で旺盛に菌類が繁殖しているという事実，成虫がマイカンギアをもっているという事実など，いわば状況証拠からナガキクイムシ類はすべて養菌性とされています。

18.2 カシナガの共生菌は何か？

では，その養菌性の正体とはいったい何なのでしょうか。この問いに答えることは，森林害虫であるカシナガの生態を解き明かす重要なカギになりそうです。たとえば，食物である共生菌が何なのかを突き止め，カシナガがその共生菌とどのように関わっているか，つまりカシナガと共生菌のあいだにいかなる生物間相互作用があるかを明らかにすることは，樹木の中でカシナガが繁殖するメカニズムを詳細に明らかにする第一歩となるでしょう。ではその共生菌は何かということになるわけですが，これについては近年の私達の研究によってようやく明らかになってきました。ここからはカシナガの共生菌決定までの取り組みを紹介しましょう。

カシナガの共生菌としていち早く報告されたのが通称「ナラ菌」，

Raffaelea quercivora です。ナラ枯れの被害木からは特定の糸状菌（カビ）がよく分離されることは1990年代前半から報告され，関係者のあいだでいわばあだ名でナラ菌とよばれ，しばらく学術的に正式な名前（学名）が確定していませんでした。ナラ菌について分類学的な研究が進んだのは2000年代に入ってからのことです。検討の結果，このカビは新種であることが明らかになり，2002年に新種記載され *Raffaelea quercivora* と名付けられました。

ナラ菌はカシナガの虫体やマイカンギアからも分離できることが確認されています。しかし，ナラ菌以外にもカシナガの共生菌が存在する可能性が早くから疑われてきました。ナラ枯れの被害木に掘られたカシナガの巣内には，一見ナラ菌ではないように思われる菌類が生息している様子が観察されていたからです。それらはいわゆるカビではなく，粒状の菌類，酵母と認識されていました。実は，ナラ菌も培養条件によっては酵母の形状になることがあり，顕微鏡で形態を観察するだけでは巣内にいる酵母様の微生物がナラ菌なのかそうでないのか，ほとんど区別がつきません（コラム参照）。カシナガの共生菌が何なのかをはっきりさせるためには，巣内に生息する菌類をはっきりと同定（種類を決定）し，正確にリストアップする必要がありました。

第16章でも紹介したように，カシナガは宿主樹木の太い幹に穴をあけ，樹の中を縦横無尽に掘り進み，これを巣として樹の幹で生活します。この巣はとくに坑道（英語ではBeetle gallery）とよばれます。多数の虫が穿孔している幹の内部は，さながら採掘が進んで複雑に入り組んだ鉱山のようで，実物を見ると，巣を坑道と表現したのはなるほどと感じます。「孔道」と表記することもありますが，私はこういった理由で「坑道」のほうを使っています。樹を切った断面を見ただけでは，三次元的に造営された坑道がどのように走っているのか全体像はまったくつかめません。しかし坑道の造営が進むと，幼虫が蛹になるための個室（蛹室）が坑道奥部に出現します。坑道の奥部に生息する菌種こそカシナガの共生菌である可能性が高いだろうと考え，おもに蛹室をターゲットにしてどんな菌類が検出されるか分離実験を行ってみました。また比較のために，樹木の年輪と平行に形成された蛹室のない坑道や，樹皮に近い坑道の入口などからも菌類の分離を行ってみました。

と，ここまでは無菌操作の手ほどきを受け，設備さえ調っていれば誰にで

もできる簡単な作業です。にもかかわらず，カシナガの共生菌に関する研究がなかなか進まなかった大きな理由，壁が，実はこの先にあります。

　先述したように，分離培地上に生えたコロニー，つまり菌類が成長した集合体が酵母のようでも，そのなかには本来はカビなのに酵母に「仮装」しているものが含まれる可能性があります（細かい話になりますが，逆に酵母がカビに「仮装」しうることも知られています）。培地上のコロニーを観察するだけでは，この「仮装」にだまされてしまう可能性があるわけです。さらに輪をかけて厄介なことに，酵母類は多くの種で形態の特徴が乏しく，よほど見慣れないと培地上のコロニーでどれとどれが同じ種類の菌なのか判別をつけるのが難しいという難点もあります。分子系統学的にかけ離れた，つまり，これまでにたどってきた進化の系譜がまったく異なる別々の菌種が，培地上では見た目にまったく同じようなコロニーを生じることも多くあります。つまり，分離培地上で隣りあっていて同じように見えるコロニーが，実はまったく異なる生物だったということが酵母類では十分に考えられます。科学的に健全なデータを得るためには，さまざまな可能性をできる限り検討し，不確実な要素を極力排除することが求められます。カシナガの坑道から菌類を分離すると，培地上には実際に多くの酵母のコロニーが出現しました。この白い，表情に乏しい無数の点が，研究進展の妨げになっていたのでしょう。

　カシナガの共生菌を同定するためには，これらの難点を克服する工夫をほどこす必要がありました。試行錯誤の結果，①コロニーの性状（色，粘り気，表面の質感・輝き，縁の形状など）の観察，②単一の菌株から抽出した全DNAを鋳型としたPCR fingerprint法（分子生物学的手法の一種で，その生物のゲノム〔生命の設計図〕情報から「指紋（Fingerprint）」を採って可視化する手法），③DNA塩基配列の解読と相同性の比較（いかに配列が一致するか，あるいは異なっているか），を組み合わせて解析することで，いかに形態で「仮装」していても，特徴の乏しいもの同士であっても，ほぼ確実に見分けられることがわかりました。

　さて，カシナガの共生菌に話を戻しましょう。

　菌類を分離する実験の結果，カシナガの坑道奥部からは3種類の菌類がきわめて頻繁に検出されることがわかりました。カシナガはナラ類・カシ類・

シイ類など多くの樹種を利用することが知られています。この研究では菌類の分離に，ミズナラ・コナラ・コジイ・ローレルガシ・ヨーロッパナラという5樹種に造営された坑道を用いました。カシナガの坑道奥部からすべての樹種で共通して分離された3種の菌類のうちの1種がナラ菌でしたが，他の2種はいずれも酵母類でした。詳細な解析の結果，どちらも *Candida* 属という酵母の分類群に所属することが明らかになりましたが，両者は分子系統学的にはまったく異なるもので，ともに新種の酵母であることも判明しました。このうちの1種は，私が修士課程在学時に理化学研究所バイオリソースセンター微生物材料開発室との共同研究により *Candida kashinagacola* と命名，**新種記載**しました。いうまでもなく，種小名の *kashinagacola*（カシナガコーラ）はカシノナガキクイムシの通称として定着している「カシナガ」に因んだもので，「カシナガに付いているもの，カシナガを好むもの」という意味です。学術論文を学術誌に投稿すると，通常は審査を受けることになります。新種記載の論文でもそれは同じで，審査の段階で査読者に注文をつけられるだろうと，ダメ元で国際誌に論文を投稿したら結局そのままの名前「カシナガコーラ」で認められてしまいました。一定のルール（酵母の場合，国際植物命名規約）にしたがえば，新種の名前は命名者の裁量で自由に決められます。日本産のナガキクイムシはカシナガを含めて20種近く知られており，それぞれが特定の酵母を共生者にしている可能性があります。カシナガコーラを手始めとして，日本産ナガキクイムシ由来の新種酵母群で「ナガコーラ」シリーズを創設するのもいいかもしれません。

　カシナガの共生菌は何か。坑道奥部の菌相を見る限り，ナラ菌 *Raffaelea quercivora*，*Candida kashinagacola* と，さらに別の *Candida* 属酵母（未記載）の少なくとも3種は共生菌として重要な役割を果たしているようです。

18.3　'神々の食べ物'とは何か？

　さて，これまで「共生菌」という言葉を何度も使ってきましたが，カシナガと菌類の関係を詳細に読み解くうえで十分注意しておかなければならない

ことがあります。「共生」とは狭義では「**相利共生**」を指します（この場合、「共生」を英語に訳すと Mutualism）。つまり、ある 2 種の生物がすぐ近くに存在し、お互いに助けあって、どちらも利益を得ている状態のことです。しかし広義では、同所的に存在するある 2 種の生物について、それぞれの生物にとって損か得かにかかわらずあらゆる関係をまとめて「共生」と表現することもあります。この意味では、「共生」には「相利共生」から、お互いに対立して双方にとって損が生じている「競争」まで含まれることになります（この場合、「共生」を英語に訳すと Symbiosis）。

前節で少なくとも 3 種の菌類がカシナガの共生者であるとしましたが、この場合、Symbiosis の意味での共生菌ということになります。坑道奥部から必ず分離されるこの 3 菌種は、カシナガの材内生態に密接に関わっていることはほぼ間違いありません。しかし、そこによく存在するというだけで、相利共生者 Mutualist かどうかはわかりません。仮に、これらの菌類がカシナガの餌になっており、虫によってなんらかの方法で樹から樹へと運ばれていれば、相利共生者とみなせます。カシナガは共生菌に住む場所を提供して生存を担保する一方で、共生菌の一部を餌として消費するという、もちつもたれつの関係が成立するからです。もちろん、坑道奥部から常に分離される 3 種の菌類がカシナガの餌の最有力候補になるわけですが、坑道壁から高頻度に分離されたからといって食餌源とは限りません。坑道奥部に生息するカシナガの幼虫の行動を観察すると、坑道の表面を盛んに削ぎ取っているような様子がうかがえます。しかし、坑道壁に生育する菌類がカシナガの餌かどうかをはっきりさせるためには、虫に対する栄養学的な寄与の証明が必要であり、さらに注意深い検討が必要です。たとえば、われわれヒトが紙を飲み込んだからといって、紙がヒトの食物であるとは結論できません。飲み下したものがエネルギー源になったり、血肉になったり、消化を助けたりしていてこそ、それは食物であるといえます。

残念ながら、先述したナラ菌と 2 種の *Candida* 属菌がカシナガの食餌源なのかどうか、明確な答えは得られておらず、今後の研究の課題になっています。カシナガにとってのアンブロシア—'神々の食べ物'は何か。その正体をつかみかけてはいるものの、聖餐のメニューをうかがい知るほど聖域には

踏み込めていません。

　また，先述の3菌種に相利共生者でないもの，すなわちカシナガの食物として寄与していないものが含まれている可能性も検討しなければなりません。いずれかの菌種が巣を荒らしている寄生者である可能性すらあります。現時点ではっきりいえるのは，カシナガの坑道壁で高頻度に検出された3菌種は広義の共生者に過ぎない，ということです。菌種ごとにカシナガとの共生系における機能や役割を解明し，菌類との関係から見たカシナガの生きざまを解明するのが今後の重要な課題です。

18.4　ナガキクイムシ-菌類の共生系

　ここからは，先述したカシナガ坑道の菌類相の解析結果とともに得られた興味深い知見を紹介しましょう。

　前節までに述べてきましたように，カシナガの坑道壁からは3種の菌類が高頻度に検出されました。このうちの1種，*Candida kashinagacola* でないほうの *Candida* 属菌については分子系統学的な位置がはっきりしていません。形態を見ても何だかよくわからない微生物に出合ったとき，正体を推定するために大いに参考になるのが，特定の領域のDNA塩基配列を用いた相同性検索という操作です。簡単にいえば，その生物の塩基配列がどんな生物の配列と似ているかをデータベース上で検索し，その生物の親戚が何かを簡易的に推定する手法です。

　カシナガの坑道から分離されたもう1種の *Candida* 属菌（以下，*Candida* sp. とする）についても，定法でこの相同性検索を行ってみました。すると，*Candida* sp. にもっとも近縁と推定される種は，*Candida insectalens* という酵母でした。といっても，相同性（配列が一致した度合い）は非常に低く，かなり遠い親戚といった感じでした。では *Candida insectalens* がどこから分離されたのかを調べてみると，おもしろいことに，ソトハナガキクイムシ（*Platypus externedentatus*）というナガキクイムシでした。さらに，ソトハナガキクイムシからどんな菌類が分離されているのかを文献調査したところ，

Raffaelea albimanens という糸状菌と，*Ambrosiozyma ambrosiae* という酵母の分離記録があることがわかりました。前者はナラ菌 *Raffaelea quercivora* の近縁種，後者は *Candida kashinagacola* の近縁種です。カシナガの坑道から分離された3菌種は互いに分子系統的にかけ離れているものです。しかし，それぞれの親戚が同じナガキクイムシ科の養菌性キクイムシから分離された記録があることになるわけです。

この事実から，ある仮説が浮かび上がります。ナガキクイムシは，3系統の菌類と共生関係にあるのではないだろうか？さらに調べてみると，*Candida* sp. の近縁種は記録されてないものの，地中海沿岸に分布し，コルクガシに穿孔する *Platypus cylindrus* というナガキクイムシでもナラ菌の近縁種と *Candida kashinagacola* の近縁種が確認されています（表18.1）。この知見を踏まえ，ナラ枯れ被害木に二次的に穿孔するヨシブエナガキクイムシ（*Platypus calamus*）で同様に菌類の分離実験を行ってみたところ，やはり3系統の菌類が検出できました（表18.1）。

以上の結果から，3系統の菌類がナガキクイムシの共生者として関係していることは，カシナガに限った特殊なケースではなさそうです。3系統のそれぞれが，坑道壁でなんらかの機能および役割を果たしていることは容易に想像できます。逆に，ナガキクイムシにとって，3系統それぞれの菌類が重要なはたらきをしているからこそ，共生系がうまく機能しているとも考えら

Column

「糸状菌 Filamentous fungi」と「酵母 Yeasts」は，ともに形態の特徴によって「菌類 Fungi」を仕分けた便宜的な呼称で，どちらも菌類の一部です。非常に単純化していえば，おもに糸のような菌糸を伸ばして成長するのが糸状菌で，丸い粒々が膨れたり分裂したりして増えるのが酵母。ナラ菌のように，培養条件によって糸状菌としても酵母としても成長する菌類は数多く知られ，「二型性真菌 Dimorphic fungi」とよばれます。また，「カビ Mold」というのは糸状菌のいわば通称で，「糸状菌」と同義で用いられることが多く，本章でも同義として扱っています。

表18.1 ナガキクイムシと関連菌類の対応.

菌類の系統	分離源のナガキクイムシ			
	Platypus quercivorus (カシノナガキクイムシ)	*Platypus cylindrus*	*Platypus externedentatus* (ソトハナガキクイムシ)	*Platypus calamus* * (ヨシブエナガキクイムシ)
Candida sp. 系統	*Candida* sp.	(記録なし)	*Candida insectalens*	Fungal sp. 1
Candida kashinagacola 系統	*Candida kashinagacola* *Candida pseudovanderkliftii* *Candida vanderkliftii* *Ambrosiozyma kamigamensis* *Ambrosiozyma neoplatypodis*	*Ambrosiozyma platypodis*	*Ambrosiozyma ambrosiae*	Fungal sp. 2 Fungal sp. 3
ナラ菌系統	*Raffaelea quercivora*(ナラ菌) オフィオストマキン科数種	*Raffaelea monetyi*	*Raffaelea albimanens*	*Raffaelea* sp.

*ヨシブエナガキクイムシ関連菌類について未同定のものを Fungal sp. 1〜3 とした. Endoh et al. (2011) を改変.

れます。これもまた詳細は解明できていませんが，いずれにせよナガキクイムシの生態に菌類が切り離せないものであることは確かなようです。

ナガキクイムシの共生菌に関する大きな謎は他にもあります。

先ほど少し触れたように，カシナガの共生菌 *Candida* sp. の分子系統学的な位置はよくわかっていません。現存する生物のなかで *Candida insectalens* がもっとも近縁なのは確からしいのですが，*Candida insectalens* そのものの近縁種もほとんど発見されていません。少なくとも，データベース上には登録されていません。厳密には，先述の2種の DNA 塩基配列についてデータベース上で相同性検索を試してみると，まだ名前のついていない *Candida* 属菌がもう1種だけみつかりますが，これまた分子系統学的位置が定かではない酵母なのです。たとえていうなら，3種の酵母は太平洋のような大洋に，いずれの大陸からも隔絶されて浮かんでいる三つの絶海の孤島のようなものといえます。三つの孤島はそれぞれ

かなりの距離をおいて存在しているのですが，一つの'諸島'を形成していることは間違いないらしいのです。しかしどの孤島にしても，元々どこの大陸と縁の深い陸地なのかわからない……。そんな状態なのだと説明すれば少しはイメージがわくでしょうか。ここで「大陸」とは，多くの種が発見されている特定の分類群のことを指します。ヨシブエナガキクイムシの共生菌を探索することによって，この'諸島'（科学的な術語を当てるとすれば，クレード Clade）に新たな孤島が発見されました（表18.1）。日本にナガキクイムシの仲間は20種足らずしか存在しませんが，全世界では約1400種も知られています。そのほとんどが菌類，とくに共生酵母に関して調べられていない状態です。つまり，未知の島が存在するかもしれない広大な海域が未踏査のまま残されている，ということです。今後，それらを順次探査していくことで，これまでに発見された四つの'孤島'のあいだが埋まり，いわば'列島'の存在が明らかになるのではないかと期待されます。

　昆虫が酵母類の重要な宿主となっていることは近年になって急速にわかってきました。とくに昆虫の腸管は新種酵母の宝庫であることが報告されています。キノコムシなどの腸管から酵母を分離し，一挙に100種以上の新種を発見したソ・ソンウィ博士に訊いてみたところ，「*Candida insectalens* やカシナガの共生者である *Candida* sp. の近縁種は発見していない」とのことでした。分子系統学的位置のはっきりしないこれらの酵母は，ナガキクイムシのいる環境でしか生きてゆけないのでしょうか。だとすれば当然，虫側がこれらの酵母をなんらかの方法で'養育'している可能性が疑われます。カシナガ以外のナガキクイムシについても共生菌を確定していくことは，菌類の生物多様性に関して新たな発見をもたらすだけでなく，'養菌性'の正体に迫ることにもなると期待されます。

18.5　今後の展望

　私がサイエンスの世界にはじめて足を踏み入れたころには，ナラ菌を含めてカシナガの共生菌に関していかに断片的な知見しかなかったか，いまにな

ってみるとよくわかります。もちろんここで紹介した研究によって得られた知見もわずかばかりですが、少なくとも、カシナガの共生菌とは何か、という問いは果てしなく広がる荒野のほんの入り口に過ぎないということがはっきりとしてきました。当初は'神々の食べ物'とは何か、つまりカシナガの食餌菌は何なのかを確定することが研究の主たる目的でしたが、研究の進展とともにいくつもの大きな謎が浮かび上がってきました。

カシナガ共生系探究の行き着く先はどのようなものなのか。その一つの方向性として参考になるテーマが、養菌性キクイムシ以外の'農耕を営む'菌栽培昆虫（Fungus-growing insects）の共生系に関する研究です。菌栽培昆虫の代表格として知られるのが、本章冒頭で紹介したハキリアリの仲間です。ハキリアリ-菌類を含めた微生物の巧妙な共生系についてはかなり研究が進んでおり、共生者の役割も解明が進んでいます。

ハキリアリは中南米に生息する、日本では見られない森林昆虫です。漢字で書くと「葉切蟻」。読んで字のごとく、樹に上っては顎で葉っぱを切り、行列をなしてせっせと巣の中に運び込みます。巣の中で葉を食料にしているかというと、そうではありません。切ってきた葉に共生菌を植え付けて増殖するのを待ち、葉に生えたその菌類を餌にしています。葉にはハキリアリにとって有毒な成分が含まれており、直接餌にすることはできません。しかし、共生菌はその毒を分解してハキリアリが食べても問題無い形にしているのです。一方で共生菌は生息する場をハキリアリに提供してもらっており、この共生菌はハキリアリの相利共生者というわけです。ところが、このよくできた共生系を喰い物にする微生物がいます。ハキリアリの食餌菌に寄生する、菌寄生菌が存在するのです。この菌寄生菌は、自らが菌類でありながら、他の菌類を餌にしてしまうという栄養獲得戦略をとっています。この菌寄生菌がハキリアリの巣内で繁茂してしまうと、巣を壊滅に追い込むこともあるといいます。この菌寄生菌は、ハキリアリにとっては餌（＝資源）を奪いあう競争相手、ハキリアリの食餌菌にとっては寄生者となります。

しかしハキリアリは、巣を荒らすこの菌寄生菌に対抗する切り札をもっています。なんと食餌菌を菌寄生菌から防衛する細菌とも共生関係を結び、食餌菌を保護しているのです。この細菌は、菌寄生菌と同じ培地上で培養する

と菌寄生菌の菌糸伸長を抑制することが確かめられています。紙幅の関係で詳細は省きますが，ハキリアリ - 微生物の共生系にはさらに，巣内に不足する窒素分を供給する別の細菌の存在も明らかになっており，複雑かつ巧妙な生態系が巣内に広がっていることが明らかになってきました。

では，このような複雑な共生系はハキリアリとその関連微生物群に限ったケースなのでしょうか。これはハキリアリ共生系研究の第一人者であるキャメロン・キュリー博士とも見解が一致していることですが，おそらくこういった複雑系は特殊なケースではないと考えています。実際，あるキクイムシ科の養菌性キクイムシでは，坑道の防衛に寄与する細菌の存在が確認され，その細菌が産生する抗生物質も同定されています。ここで紹介したハキリアリ共生系に関する研究成果および実験手法には，養菌性キクイムシ共生系の全容解明を目指す上で重要な示唆がいくつも含まれているように思われます。

細部は紹介しきれませんでしたが，私どもの研究によってカシナガの共生菌としてなんらかの役割を担っている可能性のある菌類が少なくとも他に2種見つかっています。ハキリアリなどの菌栽培昆虫における'農耕の営み'を参考に，近い将来，ナガキクイムシ共生系の解明が進むものと期待されます。

'神々の食べ物' とは何か。この問いに答えを出す頃には，ナガキクイムシと微生物たちの驚くべき世界がわれわれの前に姿を現すことでしょう。

（遠藤力也）

参考文献

Currie, C.R., Scott, J.A., Summerbell, R.C. and Malloch, D. (1999) Fungus-growing ants use antibiotic-producing bacteria to control garden parasites. *Nature*, **398**: 701-704.

Endoh, R., Suzuki, M., Benno, Y. and Futai, K. (2008) *Candida kashinagacola* sp. nov., *C. pseudovanderkliftii* sp. nov. and *C. vanderkliftii* sp. nov., three new yeasts from ambrosia beetle-associated sources. *Antonie van Leeuwenhoek*, **94**: 389-402.

Endoh, R., Suzuki, M., Okada, G., Takeuchi, Y. and Futai, K. (2011) Fungus symbionts colonizing the galleries of the ambrosia beetle *Platypus quercivorus*. *Microbial Ecology*, **62**: 106-120.

Kubono, T. and Ito, S. (2002) *Raffaelea quercivora* sp. nov. associated with mass mortality of Japanese oak, and the ambrosia beetle (*Platypus quercivorus*). *Mycoscience*, **43**: 255-260.

Muller, U. G. and Gerardo, N. (2002) Fungus-farming insects: Multiple origins and diverse evolutionary histories. *Proceedings of the National Academy of Sciences of the United States of America*, **99**: 15247-15249.

中島敏夫（1999）『図説養菌性キクイムシ類の生態を探る ブナ材の中のこの小さな住民たち』学会出版センター，東京.

Scott, J.J., Oh, D.-C., Yuceer, M.C., Klepzig, K., Clardy, J. and Currie, C.R. (2008) Bacterial protection of beetle-fungus mutualism. *Science*, **322**: 63.

Suh, S.-O., McHugh J.V., Pollock, D.D. and Blackwell, M. (2005) The beetle gut: a hyperdiverse source of novel yeasts. *Mycological Research*, **109**: 261-265.

第19章

仲間もいれば敵もいる
——カシノナガキクイムシを取り巻く微生物

　ナラ枯れの直接の原因がナラ菌（*Raffaelea quercivora*）というカビの一種であることはここまで紹介してきたとおりです。一方，この病原菌を樹から樹へ運び被害を拡げているのはカシノナガキクイムシ（カシナガ）で，この虫のためにナラ枯れは流行病になっているといっていいでしょう。この節ではこの病気の運び屋を天敵微生物で防除しようという私達の研究についてお話をしましょう。

19.1　拡大をつづけるナラ枯れ被害

　ナラ枯れ被害は1934年に九州の鹿児島県や宮崎県ではじめて確認されましたが，当時の被害発生は局所的かつ散発的なものでした。ところが1980年代以降，ナラ枯れの被害域は日本海側沿岸部から太平洋側へと急激に拡大するとともに，被害発生が持続的になってきたといわれています。事実，都道府県別に被害発生を見たとき，1998年には12府県だったのが，2010年には30都府県へと約12年間で3倍近くの地域に拡大し，被害量も33万立方メートルに達しています。被害進展の経過を，京都府を例にもう少し詳しく見てみましょう。京都府下では，ナラ枯れはまず1991年に丹後半島の久美浜町で発見され，その後1990年代をとおして丹後半島で猛威を振るいました。さらに，府下を南下して，2002年には京都大学芦生演習林（南丹市美山町）に，2004年にはついに芦生より50 km以上南の京都市内まで被害が

到達しました。2008年には京都大学北部構内のオリンピックオーク*が枯れ，すぐ近くの吉田山のコナラ林にもはじめての被害が発生するにいたったのです（CD参照）。

19.2　ナラ枯れ被害に打つ手はあるのか

　拡大しつづけるナラ枯れ被害に対し，これまでさまざまな防除法が考案されてきました。これまでの防除法の大部分は病原菌であるナラ菌よりも，その伝播者であるカシナガを標的にしています。ナラ枯れ防除の基本的な考え方は次の二つに大別できるでしょう。一つは枯れた被害木からのカシナガの脱出を妨げ，被害が周辺に拡がることを阻止しようという考えに基づくもの，他の一つは飛来するカシナガの穿孔加害から健全木を守ろうという考えに基づくものです。前者の例としては，プラスチック製シートによりカシナガが繁殖する枯死木の幹を被覆したり，それら枯死木を伐倒し，丸太に切り分けてから林外に持ち出して焼却処分したり，あるいは林内で丸太をビニールシートで被覆して燻蒸殺虫剤を施用したり，一つ一つの穿入孔へ爪楊枝を埋め込む方法などがあります。一方，後者の例としては，ビニールシートで健全木の幹を被覆したり，フェロモントラップや衝突トラップ，あるいはおとり木を用いることによりカシナガを捕獲したりして被害を免れようという方法などがあります。

　しかし，これまで取られたいずれの防除法も，実際の防除現場においてはさまざまな問題を抱えています。枯死木の伐倒は危険をともなう重労働で経費も決して安いものではありませんし，燻蒸剤の使用はビニールシートの被覆を前提にしているため周辺昆虫相への薬害は最小限に押さえられますが，施用後のビニールシート自体の処理という問題が残ります。また，一見生態

＊オリンピックオークとは，1936（昭和11）年にベルリンで開催されたオリンピックの三段飛び競技で，京都大学をその春卒業したばかりの田島直人氏が世界記録で金メダルを獲得し，金メダルとともに授与されたヨーロッパナラの苗木を京都大学に持ち帰り記念に植樹したものです。ヨーロッパナラはドイツカシワともよばれています。

系にとって安全に見える爪楊枝による坑道栓塞法も，労力の割に効果が望めないという弱点があります。カシナガは爪楊枝を食い破ったり，封鎖された穴の横に新たに穴を開けたりして出て来るからです。さらに，ビニールシートによる枯損木，健全木の樹幹部被覆も被覆部以外からのカシナガの脱出や穿孔加害が報告されており，完全を期すことはなかなか難しいのです。多くの研究者から期待されたフェロモントラップ法やおとり木法もこれまでのところほとんど著効を得ておらず，まだまだ研究の余地があります。以上のような問題を克服し，現行の防除法の弱点を補完するものとして期待されているのが**生物的防除**です。

　農業や林業の現場で病害虫を駆除するためこれまで広く用いられてきた化学農薬に大きな問題があることはよく知られています。その一つは，標的とする害虫，害菌，雑草以外の生物や土着生態系にも深刻な悪影響を及ぼす点で，レイチェル・カーソンの『沈黙の春』に代表されるような，化学農薬の散布に対する根強い反対運動が起こる理由もこの点にありました。さらに，土着生態系への悪影響の一つには，標的害虫の天敵生物をも殺してしまう可能性が挙げられており，化学農薬の使用がむしろ標的害虫の増殖をもたらす危険性さえも指摘されています（このことは，しばしば「殺虫剤の逆理（パラドックス）」とよばれます）。現在もつづけられている新農薬開発の戦略において，標的とする有害生物以外の生物への影響の少ない農薬を開発することに重きが置かれているのはきわめて合理的です。一方，生物的防除では一般に，防除を担う天敵生物の**宿主選択範囲**やこの生物が餌とする生物の範囲が限られるため，環境中の天敵を殺すことが少なく，人畜や環境に対して安全性が高いと考えられています（ただし，外来生物を利用した**生物農薬**は周辺の生態系への影響が懸念される場合があります）。また，化学農薬は同一のものを繰り返し散布すると標的生物に**薬剤耐性**が生じることが多く，次第に有効性が低下するという問題があります。ところが，生物農薬の場合は長期間使用しても抵抗性が生じることは少なく，むしろ生物農薬として使われる，つまり防除を担う生物の密度が高くなって次第に効果が高まることが多いのです。そして，なによりも，生物的防除法を実施するとその分だけ化学農薬を使用する必要が減り，環境や植物中の残留農薬を減らすことができるので，とく

に食用植物の場合有効性が高くなります。このように生物農薬は，化学殺虫剤の代替物というよりその弱点の補完物として，あるいは化学農薬に対する抵抗性害虫の登場を防ぐための補助的方策として用いることができるのです。

　昆虫病原性微生物の存在は，カイコやミツバチのような益虫の病気への関心から，はるか昔から知られていました。しかし，昆虫病原性微生物を積極的に害虫防除に用いようとする研究はようやく19世紀の初頭からはじまったばかりで，それが一般にまで認知されるようになったのは細菌バチルス・チューリンゲンシス（*Bacillus thuringiensis*）を用いた害虫防除が広く行われるようになってからのことです。現在，生物農薬市場でもっとも広く用いられている生物農薬はこの細菌を用いたBT剤で，毎年1億ドル前後の売り上げがあるそうです。

　昆虫の病原微生物は，自然界では，多様な昆虫群集のなかで特定の昆虫種が極端に増えたり減ったりしないように，その個体数の増減にブレーキをかけて生態系の安定性を維持する拮抗系として機能していることが知られていますが，人為の加わった農林生態系においても侵入害虫や個体数が異常に増加した害虫を制御するうえで重要な役割を果たすことが知られています。

　生物農薬として昆虫病原性微生物を用いる方法には，二つの基本的なアプローチが考えられます。すなわち，(1) 当の侵入害虫の自生地（外国）でその害虫の個体数制御に大きな役割を果たしている病原微生物をその自生地より導入する方法と，(2) 既存の土着微生物を大量散布する方法です。

　外国から意図的に病原微生物を導入する方法は古典的な生物防除法で，いくつかの成功例が知られています。その一つは熱帯から亜熱帯地域に分布するココヤシやアブラヤシのようなヤシ類の害虫，タイワンカブトムシ（*Oryctes rhinoceros*）に対して制御因子として有効なある種のウイルスが各地で利用され，この害虫の密度を一定以下に保つことに成功している例です。また，森林害虫として有名なマイマイガ（*Lymantria dispar*）に対して用いられた昆虫病原菌 *Entomophaga maimaiga* の例もこのケースにあたります。マイマイガは1869年に北米東部に侵入し，その後合衆国西部まで蔓延しましたが，これを制御するために日本やその他のマイマイガの自生地から数度にわたって *E. maimaiga* が導入されました。当初本菌の定着は失敗したように見えたの

ですが，その後，マイマイガの個体群の中に本菌が広く流行蔓延し，その個体数を抑制していることが明らかになりました。

また，昆虫病原性線虫を利用した例もあります。ヨーロッパ原産のノクチリオキバチは産卵管の近くに菌を入れるためのマイカンギアをもっていて，この中に蓄えた *Amylostereum areolatum* 菌を，産卵管で樹に孔をあける時に感染させ，マツ科樹木をはじめ多くの針葉樹を枯損させます。あるとき，ニュージーランドとオーストラリアに植林された広大なラジアータマツ（*Pinus radiata*）の林に偶然このノクチリオキバチが侵入し，激害を引き起こしたのです。この害虫の防除のため，ヨーロッパ，北アメリカ，インド，日本などからキバチによる被害材を集め，それらから羽化した2万頭以上のキバチを解剖して多くの天敵生物を得ました。つづいて行われた実験を経て，結局，*Deladenus siricidicola* という線虫1種だけが有効な病原生物であることが確認され，これをニュージーランドのマツ林に適用したところ防除は大成功を納め，ほぼ100%に近い防除効果を達成しました。その成功の秘密は，この線虫の宿主探索能力の高さと，その人工培養法の確立にあったといわれています。

つぎに，既存の土着微生物を用いて，これを大量散布することによって害虫防除する方法としては，前述のバチルス・チューリンゲンシスを用いたチョウ目害虫の防除の成功例があまりにも有名ですが，他にも核多角体病ウイルス（NPV）と顆粒病ウイルス（GV）を含むバキュロウイルスを用いた成功例があります。バキュロウイルスは昆虫類，とくにチョウ目の幼虫に感染しますが，ハチ類やカの仲間に感染するものも知られています。宿主に対する種特異性が高く，脊椎動物には感染・増殖せず，昆虫類のなかでも特定の宿主にしか感染しません。そのうえ致死性が高く，他の動物には安全なので，生物農薬として利用されることが多いのです。日本においても，森林で激害を起こしたマツカレハや，関東地方のモミ林に6～7年ごとに大発生するハラアカマイマイに用いられた例が知られています。さらに，害虫防除のための既存の土着微生物としては菌類もよく使われます。昆虫病原性菌類は700種以上が報告されていますが，このうち10種程度が害虫防除のために実際に用いられています。たとえば，多くの同翅目昆虫（ヨコバイ，ウンカ，

アブラムシなどの仲間）にとって昆虫病原性糸状菌は有効な防除手段となり，さまざまな菌類が圃場でのアブラムシ管理に利用されています。

　このように，ウイルスや細菌，菌類，それに線虫などの昆虫病原性微生物は生物防除資材として有望であると考えられています。私達は，このような生物防除法の利点を活かして，ナラ枯れの伝播昆虫であるカシナガの個体群密度を微生物の利用によって人為的に抑制し，ナラ枯れ被害が拡大することを防ぐ新たな防除法の確立を目指して研究を行いました。

19.3　昆虫病原性微生物の探索

(a) カシナガ幼虫を集める

　カシナガに対して高い殺虫活性のある微生物を探し出すためには，広範な地域からカシナガを採集し，その虫体から微生物を分離する必要があります。そこで，鹿児島，島根，鳥取，和歌山，京都，岐阜，石川，富山，長野，山形の各府県から，ナラ枯れで枯死した樹（コナラ *Quercus serrata*，ミズナラ *Q. crispula*，クヌギ *Q. acutissima*）の幹から伐り出した円盤（直径 12 〜 42 cm，厚さ 3.5 〜 20 cm）各 3 〜 5 枚を段ボール箱に入れて送ってもらいました。10日間ほどのあいだ毎日のように届く重い段ボール箱は，受け取りに対応した大学事務室の職員を大いに驚かせたに違いありません。こうして届いた枯死木円盤は 70% エタノールで表面殺菌した木槌と鉈を用いて厚さ約 10 mm 程度の材片になるまで薄く割り，切断面に現れた坑道の中からカシナガ幼虫を，微生物の分離を行うためていねいに回収しました。

(b) カシナガ幼虫から微生物を分離する

　数多く被害材を集めたのですが，それらを割材してもほとんど死んだ幼虫や衰弱した幼虫を見つけることはできませんでした。例外的に京都の枯死木の円盤から死亡幼虫と衰弱幼虫が得られましたので，これらは直接培地の上に置いて微生物が発生してくるのを待ちました。一方，大部分の被害材からは健全幼虫しか得られませんでしたが，これらの一見元気そうな幼虫もすで

に病原菌に感染している可能性がありますので，すべて次のような微生物検査を行いました。まず，生きている幼虫は培地が入った小さなマイクロチューブ中に1頭ずつ入れ，25ºCで培養し，その後の幼虫の生存有無を40日間毎日観察したのです。死亡した幼虫はその時点で別の培地に移し，そこで生えてきた微生物を分離しました。実体顕微鏡下で観察し，コロニーの形状，色，質感に基づいてグループ分けした結果，それらは菌類34グループ，細菌類2グループの計36グループとなりました。その後，各グループの微生物は純粋培養株を確立した後，その一部を用いて次のような手順で種同定を行いました。

(c) 分離した微生物の種類を決める

分子生物学的種同定のためにまず，滅菌済みの液体培地を入れた試験管に各微生物の純粋培養株を接種し，25ºCで5～7日間振盪培養しました。その後，各培養物より菌糸体もしくは細菌細胞を回収して，この試料からDNAを抽出したのです。DNA抽出の手法は少し煩雑なので説明は省略しますが，興味のある方は私達の論文を参考にしてください。抽出したDNAを用いて，菌類，細菌それぞれに特定の遺伝子領域をPCR法で増幅しました。増幅したDNA断片は電気泳動を行って単離した後に精製し，菌類，細菌類にそれぞれ特異的なプライマーを用いてDNAの塩基配列を決定しました。

(d) カシナガの虫体から分離された微生物たち

日本国内の10府県，11地点から得た3樹種，つまりミズナラ，コナラ，クヌギの枯死木の樹幹円盤より採集したカシナガ幼虫の体から単離した36株の微生物のうち，属名ないし種名が明らかになったのは11属18種です（表19.1）。

一般に，昆虫病原性微生物の分離には死亡昆虫もしくは罹病昆虫が用いられるのですが，私達の実験では，ナラ枯れ枯死木の円盤からは死亡もしくは衰弱したカシナガ幼虫および成虫はほとんど見つかりませんでした。その理由はわかっていませんが，この死亡率の低さはカシナガによるナラ枯れの被害が急激に拡大している要因の一つであるかもしれません。

表19.1 国内各地のナラ枯れ枯死木より採集したカシナガ幼虫から分離した微生物.

微生物名	枯死木の樹種（採取地）
Beauveria bassiana	コナラ（石川）
Bionectria ochroleuca	コナラ（京都）
Candida oleophila	コナラ（石川）
Candida 属菌	コナラ（京都）
Chaetomium globosum	コナラ（京都）
Fusarium merismoides	コナラ（石川，鳥取）
F. oxysporum	コナラ（京都，富山，鳥取）
F. solani	コナラ（和歌山）
Fusarium 属菌	コナラ（京都）
Isaria tenuipes	コナラ（京都）
Lecanicillium 属菌	コナラ（京都）
Ophiostoma canum	コナラ（山形）
Penicillium aurantiogriseum	コナラ（鳥取）
P. ochrochloron	クヌギ（鹿児島）
P. paneum	コナラ（富山）
Penicillium 属菌	ミズナラ（京都）
Serratia marcescens	ミズナラ（京都）
Trichoderma 属菌	コナラ（和歌山），クヌギ（鹿児島）

カシナガの近縁種であるピンホールボーラー（*Platypus cylindrus*）は，1980年代以降ポルトガルでコルクガシ（*Quercus suber*）に枯損被害を引き起こしています．この甲虫は多様な菌類と複雑な共生関係を構築していることで知られており，コルクガシ樹体より採集した *P. cylindrus* の体のさまざまな器官や，この虫が樹の中に掘ったトンネルからは異なる15属，すなわち *Acremonium*, *Aspergillus*, *Beauveria*, *Botrytis*, *Chaetomium*, *Fusarium*, *Geotrichum*, *Gliocladium*, *Nodulisporium*, *Paecilomyces*, *Penicillium*, *Raffaelea*, *Scytalidium*, *Trichoderma* の各属と，Mucorales 目内の属の菌類が単離されました．また，*Streptomyces* 属の**放線菌**（細菌の一つのグループ）1種も発見されました．この研究を行ったエンリケスらは，キクイムシ群集の確立や樹木病害における随伴微生物の役割についても議論しています（Henriques et al. 2009）．私達の研究では11属の微生物が単離されましたが，そのなかで *Chaetomium*, *Fusarium*, *Beauveria*, *Trichoderma*, *Isaria* / *Paecilomyces*,

Penicillium の各属がこの報告と共通していたのはとても興味深い事実です。

19.4　カシナガから分離した微生物の昆虫病原性

(a) 昆虫病原性を調べた候補微生物

　カシナガ幼虫より単離し，その種名あるいは属名が明らかになった微生物28株のうち，同一種と判定された株や培養状態の悪かった *Candida oleophila* を除いた20株，11属17種（うち1種は細菌）をカシナガに対する生物防除資材の候補としました。細菌 *Serratia marcescens* は赤色株と白色株が存在したので，両株を別々の株として取り扱い，*Trichoderma* 属菌3株もそれぞれ別の候補株として用いました。これらの20株の微生物を用いて，カシナガに対する病原性を調べるスクリーニング試験を行いました。

(b) おがくず培地の準備

　カシナガ幼虫に対する微生物の病原性を調べる場合，まず微生物に感染しない状態ではどれほどの期間生存できるのか確認しなくてはなりません。そこで，二つの培地を用意して，それらの培地上で表面殺菌済みのカシナガ幼虫を飼育し，どれほどの期間生存するかを調べてみました。表面殺菌にはエタノールを使用し，幼虫の寿命に影響がないように慎重に検討して殺菌の最適条件を決めました。培地は，菌類がよく育つPDA（ポテトデキストロース寒天）培地とカシナガの生育環境により近いおがくず培地を試しました。おがくず培地に用いたおがくずは健全なコナラの樹から作製したのですが，とくに注意したのはカシナガが嫌う心材の混入を防ぐことでした。そのため，辺材しか含まない若い枝を用い，樹皮を取り除いてから電動のこぎりでスライスし，排出されたおがくずを回収しました。おがくずは十分に乾燥させた後，目のサイズが1 mmの篩に2回通してサイズを均一にしました。こうして用意したおがくずをガラスシャーレに入れ，蒸留水を加えてから滅菌し，培地として使用しました。二つの培地を比較したところ，カシナガ幼虫はPDA培地よりもおがくず培地の上で明らかに長い期間生存しましたので，

以下のスクリーニング試験ではおがくず培地を用いました。

(c) 微生物の病原性スクリーニング試験

　健全で活発に動くカシナガ幼虫をガーゼで作った網の上に置き，滅菌蒸留水と70%エタノールを交互にその体表に噴霧して滅菌しました。このようにして表面殺菌した幼虫をおがくず培地の入ったシャーレ1枚につき10頭ずつ移し，25℃で3日間培養しました。3日後，直径6 mmのコルクボーラーを用いて切り出した各候補微生物の培養物小片をおがくず培地の中央に接種し，カシナガ幼虫とともに25℃で培養しました。すべての微生物につき，3枚のシャーレを用いて試験を繰り返し，微生物を接種しなかった処理区（カシナガ幼虫10頭だけを同一条件下で培養したもの）を**対照区**としました。微生物を接種後，65日間毎日幼虫の状態を継続観察し，生死を追跡しました。図19.1はこの実験の結果をまとめたものです。この図から明らかなように，微生物を接種せずに培養した対照区では，カシナガ幼虫は培養20日目に死亡しはじめましたが，大半の幼虫は40日目まで生存し，64日目まで生存しつづけたものも2頭いました。しかし，昆虫病原性が知られている菌類3種すなわち *Lecanicillium*（レカニシリウム）属菌（図19.2a），*Beauveria bassiana*（ボーベリア・バッシアナ；図19.2b），*Isaria tenuipes*（イザリア・テニュイペス；図19.2c）を接種した場合には，カシナガ幼虫はすべて16〜19日目までに死亡しました。この結果から，これら3種の菌はカシナガ防除資材として有望な微生物であることが明らかになったわけです。この点については，さらに，微生物を接種してから3〜6日後のカシナガ幼虫の生存率を微生物の種ごとに計算して統計的に比較し，これら3種の微生物の感染によってたしかにカシナガは早く死ぬことを確認しました。一方，唯一の細菌である *S. marcescens*（セラチア・マルケセンス；図19.2d）はこれら3種の菌に比べて殺虫率は低かったのですが，鞭毛をもって自ら動き回ることができるという特徴があるため，野外で用いる場合，標的のカシナガに到達しやすいかもしれません。そこで，カシナガ防除のための候補微生物の一つに加えることにしました。

第19章 仲間もいれば敵もいる

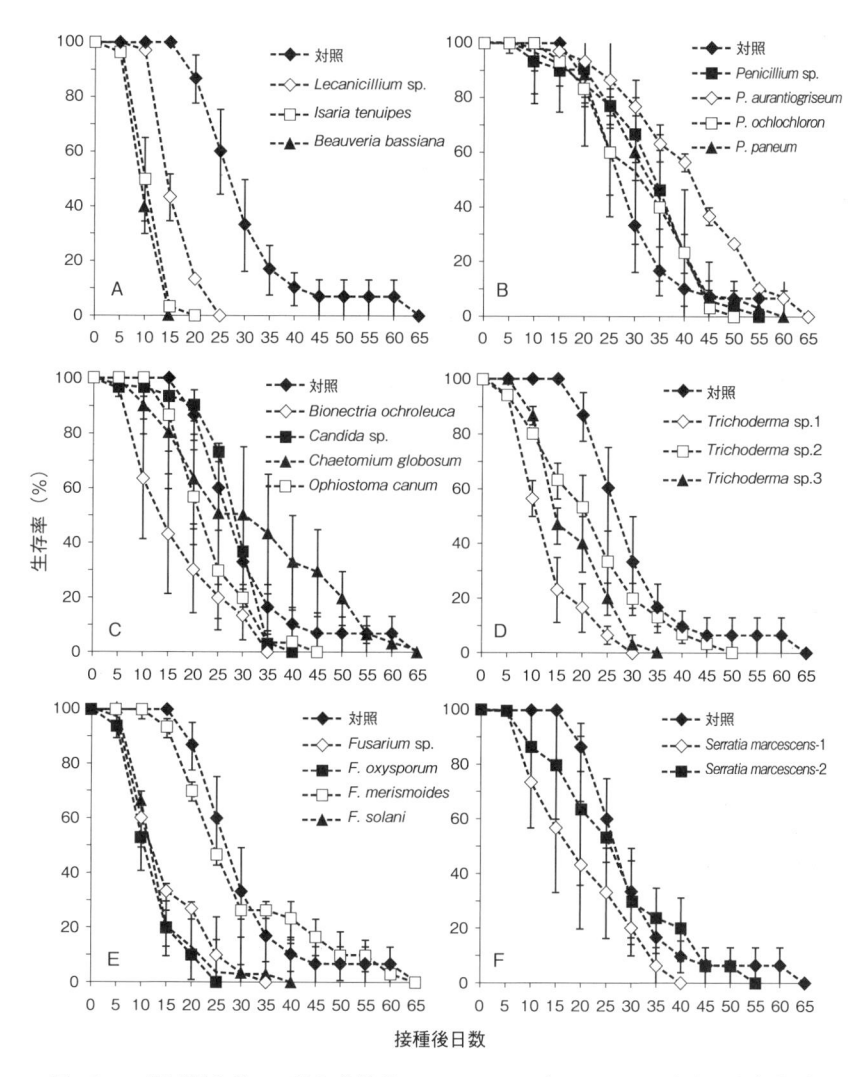

図19.1 候補微生物20株と共培養したカシノナガキクイムシ幼虫の生存曲線.
バーは平均値の標準誤差を示す.

(d) 微生物の病原性は密度によって変わるのか

　昆虫病原微生物の殺虫能力（殺虫活性）を比較する場合，もう一つ考慮しなくてはならない重要な点があります．昆虫病原性微生物を標的の昆虫に使

第4部　ナラ枯れ

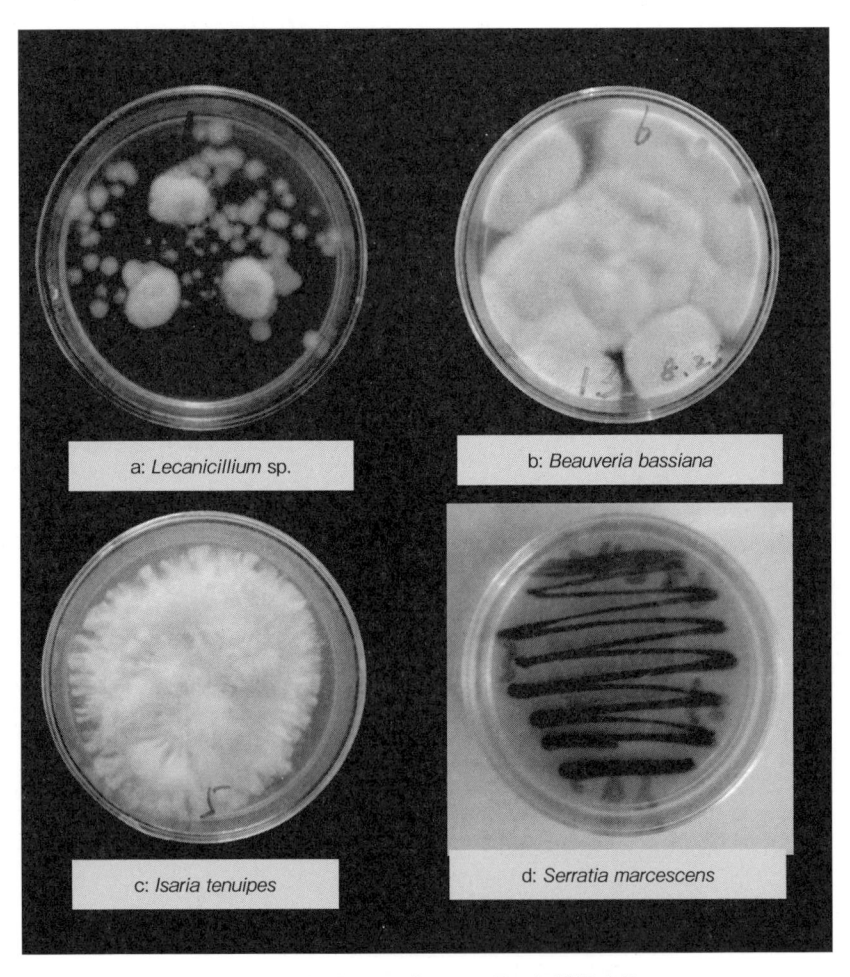

図19.2　最終的に選ばれた4種の候補微生物.

うとき多くは胞子の懸濁液の形で用いられますが，その胞子の密度をどれくらいに調整するのが効果的なのかという点です．

このことを調べるため，候補微生物である菌類3種（レカニシリウム属菌，ボーベリア・バッシアナ，イザリア・テニュイペス）の胞子密度，および細菌セラチア・マルケセンスの細胞密度を 10^3，10^4，10^5，10^6，10^7/mL の5段階に調整し，カシナガ幼虫に接種してみました．試験方法は上に述べた最初

のスクリーニング試験とは少し異なります。まず健全な幼虫を表面殺菌し，1頭ずつ小さなマイクロチューブに用意した素寒天培地（何も添加物を含まない寒天だけの培地）上に置き，つぎに各濃度（10^3，10^4，10^5，10^6，10^7/mL）の微生物懸濁液10 μLをこの幼虫の体表上に滴下し，以後25℃で培養したのです。対照区のカシナガには同量の滅菌蒸留水を滴下しました。5段階の濃度各々につき幼虫20頭を使用してその後の生存率，各幼虫個体に表れる病徴を10日間，毎日記録しました。この試験では4種の微生物材料を大量に準備し，その密度を調整する必要があるため，2日間連続徹夜をするなど大変な時間と集中力が必要でしたが，結局，同じ条件の実験を3回繰り返すことになりました。ここでは，そんな密度別接種試験の結果（図19.3）を紹介しましょう。

　ボーベリア・バッシアナの場合，高濃度（1 mLあたりの胞子数が10^6および10^7）の懸濁液を接種すると，カシナガ幼虫の死亡率は6日目までに100%に達しました。それ以下の胞子密度では全カシナガ幼虫を殺すまでに9日以上かかりました。レカニシリウム属菌を接種した場合は，胞子濃度が10^7/mLのときは6日目にカシナガ死亡率が100%となりましたが，密度が10^6/mLおよび10^5/mLのときにはすべてのカシナガ幼虫を殺すのに8日間，それ以下の密度のときは9日間もしくはそれ以上の日数がかかりました。イザリア・テニュイペス菌はもっとも効果が表れるのが早く，胞子密度が10^7/mLの懸濁液を接種するとわずか4日ですべてのカシナガが死亡し，10^6/mLのときは5日，10^5/mLでは6日，それ以下の密度の場合では9日間もしくはそれ以上の日数がかかりました。これらの結果から，この研究で用いた候補菌3種についてはカシナガ防除のためのもっとも効果的な胞子密度は10^6/mLおよび10^7/mLであるという結論になりました。また，細菌も含む4種の微生物はいずれも，もっとも低い密度で接種した場合であっても対照区と比較してカシナガの死亡率は高まり，その病原性を確認することができました。ただ，細菌セラチア・マルセセンスについてはカシナガの全幼虫を殺すのに細胞密度にかかわらず9日間以上の日数が必要で，菌類3種に比べて病原力が低いという結果になりました。

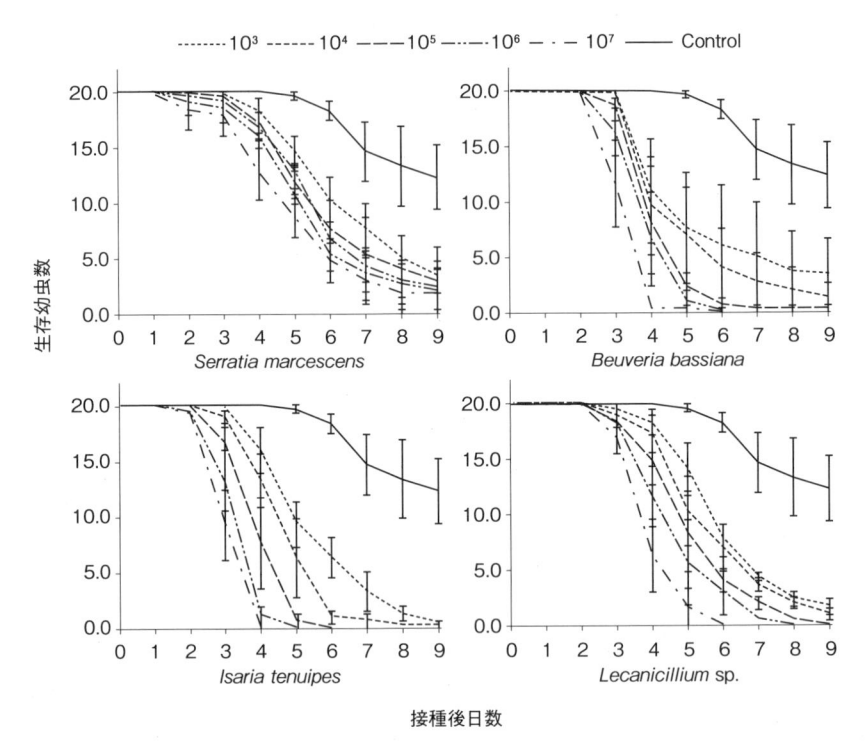

図19.3 候補微生物4種を5段階の密度で処理したカシノナガキクイムシ幼虫の生存曲線.
バーは平均値の標準誤差を示す.

(e) 半数致死濃度（LC$_{50}$）

　ある生物に対する化学物質の毒性や病原微生物の病原性を客観的に比較するために，一定時間内にその生物の半数を死亡させる，気体中もしくは液体中の毒物あるいは病原微生物の濃度がしばしば用いられます．これを**半数致死濃度**（LC$_{50}$）とよび，この値が高いほど毒性や病原性が低いことになります．
　ここまでお話ししてきた，カシナガ幼虫に対する病原性微生物4種についてこの半数致死濃度（単位はmLあたりの胞子数もしくは細胞数）を計算すると，ボーベリア・バッシアナでは4.70×10^2，細菌セラチア・マルケセンスでは1.784×10^6，レカニシリウム属菌の場合は2.103×10^4，イザリア・テニュイペスでは1.196×10^3という値になりました．このように，LC$_{50}$値をもと

に考えると，今回用いた4種の微生物のなかではボーベリア・バッシアナが
もっとも低い濃度でカシナガを殺すことができる，もっとも有望な候補微生
物であるという結論が得られました。今後，野外での実地試験によって効果
を実証する必要があるでしょう。

19.5 他の候補微生物の昆虫病原力は

　私達は野外から採集したカシナガ虫体から微生物を広く単離し，カシナガ
に対する生物防除資材としての可能性を視野に殺虫活性を検定してきました。
候補微生物として試験に用いたのは11属の17種でした。昆虫病原性が期
待されるこれらの属のなかでフザリウム属（*Fusarium*）は大きなグループで
あり，ほとんどの種が土壌に住む腐生菌です。しかし，節足動物からヒトま
でを含む動物や植物の病原体となる種および型も存在することが知られてい
ます。たとえば，*F. oxysporum* と *F. solani* は一般に植物病原菌としてよく知
られていますが，両種ともに昆虫に対しても弱い病原性があることが報告さ
れています。私達の研究でも，*F. oxysporum* と，*F. solani*，それにもう1種の
フザリウム属菌にはカシナガに対する弱い病原性が認められましたが，*F.
merismoides* の場合はカシナガ幼虫の寿命になんら影響しませんでした。
　トリコデルマ属菌（*Trichoderma*）はボタンタケ属菌（子嚢菌門ヒポクレア目
Hypocrea）の**不完全世代**で，とくに土壌中や腐敗しつつある木材に，あるい
は室内汚染微生物として広く分布しています。トリコデルマ属には昆虫病原
性の種も含まれていますが，その病原性の原因になっているのはタンパク質
分解酵素や抗生物質等のなんらかの阻害物質であると考えられています。私
達の実験で用いた3種のトリコデルマ属菌はいずれもカシナガに対して殺虫
活性をもっていましたが，カシナガ防除資材の候補には選びませんでした。
というのも，この属の菌は他の菌に対しても病原性があるため，野外でトリ
コデルマ属菌を用いると，他の菌類がキノコを形成するのを阻害する恐れが
あったからです。
　米国南部や中南米に見られるシャーガス病は原生生物の一種，トリパノソ

ーマを病原体とする人獣共通の感染症です。吸血性昆虫のサシガメがこの病気を媒介することから，この病気を防除するためにサシガメを標的とした生物防除の研究が進んでいます。生物防除資材を探索するなかで *Penicillium corylophilum* と *Aspergillus giganteus* が候補微生物として選抜され，昆虫病原性が確認されました。しかし本試験で調べたペニシリウム属菌（*Penicillium*）は4種ともカシナガに対してほとんど殺虫活性をもっていませんでした。

　レカニシリウム属とボーベリア属の菌は，害虫制御に用いられる昆虫病原菌としてよく知られています。たとえば，*L. lecanii* は欧州において温室栽培の大敵アブラムシやその仲間の昆虫を防除するため使用されてきた実績があります。一方，ボーベリア属はバッカクキン科（Clavicipitaceae）の**子嚢菌**の不完全世代であり，この科の菌のなかにはバッカクキン属（*Claviceps*）のように人畜に有毒なアルカロイドを生産する菌や，**冬虫夏草**で知られるコルディセプス属（*Cordyceps*）の菌類のような典型的な昆虫病原菌が複数種含まれています。ボーベリア属の菌に関連したコルディセプス属の**完全世代**がこれまでいくつか発見されており，たとえば *Beauveria brongniartii* の完全世代としては *Cordyceps brongniartii* が，*B. bassiana* の完全世代としては *C. bassiana* が知られています。同属でもっとも広く知られているボーベリア・バッシアナは，幅広い害虫に対して用いられてきました。キクイムシ類に関しては，ニュージーランドの森林においてこの菌がキクイムシ3種（*Platypus apicalis*, *P. gracilis*, *Treptoplatypus caviceps*）に対してなんらかの病害を引き起こしていることが報告されています。私達の研究でも同様に，カシナガの寿命はボーベリア・バッシアナによって顕著に短縮されることが証明されました。

　イザリア・テヌイペス（*Isaria tenuipes*）は *Paecilomyces tenuipes* の異名であり，*Isaria japonica* は *Cordyceps takaomontana* の不完全世代です。イザリア・テヌイペスは一般的にはチョウ（鱗翅）目昆虫の蛹の病原体として知られていますが，甲虫目であるカシナガにも殺虫活性を示した本研究の結果から，私達が使用したイザリア・テヌイペス株は通常の株とは異なる宿主範囲をもった，カシナガ防除に非常に有効な株である可能性があります。

　カシナガ幼虫に対するセラチア・マルケセンス細菌の病原性は株間で異なっており，他の菌種と比較してその病原性はやや劣っていました。セラチア

属はエンテロバクター科（Enterobacteriaceae）に属する**グラム陰性**の**通性嫌気性細菌**です。この属の細菌は特徴的な赤色色素を生産するため他の細菌から容易に識別することが可能で，この細菌の感染で死んだ幼虫も赤色になります。実際，私達の実験でもセラチア・マルケセンスの接種によって死亡したカシナガ幼虫は特徴的な赤色を示しましたので，この菌が感染したことが簡単に判定できました。天敵候補微生物として使用したセラチア・マルケセンスは2株ですが，コロニーの色は1株で赤く，他の1株は白くなりました。セラチア・マルケセンスのコロニーが赤く染まるのは，この細菌が生産する**二次代謝産物**，プロディジオシン（prodigiosin）のせいですが，その生産性が株間で異なったり，温度などの条件で変わったりすることはよく知られています。今回の実験で用いた2株のあいだにも病原性に違いが認められ，赤い株でより殺虫力が高く，白い株はやや病原性が低い傾向が見られました（図19.1F）。この色素と殺虫活性の関係は今後明らかにすべき興味深い課題です。

　天敵候補微生物として使用したうち糸状菌3種，すなわちボーベリア・バッシアナ，レカニシリウム属菌，イザリア・テニュイペスはいずれも生物防除資材として大いに有望であるように見えました。しかし，これらの微生物を実際に野外で利用するには，天敵微生物と標的昆虫の関係の別の側面についても考慮する必要があります。たとえば，野外で施用した天敵微生物の胞子がその後どれほど生き残っているのかという点は，天敵としての微生物の有効性を決定づける重要な因子となります。太陽放射や温湿度などの環境条件が施与された病原微生物，とくにその分生子などの耐久体の生存性に与える影響には注意を払わねばなりません。カシナガの場合にも，樹幹表面に散布した天敵微生物はその後，放置されると太陽光や乾燥にさらされることになりますから，これら環境ストレスの影響を充分に考慮しないと殺虫効果は期待できません。たとえば前述のニュージーランドの事例では，キクイムシ3種の幼虫および成虫に対して病原性が確認されたボーベリア・バッシアナを枯死木丸太に縣濁液の形で散布した場合，7か月後まで丸太上で生存していることが確認されています。

　さらに，標的とする昆虫（害虫）の行動，生理状態，齢，生活史なども明らかにしておかねば，有効な昆虫病原性微生物の施与方法は確立できません。

カシナガの場合，その生活史の大部分を宿主樹体の奥深くで過ごすため正確な生活史の解明が遅れており，このことも天敵微生物の有効な施与方法を確立するうえで障害となっています．とくに，天敵微生物の前には長くて複雑に分岐した坑道という壁が立ちはだかっており，その奥深くに生息する虫体まで到達できなくては殺虫効果を発揮できないという難しい問題も残っています．

現在私達は，カシナガ幼虫がさかんに繁殖しているナラ枯れ枯死木の丸太を用いて，選抜した天敵微生物の利用方法をいろいろ試験しています．しかし，坑道の奥深くに生息するカシナガ幼虫を殺虫するのは予想以上に難しいことを思い知らされているところです．自然はなかなか人知の及ばぬ巧妙さを秘めていて，私達の努力をあざ笑っているように思えることさえあります．

レイシーらは，昆虫病原性微生物を用いた害虫防除法を成功させる条件として次のような諸点を挙げています（Lacey et al. 2001）．

1. 適当な繁殖体（**有性胞子**，分生子，**菌核**，菌糸体，など）の選択．
2. 標的生物に適した正しい製剤化の選択．
3. 適切な施与濃度の選択．
4. 標的害虫が感受性である適切な施与時期の選択．
5. 他の技術を併用した防除法の改良．
    a）性フェロモン，集合フェロモンなど誘引剤の利用．
    b）昆虫病原微生物の散布のための標的害虫自体の利用．

とくに，昆虫病原微生物を散布するために標的害虫自体を利用すれば，病原微生物に感染後，生存期間に同種の他個体に二次感染させるベクター（媒介者）としてはたらく可能性があり，上手く利用すれば通常の散布だけでは駆除できない土壌や植物体内に生息するステージにも到達させることができるはずです．この点は，とくに生活史の大部分を樹体内奥深くに生活するカシナガの駆除には重要かもしれません．今後検討すべき重要な点といえましょう．

（斉　宏業／二井一禎）

参考文献

Henriques, J., Inacio, M.D.L. and Sousa, E. (2009) Fungi associated to *Platypus cylindricus* Fab. (Coleoptera: Platypodidae) in Cork Oak. *Revista de Ciências Agrárias*, **32**: 56-66.

Lacey, L.A., Frutos, R., Kaya, H.K. and Vail, P. (2001) Insect pathogens as biological control agents: do they have a future? *Biological Control*, **21**: 230-248.

Qi, H., Wang, J., Endoh, R., Takeuchi, Y., Hagus, T. and Futai, K. (2011) Pathogenicity of microorganisms isolated from the oak platypodid, *Platypus quercivorus* (Murayama) (Coleoptera: Platypodidae). *Applied Entomology and Zoology*, **46**: 201-210.

Reay, S.D., Hachet, C., Nelson, T.L., Brownbridge, M. and Glare, T.R. (2007) Persistence of conidia and potential efficacy of *Beauveria bassiana* against pinhole borers in New Zealand southern beech forests. *Forest Ecology and Management*, **246**: 232-239.

Sone, K., Mori, T. and Ide, M. (1998) Life history of the oak borer, *Platypus quercivorus* (Murayama) (Coleoptera: Platypodidae). *Applied Entomology and Zoology*, **33**: 67-75.

用語解説

アーバスキュラー菌根（AM 菌根）[arbuscular mycorrhiza]　菌根のうち大多数の陸上植物の根にみられるもの。根の外部形態に大きな変化は生じず，根の細胞内に侵入した菌糸が樹枝状体（arbuscule）と，場合によっては嚢状体（vesicle）を形成する。かつて VA 菌根とよばれた。ヒナノシャクジョウのような菌従属栄養植物と共生して，緑色植物と三者共生系を作ることもある。

RNA 干渉（RNAi, RNA interference）法 [RNA interference, RNAi]　遺伝子の転写後を阻害して，そのはたらきを抑制する遺伝子ノックダウン法。

rDNA の ITS 領域 [rDNA ITS region]　リボソーム RNA をコードしている DNA のスペーサー領域。進化速度が速い領域であり，近縁種間や種内の系統関係を比較するのによく用いられる。相同性検索によく用いられている領域である。

赤輪病 [red ring disease]　ヤシ類の致死的病害の一つで，枯死したヤシを伐採したとき，主幹の断面に植物の抵抗反応の痕跡と考えられる赤褐色の輪ができていることから，red ring disease とよばれる。ヤシオサゾウムシに媒介される，マツノザイセンチュウと同属の *Bursaphelenchus cocophilus* という線虫が病原体。

亜社会性昆虫 [subsocial insect]　大きな集団を作らず，また階層の分化は不十分であるものの，親子がある期間一緒に生活する昆虫。

アポトーシス [apoptosis]　制御された細胞死。

アリー効果 [Allee effect]　生態学において，個体群密度の増加によって個体群に属する個体の適応度が増加する現象。ウォーダー・クライド・アリーによって提唱された。

アンチセンス鎖 [antisence strand]　mRNA の配列に相補的な配列。

一塩基多型 [single nucleotide polymorphism, SNP]　同種間ゲノム中にみられる一塩基の多型。たとえば，同じシー・エレガンス種であってもブリストル株とハワイアン株とのあいだには 1000 塩基にひとつの割合で多型が存在する。

一次性昆虫 [primary insect]　健全な生立木に加害し，そこから栄養分を得て正常に生育する昆虫。

遺伝子重複 [gene duplication]　遺伝子を含むある DNA 領域が重複する現象。遺伝的組み換えの異常，レトロトランスポゾンの転移，染色体重複などによるとされ，偽遺伝子などの原因となる。

遺伝子水平伝播 [horizontal (lateral) gene transfer]　母細胞から娘細胞への遺伝ではなく，個体間や他生物種間においておこる遺伝子の取り込みのこと。生

用語解説

物の進化に影響を与えているとされる。

遺伝子流動［gene flow］　ある地域に生息する特定生物種の集団に，外部から異なる地域の遺伝子が入り交雑すること。

栄養菌糸［vegetative hypha］　菌類において，胞子の発芽によって伸長し，細胞が連なり，幅数マイクロメートル程度の糸状または紐状をした構造物のこと。基物や宿主の表面や内部に拡がり，養水分を吸収したり各種酵素や毒素などを細胞外に分泌したりする。

栄養繁殖［vegetative reproduction］　有性生殖を経由せずに次の世代を作り出すこと。

F_2 雑種（雑種第二代）［second filial generation］　遺伝学の実験で，掛け合わせ実験の結果生じた第一代目の子（F1）同士の交配でできた子孫。

***Mi* 遺伝子**［*Mi*-gene］　トマトのネコブセンチュウ抵抗性遺伝子。NBS-LRR タンパク質（ヌクレオチド結合部位，ロイシンリッチリピート）をコードする。

MMN 培地［modified Melin-Norkrans medium］　菌根菌の培養によく用いられる培地のひとつ。

LB 培地［lysogeny broth medium あるいは Luria-Bertani medium］　細菌用富栄養培地の1種で，とくに分子生物学の分野で大腸菌などの培養に使用されることが多い。

エレクトロポレーション［electroporation］　電気ショックをかけて，外来遺伝子を細胞内に取り込ませる方法。

塩基配列［nucleotide sequence］　DNA，RNA などの核酸において，それを構成しているヌクレオチド（A，T，G，C）の結合順を，ヌクレオチドの一部をなす有機塩基類の種類に注目して記述する方法（シークエンシング，塩基配列決定），あるいは記述したもののこと（シークエンス）。

エンドファイト［endophyte］　植物の健康な生きた組織内に病気を起こさずに生息している菌。内生菌ともいう。

オキシダティブバースト［oxidative burst］　病原微生物に対する植物の動的な防御応答の始動シグナルとして活性酸素種が生成されること。NADPH オキシダーゼを介して起こる。

外生菌根［ectomycorrhiza］　菌根のうち，菌糸が（おもに高等植物の）根の表面をおおうとともに，その表面に近い組織中の細胞間隙に侵入し，菌被（菌套，菌鞘）をつくっているもの。カバノキ科・ブナ科・マツ科などの樹木の根に，担子菌類や子嚢菌類が感染して生ずる。

核相［nuclear phase］　染色体数の構成で，シー・エレガンスおよびマツノザイ

センチュウの体細胞の核相は，$2n=12$である。

かく乱 [disturbance] 既存の生態系やその一部の構造の変動。かく乱を起こす外部要因としては，火山の噴火，地震，火事，洪水，病害虫の被害などの自然に起こるものと，帰化種の移入や化学物質への曝露，森林の伐採など人間活動によるものがある。

仮導管 [tracheid] 維管束植物，とくに裸子植物やシダ植物の木部にあり，細胞壁の木化した軸方向に長い形状の構成要素。針葉樹では水分通導と樹体の支持を受けもつ。

過敏感反応 [hypersensitive reaction] 非親和性病原体に侵入された植物において，感染細胞が膨圧を失い，すみやかに死ぬことで病原体を封じ込める反応。病原体に対する植物のもっとも重要な防御反応のひとつ。この反応によって死んだ組織は壊死・褐変し，局部病斑を形成する。

完全世代 [teleomorph, perfect state] 菌類において有性生殖を行うステージ。

感染態幼虫 [infectious stage juvenile] 昆虫寄生性，もしくは病原性線虫が昆虫に感染（侵入）するための幼虫ステージ。通常の幼虫（増殖型幼虫）とは生理的，形態的に異なり，侵入に適したものとなる。

希釈平板法 [dilution plate assay] おもに土壌や汚泥などの試料を滅菌水で希釈し，希釈液を寒天培地に塗布して培養することで，発生した微生物のコロニー数からもとの試料中の微生物数を推定したり，コロニー性状を観察したりする方法。

寄生型 [infectious stage] 線虫にはその成長段階に多様なステージがあり，それらのうち動植物に寄生して栄養吸収をするのに特化したステージを寄生型とよぶ。これに対して，休眠に適したステージを耐久型，通常の餌を食べて増殖しているステージを増殖型とよぶ。

寄生者 [parasite] 他の生物から栄養やサービスを持続的かつ一方的に収奪する者。

逆遺伝学的解析手法 [reverse genetics] 変異表現型からその原因遺伝子を見つける遺伝学に対して，遺伝子配列をもとにその働きを調べる方法。

共種分化 [cospeciation] 寄主（宿主）と寄生者など，深い関係にある複数の生物種が相互に関連しながら同時に種分化を起こすこと。とくに進化過程において互いの関係が深い場合は共進化と表現されることもある。

菌核 [sclerotium] 菌糸が集まってできた硬い塊。植物病原菌の場合は病気を診断するための標徴として重要。

近交系（≒純系）[inbred strain (line)] 近親交配をくりかえすことによって，大多数の遺伝子座でホモ接合体になっている系統。完成された近交系が「純系」

用語解説

であり，その子孫はすべての形質について分離することがないため精密な実験の材料に適すると考えられる。

菌糸束 [mycelial strand]　菌類に見られる，比較的未分化の菌糸が平行に集まって形成したひも状の構造の総称。菌糸は分枝して細い側枝を出し，伸長しながら拡がって白色・黄色などを呈する。栄養物質などは菌糸体内を両方向に移動できる。

菌套，菌鞘，マントル [mantle]　外生菌根において細根の周囲に形成される菌糸からなる厚い層。ここから外部に菌糸や菌糸束が伸びる。

グラム陰性細菌 [gram negative bacterium]　グラム染色法で後染色の色調を示す細菌。細胞壁は薄く，その外側にリポ多糖をもつものが多い。プロテオバクテリア門，シアノバクテリア門など多数の細菌が含まれる。

グラム陽性細菌 [gram positive bacterium]　グラム染色法で紺青色あるいは紫色に染色される，放線菌門，フィルミテクス門，テネリクス門などの細菌で，ペプチドグリカンからなる厚い細胞壁をもつ。

クレード [clade]　系統分類学において，ある共通祖先に由来するすべての子孫種からなる群。

継代培養 [subculture]　細胞などを培養するとき，その一部を新しい培地に植え継いでふたたび培養すること。

系統樹 [phylogenetic tree]　共通祖先をもつと考えられるいろいろな生物種や遺伝子などのあいだの進化的関係を枝分かれした図として示したもの。

血体腔 [hemocoel]　昆虫の体には血管がなく，内部は体液でみたされた袋のような状態になっている。これを開放血管系とよび，このような体液でみたされた体腔を血体腔とよぶ。

ゲノム [genome]　ある生物の配偶子に含まれる染色体あるいは遺伝子の全体。あるいは，ある生物のもつすべての遺伝情報。

ゲノム情報 [genome information]　その生物がもつ遺伝子の全情報。第14章1節参照。

原核生物 [prokaryote]　ウイルス以外の生物はすべて細胞性であるが，それらの生物のなかで，原始的な核（核領域）をもつ生物群を原核生物という。①染色体DNAがほとんど裸のまま細胞のほぼ中心部にあるが，ヒストンのような塩基性タンパク質が含まれず，核膜に包まれていないこと，②細胞分裂は主として二分裂（無糸分裂）であること，③ミトコンドリアはなく，呼吸系の代謝が細胞質膜で行われることなどが特徴。

減数分裂 [meiosis]　配偶子を形成するときの分裂で，たとえばシー・エレガン

スの場合，体細胞 $2n=12$ と比べて核相が半分 $n=6$ となる。ただし，雄ヘテロの性決定様式なので，卵子は $n=6$ であるが精子は $n=6$ もしくは $n=5$ である。

更新 [regeneration] 生態系や群集・群落の一部がなんらかの理由で失われたとき，それが補われる現象。とくに植生を構成する個体が単独あるいは集団で枯れたあとに，同種の植物が定着・生長して同じ植生が維持されること。

交接刺 [spicule] クチクラが硬化してできた一対の針状形を成す線虫類の雄の交接補助器官。

コロニー形成単位 [colony forming unit (cfu)] 微生物を実験的に培養する際，微生物の数を数えるために使う単位。

根圏土壌 [rhizosphere soil] 植物根の周辺の数ミリメートルの範囲の土壌。

ジェネット [genet] 無性生殖により作られた同一の遺伝子型をもつもの全体の集まり。

自家受精 [self-fertilization] 自分で作った精子と卵子による受精。

子実体 [fruit body] 菌類において各種の胞子を生じる，菌糸組織の集合体の総称。キノコ。

子実体原基 [fruit body primodium] 子実体発生の基礎となる組織。

シスト [cyst] 耐久性の高い殻につつまれて休眠している状態のこと，もしくはその殻のこと。

雌性前核 [female pronucleus] 卵子由来の核で，受精後に出現する。

子嚢（のう）菌類 [Ascomycetes] 有性生殖で子嚢中に子嚢胞子を生じる菌類。

雌雄異体 [dioecism, gonochorism] 発生に受精を必要とする生殖様式のうち，雄雌が別個体として分かれているもの。

従属栄養 [heterotrophism] エネルギー（栄養）源を体外からとり入れた有機物に依存している栄養形式。独立栄養の対。すべての動物，葉緑体をもたない植物および菌類，細菌の多くがこの栄養形式をとる。

柔組織 [parenchyma] 細胞壁が木質化されていない柔細胞から成る植物組織。同化・貯蔵など重要な生理作用を行う。

集団遺伝学 [population genetics] 生物集団内における遺伝子の構成・頻度の変化を支配する法則の探求を行い，進化機構の解明を目指す遺伝学の一分野。

雌雄同体 [monoecism, hermaphrodite] 一つの個体が精子と卵子をともにつくることができ，次世代を産む際に他個体と交尾する必要がないもの。

宿主 [host] 寄生虫や菌類等が寄生，または共生する相手の生物。

樹枝状体（アーバスキュル）[arbuscule] AM菌根において，皮層細胞の細胞壁と細胞膜のあいだに形成される，分枝した栄養授受器官。

用語解説

樹脂道 [resin duct (canal)] 樹脂を分泌するための細胞間隙。

種小名 [specific epithet] 学名のうち，姓名の名にあたるもの。姓にあたるものは属名。

樹皮下穿孔性キクイムシ [bark beetle] キクイムシ科に属する甲虫で，樹木の幹，枝，根の樹皮下に穴を掘って営巣し，内樹皮を食べて生活している。養菌性キクイムシとともに，キクイムシ類のなかで大きなグループを形成している。

種分化 [speciation] 一つの種がいくつかの種に分かれること，または新しく種が発生することを指す。この要因としては，地理的隔離や，宿主，生活時間帯の隔離などがあり，地理的隔離など分布条件による種分化を異所的種分化，同じ場所での生態的隔離によるものを同所的種分化とよぶ。

傷害周皮 [wound periderm] 傷害に対する反応として木本植物の師部（内樹皮）に形成される防護組織。

真核生物 [eukaryote] 原核生物に対立する呼称で，真核細胞（核が核膜に包まれている細胞）からなる生物をいう。古細菌，細菌および藍藻を除いたすべての生物がこれにあたる。

真社会性昆虫 [eusocial insect] ハチやシロアリのように，集団を作り，そのなかに女王やワーカーなどの分業的階層構造をもった生活を営む昆虫。とくに集団内に不妊の階級をもつかどうかで他の社会性昆虫と区別される。エドワード・オズボーン・ウィルソンの提唱する真社会性の定義は①不妊カーストがいること，②複数の世代が同居していること，③共同して幼い個体の保育が行われることである。

新種記載 [description] 種は見つけただけでは新種と認められない。形態的な特徴や，これまでに知られている種との識別点を明らかにし，ラテン語，ギリシャ語に由来する学名を付けて発表することではじめて新種と認められる。この作業を新種記載とよぶ。

垂直伝搬 [vertical transfer (infection)] 親から子へと伝搬（感染）することを垂直伝搬（感染）とよぶ。これに対して，同じ世代の個体間での伝搬（感染）は水平伝搬（感染）とよばれる。

生物的防除 [biological control] 病害虫による作物や人畜の被害を軽減・防止するために，天敵・拮抗微生物の利用を主体とする人為的手段を講じて標的病害虫の密度を下げること。

生物農薬 [biological pesticide, biopesticide] 農作物の病害虫や雑草などの生態的防除を行うために，防除すべき対象生物の天敵にあたる生物をそのまま利用する農薬。日本で企業化され農薬として登録が許可された第一号はクワコ

ナカイガラムシの天敵クワコナヤドリバチ（農薬名クワコナコバチ）。

青変菌［blue-stain fungi］　オフィオストマキン科やクワイカビ科に属し，材を青黒く変色させる菌の総称。

接合菌類［Zygomycetes］　有性生殖で配偶子嚢が接合して接合胞子を生じる菌類。

絶対寄生［obligate parasitism］　生きた動植物細胞を摂食しないと成長，生命維持ができない寄生様式のこと。

遷移［succession］　ある一定の場所に存在する群集（複数の生物種による個体群の集まり）が時間軸に沿ってつぎつぎに別の群集に変わり，比較的安定な極相（その地域の環境条件で長期間安定的に成立する群集）へ向かって変化していくこと。

潜在感染［latent infection, asymptomatic infection, symptomless infection］　感染が成立しても，顕著な発症・病変をともなわない事象。不顕在感染や潜伏感染とも。

染色体［chromosome］　DNAが寄り集まった高次構造。

全身獲得抵抗性［systemic acquired resistance］　植物がさまざまな病原微生物に攻撃を受けたとき，植物が潜在的にもっている遺伝子を発現して抗菌性タンパク質や抗害虫性タンパク質を作り，これらの病害に抵抗性になること。サリチル酸やジャスモン酸などが誘導の鍵となる。

選択圧［selection pressure］　進化において，選択（生物個体や形質などが世代を経ることによってその数や集団内での割合を増減していくこと）を生む要因。淘汰圧。

セントラルドグマ［central dogma］　フランシス・クリックが1958年に提唱した分子生物学の概念。遺伝情報はDNAから複製によりDNAへ，転写によりRNAへ，さらに翻訳されてタンパク質へと伝達されるとする。その後明らかになったスプライシング（翻訳の前にRNAの一部分を取り除き残りの部分を結合する過程）とあわせて4段階へ修正された概念となっている。

総合的病害虫管理［Integrated Pest Management, IPM］　病害虫の防除に関して，利用可能なあらゆる防除技術（生物的防除，化学的防除，耕種的防除，物理的防除等）を相互に矛盾しない形で調和的に利用し，経済的に許容しうる限界以下に病害虫の密度を維持しようとする管理手法。

相利共生［mutualism］　種間相互関係の一形態で，それにより双方の適応度がともに増加するもの。

耐久型［durable stage］　環境条件が悪化したとき，線虫は休眠状態に入る。このための特殊な発育ステージを耐久型とよび，このステージでは摂食器官が退

用語解説

化するなどの休眠に適した特徴が見られる。「寄生型」の項参照。

対峙培養［dual culture］　二つの菌株を同一の培地上で培養すること。互いに対する反応を見るためなどの目的で用いる。

対照区［control］　ある実験を行うにあたって，対象とするもの以外の要因がその実験系に及ぼす影響を知り，それを除外して考察する目的で実験に組み込まれる処理区。

大腸菌［colon bacillus］　グラム陰性のプロテオバクテリア門の細菌。原核生物のモデル生物 *Escherichia coli*。

種駒［chip spawn］　小さな木片に目的とする菌を繁殖させ，接種源としたもの。

単為生殖［parthenogenesis］　雌が交尾をせずに産卵した卵から成虫まで成長できる，受精を必要としない生殖様式。

単菌糸分離［hyphal tip isolation］　菌類試料を培地上で培養し，伸長した菌糸の先端を新たな培地に移植する作業を繰り返して純粋培養株を得ること。

担子器（＝担子柄）［basidium］　担子菌類において，核の融合および減数分裂が行われ，そのあと担子胞子を外生する器官ないし細胞。分類上の重要な指標となる。

担子菌類［Basidiomycetes］　有性世代として担子器を生じ，その上に担子胞子を外生する菌類。軟質，硬質のキノコを生じる菌類の多くが含まれる。

単胞子分離［single spore isolation］　菌類試料から胞子を採取し，培養して発芽させたものを個別に新たな培地に移植して純粋培養株を得ること。

致死変異［lethal mutation］　その個体を死にいたらしめる遺伝子変異。

窒素固定［nitrogen fixation］　生物が空気中に存在する窒素分子を固定し，これを窒素源として同化する現象。

虫えい（ゴール，虫こぶ）［(insect) gall］　昆虫が植物体に産卵・寄生し，その刺激によって植物組織が異常発育して形成されるこぶ状の構造。

釣菌［baiting method］　土壌や水中に特定の基質（餌や宿主植物）を供給し，それを好む菌群を選択的に釣り上げる方法。従来はツボカビ類の分離に用いられていたが，菌根菌や昆虫病原菌の検出にも応用されている。

通性嫌気性細菌［facultative anaerobic bacteria］　無酸素条件下で生育する嫌気性細菌のなかで，酸素が存在する所でも存在しない所でも生育可能な細菌。任意嫌気性細菌や条件性嫌気性細菌ともよばれる。

DNA マーカー［DNA marker］　生物個体の遺伝的性質（遺伝型），もしくは系統（個体の特定，親子・血縁関係，品種など）の目印となる，つまりある性質をもつ個体に特有の DNA 配列。容易に検出でき，その座位が特定されていて，か

つ多型検出能にすぐれたものである必要がある。

DGGE［Denaturing Gradient Gel Electrophoresis（DGGE）］　変性剤の濃度勾配があるゲルを用いて二本鎖DNAを電気泳動する手法。通常はポリアクリルアミドゲルを用い，尿素とホルムアミドを変性剤として用いる。ゲル中に変性剤の濃度勾配があると，二本鎖DNAは分子量の違いだけではなく，変性しやすさの違いによってもバンドがあらわれる位置が異なるため，高い分離能が得られる。

適応度［fitness］　自然淘汰に対する，個体の有利，不利の程度を示す尺度。特定の遺伝子型（または表現型）の適応度はそれに属する個体あたりの繁殖に寄与する子供の数（ただし生まれる総数でなく生殖年齢まで成長する子の数）によって表す。

糖タンパク質［glycoprotein］　タンパク質を構成するアミノ酸の一部に糖鎖（各種の糖がグリコシド結合によってつながりあった一群の化合物）が結合したもの。

冬虫夏草［vegetative wasp, plant worm］　ガなどの昆虫類やクモ類の生きた幼虫・蛹・成虫に寄生し，虫体から子実体を発生する菌類の総称。狭義では鱗翅目コウモリガ科の幼虫に生じる子嚢菌類バッカクキン目の *Cordyceps sinensis*（＝ *Ophiocordyceps sinensis*）またはそれを利用した生薬のこと。

独立栄養［autotrophism］　自主栄養ともいい，従属栄養の対。無機分子を摂取し，それらを原料として体内で必要な有機分子を合成する様式。

生ワクチン［live vaccine］　伝染病の予防のために使用される抗原（ワクチン）のうち，毒性を弱めた微生物やウイルスを使用したもの。一般に不活化ワクチン（化学処理などによって死んだ微生物や，抗原部分のみを抽出したもの）に比べて獲得免疫力が強く免疫持続期間も長いが，生きている病原体を使うため副反応を発現する可能性もある。

二次性昆虫［secondary insect］　枯れ木や伐採木および衰弱木に加害してそこから栄養分を得る昆虫。

二次代謝産物［secondary metabolite］　生物の細胞成長，発生，生殖など生物に共通の生命現象には直接的には関与していないとされる有機化合物。

ニレ立枯病［Dutch elm disease］　*Ophiostoma ulmi* および *Ophiostoma novo-ulmi* がキクイムシ類により媒介されて起こるニレ属樹木の病害。1921年にオランダで発見された本病により1950年代にはオランダのニレの95％が枯死し，1930年にアメリカに持ち込まれてからは5万3千本あったニューヨークのニレの並木が現在ではわずか300本になってしまった。クリ胴枯病，五葉松類

用語解説

発疹さび病とあわせて世界三大樹木病害とされる。

任意寄生［facultative parasitism］　寄生者でも，必ずしも生きた動植物細胞を摂食する必要のないものもいる。このような，生きた動植物細胞以外の微生物なども摂食して，生命維持，成長できる寄生様式のことを指す。

燃料革命［fuel revolution］　主要に使用されている燃料が他の燃料へと急激に移行すること。日本では1950年代に，木炭や薪が中心だった家庭燃料が電気やガス，石油へと大きく切り替わっていった。

ノックアウト［knockout］　遺伝子のはたらきを破壊してその機能を調べる方法。

ノックダウン［knockdown］　遺伝子のはたらきを抑制してその機能を調べる方法。

パーティクルガン［particle gun］　金属粒子に核酸をまぶし，細胞内に粒子を核酸ごと打ち込む方法。

バイオマス［biomass］　ある時点に任意の空間内に存在する生物体の量を重量ないしエネルギー量として示した指標。現存量，生物体量とも。

配偶子［gamete］　精子もしくは卵子。

ハルティヒ・ネット［Hartig net］　外生菌根において，根の皮層部の細胞間隙に菌糸が侵入し，皮層細胞を菌糸が包み込んだもの。

半数致死濃度（LC_{50}）［median lethal concentration］　ある物質をある状態の動物に与えた場合，一定時間内にその半数が死にいたる気体中或いは液体中の物質濃度。

繁殖成功度［reproductive success］　1成体が次世代に残す成体の数。適応度。

PCR［PCR］　ポリメラーゼ連鎖反応。目的のDNAを増幅するための手法。

PCR-RFLP［PCR-RFLP］　PCR産物を制限酵素で切断した産物の長さの違いとして検出されるDNAの構造多型研究法。

PCR fingerprint法［PCR fingerprinting］　ゲノム中に散在する塩基配列をプライマーとして用いてPCRを行い，恣意的に増幅産物を得る手法。その増幅産物のパターンをもとに微生物株のグルーピングを行うことができる。

微分干渉装置の付いた顕微鏡［differential interference contrast microscope］　透明な対象を立体的に観察するのに適しており，透明な体構造である線虫をとても鮮明に観察できる。

病害三要因［plant disease triangle］　病害をめぐる①主因（原因となる病原），②素因（発病しやすい植物自身の固有の性質），③誘因（発病に適した環境条件などの外的要因）。これら三つの要因がすべて揃ったときのみ病害が発生する。

病徴［symptom］　各種要因により病気にかかった植物体上に出現する，一般に肉眼での観察が可能な異常。形態異常，変色，壊死，病斑やモザイク形成，萎凋，

腐敗など。これに対し「標徴（sign）」は罹病植物に現れる病原体の組織・器官そのものを指す。

ファージ ［bacteriophage］　細菌に感染するウイルスの総称。バクテリオファージ。宿主がいないと自己複製できない。

不完全世代 ［anamorph, imperfect state］　菌類において無性生殖のみで増殖するステージ。この不完全世代しか見つかっていない菌類は正しい分類ができないため「不完全菌類」として学名が与えられる。

プライマー ［primer］　DNA を酵素的に合成（PCR）する際に使われる 20 〜 30 塩基対の短い DNA 断片で，ヌクレオチド鎖伸長の出発点としてはたらく。

プログラム細胞死 ［programmed cell death］　多細胞生物において，ある段階でそれが起こるようにあらかじめ予定されている不要な細胞の自殺。組織傷害などで細胞死を起こす壊死と異なり，一般にはその生物の生命に利益をもたらすプロセスとされる。動物のアポトーシス，植物の過敏感細胞死もこれに含まれる。

プロテオーム解析 ［proteome analysis, proteomics］　とくに構造と機能を対象としたタンパク質の大規模な研究。プロテオームとはある生物がもつすべてのタンパク質のセット，またはある細胞がある瞬間に発現しているすべてのタンパク質のセットを意味する。

分解者 ［decomposer］　生態系における栄養動態の観点からみて，腐食食物連鎖に属し，死んだ生物体や排出物あるいはその分解物を分解して，その際に生じるエネルギーによって生活する生物あるいは生物群。有機化合物を生産者が利用できる簡単な無機化合物にもどす無機化の役割を果している。

分散型 ［dispersal stage］　昆虫に便乗して分散するときの線虫のステージで，耐久型と同じ特徴をもつ。

分散型第 4 期幼虫（または耐久型幼虫） ［fourth-stage dispersal juvenile］　マツノザイセンチュウ近縁種群が媒介者であるカミキリムシによって運ばれるときにとる形態。乾燥や絶食に強い耐久型である。

ヘテロ ［heterozygote］　異なる対立遺伝子をもつ場合をいう。

ベルマン漏斗 ［Baermann funnel］　線虫分離のために用いられるもっとも一般的な装置。漏斗の口にゴム管をつなぎ，出口をピンチコックで止めて水を満たす。その中に和紙等を敷いたうえで試料を入れ，遊出してくる線虫を漏斗の出口のピンチコックを開いて回収する。この装置によって線虫を抽出する手法をベルマン（ベールマン）法という。

変形菌類 ［Myxomycetes］　変形体とよばれる栄養体（不定形の原形質の塊）が移

用語解説

動しつつ微生物などを摂食する動物的性質を持ちながら，小型の子実体を形成し，胞子により繁殖するといった菌類的性質を併せもつ生物。

片利共生［commensalism］ 種間相互関係の一形態で，それによって共生者の一方の適応度は増すが，他方の適応度は変わらない状態。

放線菌［Actinomycetes］ 一般に，グラム陽性の真正細菌のうち，細胞が菌糸を形成して細長く増殖する形態的特徴を示すものを指していたが，現在では，16S rRNA の塩基配列により系統分類されているため，桿菌や球菌も放線菌に含められるようになっている。

ポテトデキストロース（またはバレイショ・ブドウ糖）寒天培地［potato dextrose agar（PDA）medium］ 菌類のごく一般的な培養や保存に使われる。炭素源（糖分）を豊富に含むので菌糸の生育がよい。

ボトルネック効果［bottleneck effect］ 多くの生物は種内で大きな遺伝的多様性があるが，新たな場所への分布拡大は，通常，ごく少数の個体が分散することによって起こる。この場合，もともとの種全体の多様性は反映されず，分布拡大した地域では分散を行った個体の遺伝的性質のみが反映され，遺伝的多様性の低い集団になる。これをボトルネック効果とよぶ。

ホモ［homozygote］ 同一の対立遺伝子をもつ場合をいう。

マイカンギア（菌嚢）［mycangia, mycetangia］ キクイムシなどに見られる，共生菌を運搬する特殊な器官。

マイクロサテライト［microsatellite］ 細胞核やオルガネラのゲノム上に存在する反復配列で，とくに数塩基の単位配列の繰り返しから成る。集団遺伝学や DNA 鑑定のための遺伝マーカーとして利用されている。

マントル→菌套の項参照。

ミトコンドリア DNA のシトクロムオキシダーゼの subunit I ［mitochondrial DNA（mtDNA）cytochrome oxidase subunit I（COI）］ 細胞内小器官の一つであるミトコンドリアは，細胞核とは別にそれ独自の遺伝子をもっており，そのうちの呼吸代謝を行う遺伝子（酵素）の一つがシトクロムオキシダーゼである。とくにサブユニット I（COI）の 648 bp 領域は多くの真核生物について配列情報が蓄積されており，DNA バーコーディング領域として有望視されている。

無機化［mineralization］ 自然界において，有機物が分解されて無機化合物になる現象および過程。従属栄養微生物はこの無機化により代謝エネルギーを獲得している。

無性胞子［asexual spore］ 無性生殖の方法として体細胞分裂により作られる胞子。

用語解説

戻し交配（交雑）[backcross]　変異体を野生型個体と何度か交配させ，変異遺伝子以外を野生型に戻す方法。

薬剤耐性 [drug resistance]　ある生物の生育を阻害するような薬剤に対し，その生物がとくに変異によって生存・生育できるようになること。

有性生殖 [sexual reproduction]　二つの個体間あるいは細胞間で遺伝情報の交換を行うことにより，両親とは異なる遺伝子型個体を生産すること。遺伝子のやり取りなしに行う無性生殖の対。

雄性前核 [male pronucleus]　精子由来の核で，受精後に出現する。

優性変異 [dominant mutation]　ヘテロでも表現型が出現する変異形質。

有性胞子 [sexual spore]　有性生殖の方法として，核融合と減数分裂によって生じる胞子。

優占 [dominance]　生物群集で，ある種が優勢の状態にあること。

誘導抵抗性 [induced resistance]　傷害や，病原性のない微生物との相互作用等の刺激を契機として，植物体全身に誘導される抵抗性。

蛹室 [pupal chamber]　昆虫の幼虫が蛹を経て成虫になるために（材内や土の中などに）作る小部屋。

リター層（落ち葉の層）[litter layer]　森林において地表面に落ちたまま，まだ土壌生物による分解をほとんど受けていない葉・枝・果実・樹皮・倒木などの落葉落枝の堆積した層（L層）。下方から分解されてF層，H層となり，その下にA層がある。L，F，H層をあわせてA_0層とよぶ。

リボソーム DNA [ribosomal DNA, rDNA]　細胞内でタンパク質合成を行っている細胞小器官をリボソームとよび，これはRNAとタンパク質からできている。このRNAの塩基配列をリボソームDNAとよぶ。リボソームは重要な器官であり，すべての生物が共通してもっていることから，種間の遺伝的な比較によく用いられる。

緑色蛍光タンパク質 [green fluorescent protein, GFP]　オワンクラゲ（*Aequorea vict*）から分離された緑色蛍光を発するタンパク質。この発見により，下村脩は2008年にノーベル化学賞を受賞した。このタンパク質をコードする遺伝子は後にクローニングされ，現在ではレポーター遺伝子として広く普及している。

レクチン [lectin]　各種の糖鎖とそれぞれ特異的に結合する能力を有する酵素や抗体以外のタンパク質。糖タンパク質の検出に使用される。

劣性変異 [recessive mutation]　ホモにならないと表現型が出現しない変異形質。

おわりに

「猛毒ヒ素を食べる細菌発見—生物学の常識覆す」という見出しが新聞紙上に躍ったのは，まだ記憶に新しいところです（2010年12月3日朝日新聞等）。しかし，何にとって'猛毒'なのかという疑問はさておき，生物に必須のリンに化学的性質が近いヒ素を代謝系に取り入れる細菌が，この地球上のどこかで存在していたとしても，決して奇跡のような出来事とはいえないでしょう。なぜなら，地球上の生きものの種類や数，その暮らしぶり，他の生きものとのかかわりあいなど，私たちが知っている生物の世界は，時間的にも空間的にもごく限られたものにすぎないからです。肉眼で見えない微生物の世界ではなおさらです。

長い生物の歴史の途上では，生物どうし互いを利用しあう方が，自分たちの遺伝子を後代に伝えるのに有利な状況はいたるところにあったはずで，今日私たちが目にする生きものの多くが，程度の違いはあるにせよ，他の生きものとのあいだになんらかの共生関係を築きながら生きていることを誰もが知っています。私たちを含めた真核生物の身体を形作っている真核細胞はその究極の姿ともいえるものですが，その成り立ちを説明する「細胞内共生説」（Margulis 1981）が登場するずっと前から，生きもののあいだの共生的関係には多くの人が直感的，経験的に気づいていたようで，古い書物にもしばしばその形跡が認められます。近代に入ると，そうした生物間の緊密な関係は，根粒菌や菌根，内生菌，材食性昆虫の腸内微生物，養菌性昆虫など，とりわけ微生物を介して植物や動物とのあいだで繰り広げられる生物間相互作用の一形態として科学的に認識されるようになり，研究手法の発展とともに，系統進化的な視点や生態系の動的平衡を支える機能的な観点から，数多くの研究が行なわれてきました。

この本では，微生物と他の生きものたちとのさまざまな出会いや，共生関係を維持するための仕組み，さらに，そうした関係がとくに森林という複雑なシステムをどのように動かしてきたのかが，わかりやすく，しかしあくまでも科学の言葉で語られています。第1部で描かれるさまざまな菌類の物語

は，植物の多くが菌類との相互依存的関係を結んでおり，菌類が，植物の成長や保護においてもはや無くてはならない存在になっていることや，森林生態系の物質循環や更新過程においてもきわめて重要な役割を演じていることを私たちに教えてくれます。また，第2部に登場する線虫は，生物学に馴染みの薄い人たちにはヒモか糸くずのような'寄生虫'として扱われてきましたが，ここで描かれている線虫たちは，そのシンプルな形態からは想像もつかないような，実に複雑で奥行のある世界の存在を，私たちに垣間見せてくれます。さらに，第3部や第4部で取りあげられているマツ枯れやナラ枯れは，短期的な生態系の改変や社会に与える影響という観点からは，樹木を枯らし，森林を衰退させ，景観を変えてしまうような実に困った現象ですが，植物-微生物-昆虫という三者間の生物間相互作用の視点にたてば，生きものたちの生き残り戦略の巧みさとそれを可能にしている普遍的な合理性を，誰もが感じ取ることができるのではないでしょうか。この本には，森林の保護に関わるさまざまな問題の解決に役立つ実用的な知見も満載されていますが，その行間からは，著者の人たちが自らの研究の過程で肌で感じてきた生命現象としての面白さや，生きものの奥深さのようなものが活きいきと伝わってきます。さらに，この本では，従来のいわゆるフィールド科学的なアプローチに加えて，近年の分子生物学的手法の進歩が，こうしたさまざまな関係を生み，維持させているメカニズムを解明するうえでどれほど大きく貢献しているかを，あちこちで実感することができます。

　この本のもう一つの大きな意義は，これまで知られていた，微生物が関わるさまざまな生命現象を，微生物を介した'生物相関学'として体系化する道筋を示したことにあるように思います。これまで，植物や動物それぞれの枠組みのなかで，それぞれの種が生きていくための'うまいやり方'として捉えられていた個々の現象を，微生物を座標軸とした相関図として配置し直した，という言い方もできるでしょう。微生物が他の生きものに与える影響や生態系レベルで果たしている役割がこれまでの予想を超えるものであることがわかったり，今までどうしても説明のつかなかった疑問が氷解したり―視点を変えたことで，これからの研究に向けての視界が一気に開けたといっても過言ではないでしょう。1993年以降，二井一禎先生と堀越孝雄先生（現

広島経済大)を中心として,まさにこの微生物が関わる生物間の関係をテーマとした「微生物をめぐる生物間相互作用研究会」という分野横断的な研究集会がほぼ毎年のように開かれてきました。そして,その参加者たちは,そこでのさまざまな議論を通して,微生物をめぐる生きものの世界が,従来の学問分野の垣根を越えて,一つの学問領域として成り立つことを感じ取ったようでした。2000年に刊行された『森林微生物生態学』(二井一禎・肘井直樹編,朝倉書店)は,そうした共通認識のもとに編集されたものです。以来12年余の歳月を経て,今回,この本のそこかしこから伝わってくる著者の人たちの熱さ,活性の高さは,この学問領域が,それ以前からこの研究室で営まれてきた微生物生態研究の栄養分を吸収しながら,大きく成長を遂げつつあることをはっきりと示しています。

　もちろん,私たちの行く手には,まだまだわからないことが山のように横たわっており,研究の歴史年表の上にこれまでの成果を記したとしても,おそらくまだペンで引いた線の幅ほどにもならないでしょう。微生物界の曼荼羅も完成にはほど遠く,この先,大元から書き換えられる時さえ来るかもしれません。さらに,体系的な学問領域としての評価を得るためには,息の長い研究成果の蓄積が必要です。それでもこの本は,これまでブラックボックスの中に閉じ込められてきた生命現象の多くが,この先,まさに微生物との関係性の観点から,つぎつぎに解き明かされていくことを予感させます。そしておそらく,この本に惹き寄せられ,この世界に一歩踏み出そうとしている若い人たちの果敢な挑戦だけが,それを現実のものにできるでしょう。

名古屋大学大学院生命農学研究科・農学部
附属フィールド科学教育研究センター教授　肘井直樹

索　引

事項索引

A-Z

A-factor　70
Auxofuran　71
BT 剤　310
Cyclophilin　71
DGGE（Denaturing Gradient Gel Electrophoresis）
　法　61, 335 → PCR-DGGE 法
DNA マーカー　26, 29, 334
F_2 雑種（雑種第二代）　14, 328
GST（グルタチオン S トランスフェラーゼ）
　169-171
LB 培地, 328
Mi 遺伝子（gene）　156, 226, 328
MMN 培地　96
PCR　313, 336
PCR-DGGE 法　51
PCR fingerprint 法　297, 336
PCR-RFLP 法　60, 336
PGPR（Plant growth promoting rhizobacteria）
　68
RNA 干渉（RNAi, RNA interference）法　173,
　175, 176, 327
WS-5995B　71
WS-5995C　71

あ行

アーバスキュラー菌根（AM 菌根）　3, 4, 327
アイソレイト　243
赤輪病　327
亜社会性昆虫　291
芦生研究林　270, 307
アポトーシス　169, 327
アミノ酸　89, 96
アミン　96
アリー効果　275, 327
アルカリ性　99
アンチセンス鎖　174, 327
アンブロシア　294
アンブロシア菌　294
アンモニア菌　89

一塩基多型（Single Nucleotide Polymorphism）
　170
一次性昆虫　268, 277, 327
一夫一妻制　288
一夫多妻制　288
遺伝子　231, 248
遺伝子重複　239, 327
遺伝子水平伝播　177, 238, 327
遺伝子流動　31, 328
遺伝的多様性　32
遺伝的分化　31
遺伝的変異　26
栄養菌糸　5, 86, 93, 142, 328
栄養繁殖　29, 328
エレクトロポレーション　176, 328
塩基多型　327
塩基配列　25, 328
エンドファイト　328 →内生菌
おがくず培地　315
オキシダティブバースト　235, 328
おとり木　308
オリンピックオーク　308

か行

外生菌根　3, 97, 328
外生菌根菌　4, 27, 43
外部寄生菌　187
外来侵入生物　42, 43
化学的防除　153
核相　167, 328
核多角体病ウイルス（NPV）　311
かく乱　42, 118, 154, 329
片利共生　338
活性酸素　235
仮導管　244, 329
過敏感反応　155, 329
上賀茂試験地　12, 14, 17, 20, 28, 201
体表面タンパク質　233
顆粒病ウイルス（GV）　311
感受性　215
完全世代　329
感染態幼虫　151, 329
希釈平板法　63, 329
寄生型　122, 329

345

索　引

寄生者　2, 329
寄生性の進化　239
寄生戦略　229
寄生態　132
キチン　97
拮抗微生物　55
キノコ　127, 331　→子実体
基本増殖率　245
キメラDNA　51
逆遺伝学的解析手法　173, 329
吸血性昆虫　322
共種分化　112, 118, 329
共生　101, 299
巨大細胞　151-153
菌核　47, 324, 329
近交系（≒純系）　258, 329
菌根化率　48
菌根共生　27, 41
菌根菌　25, 89
菌根合成　62
菌栽培昆虫　304
菌糸　10, 11, 25, 29, 186
菌糸束　29, 330
菌糸体　324
菌食性　128, 184
菌套（マントル）　3, 29, 330
菌嚢　295
菌類　2
菌類相　206
クオーラムセンシング　70
糞生菌　75-77, 81
グラスエンドファイト　8, 9
グラム陰性（細）菌　70, 323, 330
グラム陽性（細）菌　70, 330
クレード　303, 330
群集　17, 23
燻蒸殺虫剤　308
形態型　119
継代培養　243
系統　248
系統解析　113
系統樹　113
系統地理学　39
血体腔　131, 330
ゲノム　72, 231, 330
ゲノム情報　120, 176, 231, 330
原核生物　59, 330
減数分裂　167, 330
原木栽培　128

抗菌作用　22
抗酸化酵素　235, 237
耕種的防除　153
後食　111, 181, 246
後食痕　108, 184
口針　128, 186
更新　45, 331
交接刺　130, 331
坑道　111, 207, 273, 279, 284, 296
坑道栓塞法　309
交配　257
酵母　296, 301
個体群　241, 258
琥珀　143
コロニー形成単位　63, 331
根圏土壌　63, 331
昆虫寄生性線虫　107
昆虫嗜好性線虫　107, 177
昆虫病原性線虫　105, 107
昆虫病原性微生物　310

さ行

細菌　2, 91
細胞壁分解酵素　236
細胞密度　318
殺虫活性　317
殺虫剤の逆理（パラドックス）　309
殺虫能力　317
サルストン，ジョン　169
酸性　9
残留農薬　309
ジェネット　26, 29, 30, 331
自家受精　167, 331
脂質　97
子実体（キノコ）　3, 25, 43, 98, 130, 331
子実体原基　98, 331
糸状菌　301
シスト　106, 331
雌性前核　172, 331
死体　100
湿室分離法　84, 85, 86
子嚢菌類　3, 76, 331
シミュレーション　255
シャーガス病　321
弱病原力系統　218, 248　→病原力の弱いアイソレイト
ジャスモン酸（JA）　155-159
雌雄異体　122, 331
集合フェロモン　262, 271

索引

従属栄養　2, 331
柔組織　244, 331
集団遺伝学　26, 331
集団系統樹　37
雌雄同体　122, 166, 331
宿主　8, 10, 23, 24, 50, 130, 198, 331
宿主(選択)範囲　309, 322
宿主特異性　32
樹枝状体(アーバスキュル)　3, 331
樹脂道　244, 332
種小名　298, 332
種多様性　44, 50
種同定　44
樹皮下穿孔性キクイムシ　262, 269, 288, 332
種分化　332
純系　258 →近交系
純粋培養株　313
硝化　92
浄化　101
傷害周皮　221, 332
傷害樹脂道　217
硝化細菌　92
硝酸　94
衝突トラップ　308
植物寄生線虫　147-149
植物検疫　106
植物ホルモン　155, 156
進化　241, 245, 254
真核生物　59, 332
真菌類　2
人工蛹室　190, 191
真社会性　291
真社会性昆虫　332
新種記載　109, 130, 136, 137, 139, 198, 296, 298, 332
薪炭林　268
親和性　215
水素イオン濃度(pH)　90, 95
垂直伝搬　111, 332
水平母坑　281
水溶性炭水化物　95
スライド培養　98
生存曲線　317, 320
生物間相互作用　183, 295
生物的防除　197, 263, 309, 332
生物農薬　197, 309, 332
青変菌　184, 206, 333
接合菌類　40, 76, 333
接種　185, 202, 251

絶対寄生　125, 333
セルロース　97
遷移　52, 76, 90, 201, 333
穿孔加害　308
潜在感染　7, 333
潜在感染木　222
染色体　167, 333
全身獲得抵抗性　155, 156, 219, 333
選択圧　266, 333
線虫　91, 104
線虫相　203
線虫の増殖　211
線虫捕食菌　187
線虫捕捉菌　187
セントラルドグマ　232, 333
総合的病害虫管理(IPM)　154, 333
増殖型　192
相同性検索　300, 302
相利共生　2, 108, 299, 333

た行

耐久型　107, 333
耐久型幼虫　192, 337
耐久ステージ　149
対峙培養　22, 23, 63, 334
対照区　334
大腸菌　165
種駒　195, 334
種分化　112
単為生殖　122, 130, 153, 334
単菌糸分離　244, 334
単コロニー分離　244
担子器(＝担子柄)　98, 334
担子菌類　3, 76, 130, 334
担子胞子　98
炭素源　98
タンパク質　89, 96, 232
単胞子分離　244
致死　174
致死変異　334
窒素　91
窒素固定　41, 61
虫えい(ゴール，虫こぶ)　10, 334
釣菌　33, 47, 334
『沈黙の春』　309
通性嫌気性細菌　323, 334
抵抗性　216
定着　42
ティンバーゲン，N.　246

347

索　引

適応度　77, 335
天敵微生物　307
伝播者　131
同化　91, 92
同所性　209
糖タンパク質　233, 335
冬虫夏草　335
独立栄養　2, 335
年越し枯れ　222
ドミノ感染仮説　224, 225

な 行

内生菌　7, 328 →エンドファイト
内部寄生菌　187
生ワクチン　220, 335
二型性真菌　301
二次感染　324
二次性昆虫　268, 276, 277, 335
二次代謝産物　70, 323, 335
二次林　272
ニレ立枯病　262, 335
任意寄生　125, 336
粘液腫ウイルス　245
燃料革命　336
ノックアウト　177, 336
ノックダウン　177, 336

は 行

パーティクルガン　176, 336
バイオマス　7, 164, 336
配偶子　167
排泄物　100
培養　243
バキュロウイルス　311
ハルティヒ・ネット　3, 33, 336
繁殖体　324
繁殖成功度　273-277, 336
半数致死濃度(LC_{50})　320, 336
微分干渉装置の付いた顕微鏡　172, 336
病害三要因　215, 336
病原菌　45
病原性　218
病原力　243, 251, 257
病原力の弱いアイソレイト　244 →弱病原力系統
病徴　46, 181, 219, 336
便乗　105, 107
ファージ　165, 337
ファイアー，アンディ　174

フェロモントラップ　308
不完全世代　321, 337
腐生菌　89
物理的防除　153
不飽和脂肪酸　196
プライマー　313, 337
フラス　202, 267, 280-284
ブレナー，シドニー　166
プログラム細胞死　155, 337
プロディジオシン　323
プロテオーム解析　234, 237, 337
分解菌　25
分解者　2, 337
分散型　192, 337
分散型第3期幼虫　192
分散型第4期幼虫　108, 110, 111, 177, 191, 337
分子生物学　44, 165, 231, 232
分生子　324
分泌タンパク質　236
ヘテロ　167, 337
ヘルパー細菌（Mycorrhiza helper bacteria）　63
ベルマン法　202, 250, 253, 337
ベルマン漏斗　136, 191, 337
変形菌類　76, 337
鞭毛　316
片利共生　16
胞子　31, 187
胞子密度　318
放線菌　314, 338
ホービッツ，ボブ　169
ホスファターゼ活性　53
ほだ木　131
ポテトデキストロース寒天（PDA）培地　63, 185, 315, 338
ボトルネック効果　119, 338
ホモ　167, 338

ま 行

マイカンギア　262, 294, 311, 338
マイクロサテライト　26, 29, 37, 338
マスアタック　262, 271, 272, 276
マツ材線虫病　180, 183
マツノザイセンチュウ近縁種群　121
マツノザイセンチュウ個体群動態　204
マントル　29, 330 →菌套
実生更新　45
密度別接種試験　319
ミトコンドリアDNAのシトクロムオキシダー

索 引

ゼの subunit I　120, 338
無機化　91, 338
無性胞子　29, 338
メロー，クレイグ　174
モデル　254
モデル生物　166
戻し交配　170, 339

や行

薬剤耐性　309, 339
焼け跡菌　101
有性生殖　244, 339
雄性前核　172, 339
優性変異　170, 339
有性胞子　29, 98, 324, 339
優占　28, 41, 185, 339
誘導抵抗性　219, 339
蛹化　134, 282
養菌性キクイムシ　262, 268, 281, 283, 288, 293, 294
蛹室　110, 188, 206, 207, 282, 296, 339
吉田山　308

ら行

リグニン　97
リター層　28, 339
リボソーマル DNA（＝リボソーム DNA, rDNA）　37, 120, 339
リボソーマル DNA（＝リボソーム DNA, rDNA）の ITS 領域　218, 327
緑色蛍光タンパク質（GFP）　169, 177, 339
レクチン　233, 339
劣性変異　170, 339

生 物 名

A-Z

Acalolepta luxuriosa　122 →センノカミキリ
Agrocybe praecox　130 →フミヅキタケ
Allodiopsis domestica　132 →ナミトモナガキノコバエ
Amanita muscaria　71 →ベニテングタケ
Amanita　48, 53 →テングタケ属
Amblyosporium botrytis　91 →チギレザラミカビ
Amylostereum　142
Amylostereum areolatum　311
Arabidopsis thaliana　159 →シロイヌナズナ
Armillaria obscura　71
Ascobolus denudatus　91 →イバリスイライカビ
Aspergillus giganteus　322
Bacillus　63
Bacillus subtilis　65
Bacillus thuringiensis　310
Beauveria　314
Beauveria bassiana　197, 316 →ボーベリア・バッシアナ
Beauveria brongniartii　322
Botrytis cinerea　221
Bradyrhizobium　61 →ブラディリゾビウム属
Burkholderia　61, 65 →バークホルデリア属
Bursaphelenchus（ザイセンチュウ属）　121
Bursaphelenchus cocophilus　122
Bursaphelenchus conicaudatus　109, 198 →クワノザイセンチュウ
Bursaphelenchus luxuriosae　122 →タラノザイセンチュウ
Bursaphelenchus mucronatus　198, 217 →ニセマツノザイセンチュウ
Bursaphelenchus okinawaensis　122
Bursaphelenchus xylophilus　164, 183 →マツノザイセンチュウ
Caenorhabditis　139
Caenorhabditis briggsae　175
Caenorhabditis elegans　104, 139, 166 →シー・エレガンス
Candida kashinagacola　298
Carpophilus humeralis　122
Cenangium ferruginosum　19 →マツ皮目枝枯病菌
Cenococcum geophilum　44, 48
Ceratocystis　206 →クワイカビ属

349

索　引

Chaetomium 314
Claviceps 322 →バッカクキン属
Clavicipitaceae 322 →バッカクキン科
Cochliomyia hominivorax 172 →ラセンウジバエ
Collybia cookei 91 →タマツキカレバタケ
Coprinopsis candidolanata 83 →シラゲウシグソヒトヨタケ
Coprinopsis cinerea 85 →ウシグソヒトヨタケ
Coprinopsis ephemeroides 83 →ツバヒナヒトヨタケ
Coprinopsis stercorea 83 →トフンヒトヨタケ
Coprinus 85 →ササクレヒトヨダケ属
Coprinus echinosporus 91 →ザラミノヒトヨタケモドキ
Coprinus sterquilinus 85 →マグソヒトヨタケ
Cordyceps takaomontana 322
Cylindrocladium pacificum 47, 55
Dacus cucurbitae 172 →ウリミバエ
Deladenus 142
Deladenus siricidicola 311
Dendroctonus ponderosae 262, 281 →マウンテンパインビートル
Diploxylon 17 →二・三葉マツ類
Enterobacteriaceae 232 →エンテロバクター科
Entomophaga maimaiga 310
Fusarium 314, 321 →フザリウム属
Fusarium oxysporum 321
Fusarium solani 321
Haploxylon 17 →五葉マツ類
Hebeloma radicosoides 91 →ナガエノスギタケダマシ
Hebeloma vinosophyllum 91 →アカヒダワカフサタケ
Heterobasidion annosum, 71
Howardula 139
Iotonchium 130
Isaria / Paecilomyces 314
Isaria japonica 322
Isaria tenuipes 316 →イザリア・テニュイペス
Laccaria bicolor 91 →オオキツネタケ
Lecanicillium 316 →レカニシリウム
Lophodermium 13
Lophodermium pinastri 13 →マツ葉ふるい病菌
Lymantria dispar 310 →マイマイガ
Meloidogyne 150 →ネコブセンチュウ属
Meloidogyne incognita 152, 226 →サツマイモネコブセンチュウ
Monochamus alternatus 183 →マツノマダラカミキリ
Monochamus carolinensis 193
Monochamus maruokai 122 →キマダラヒメゲナガカミキリ
Mycena pura 91 →サクラタケ
Mycobacterium 65 →マイコバクテリウム属
Ophiostoma 184, 207 →オフィオストマ属
Oryctes rhinoceros 310 →タイワンカブトムシ
Paecilomyces tenuipes 322
Penicillium 206, 315 →アオカビ属
Penicillium corylophilum 322
Peziza moravecii 91 →イバリチャワンタケ
Peziza urinophila 91, 96 →ウネミノイバリチャワンタケ
Phialocephala 13
Phialocephala fortinii 13
Phylloporus bellus 91 →キヒダタケ
Phomopsis 15
Pilobolus 81 →ミズタマカビ属
Pinus densiflora 12, 183, 216 →アカマツ
Pinus koraiensis 216 →チョウセンゴヨウ
Pinus luchuensis 216 →リュウキュウマツ
Pinus parviflora 26 →ゴヨウマツ
Pinus parviflora var. *parviflora* 216 →ヒメコマツ
Pinus radiata 311 →ラジアータマツ
Pinus strobus 216 →ストローブマツ
Pinus sylvestris 217 →ヨーロッパアカマツ
Pinus taeda 216 →テーダマツ
Pinus thunbergii 12, 41, 183, 216 →クロマツ
Pisolithus tinctorius 68 →コツブタケ
Platypus apicalis 322
Platypus calamus 301 →ヨシブエナガキクイムシ
Platypus cylindrus 301, 314 →ピンホールボーラー
Platypus externedentatus 300
Platypus gracilis 322
Platypus quercivorus 266 →カシノナガキクイムシ
Podosordaria jugoyasan 82 →ハチスタケ
Pristionchus pacificus 107
Psacothea hilaris 197 →キボシカミキリ
Pseudombrophila 81
Pseudombrophila petrakii 91, 96 →トキイロニョウソチャワンタケ
Pseudomonas fluorescens BBc6R8 株 71
Pseudomonas 65 →シュードモナス属
Pseudotsuga menziesii 7 →ダグラスファー

Quercus acutissima 312 →クヌギ
Quercus crispula 312 →ミズナラ
Quercus serrata 312 →コナラ
Quercus suber 314 →コルクガシ
Raffaelea quercivora 293, 296, 307 →ナラ菌
Ralstonia 63 →ラルストニア属
Rhizoctonia 207 →リゾクトニア属
Rhizopogon 53, 68 →ショウロ属
Rhizopogon luteolus 61
Rhynchophorus palmarum 122
Robinia pseudoacacia 41 →ニセアカシア
Russula 48, 91 →ベニタケ属
Serratia marcescens 315, 316 →セラチア・マルケセンス
Serratia 65 →セラチア属
Sphaerobolus 78
Sphaerobolus stellatus 78 →タマハジキタケ
Streptomyces nov. sp. 505 株 71
Streptomyces 65 →ストレプトマイセス属
Suillus granulatus 53, 68 →チチアワタケ
Suillus pictus 26 →ベニハナイグチ
Tephrocybe tesquorum 91 →イバリシメジ
Tomentella 50, 53 →ラシャタケ属
Treptoplatypus caviceps 322
Trichoderma 185, 206, 314, 321 →トリコデルマ属
Umbelopsis isabellina 40
Verticillium 185 →バーティシリウム属
Wilcoxina mikolae 68

あ行

アオカビ属（*Penicillium*） 206
アカヒダワカフサタケ（*Hebeloma vinosophyllum*） 91
アカマツ（*Pinus densiflora*） 12, 183, 216
アラゲキクラゲ 139
イグチ類 139
イザリア・テヌイペス（*Isaria tenuipes*） 316
イバリシメジ（*Tephrocybe tesquorum*） 91, 93, 94, 98, 99
イバリスライカビ（*Ascobolus denudatus*） 91
イバリチャワンタケ（*Peziza moravecii*） 91
ウシグソヒトヨタケ（*Coprinopsis cinerea*） 85
ウネミノイバリチャワンタケ（*Peziza urinophila*） 91, 96
ウリミバエ（*Dacus cucurbitae*） 172
エレガンス（*Caenorhabditis elegans*） 168 →シー・エレガンス
エンテロバクター科（Enterobacteriaceae） 323

オオキツネタケ（*Laccaria bicolor*） 91
オオコクヌスト 196
オキナタケ科 85
オニイグチモドキ 28
オフィオストマ属（*Ophiostoma*） 184, 207

か行

カシノナガキクイムシ（*Platypus quercivorus*） 266, 279, 293
キシメジ科キツネタケ属 137
キタゴヨウ 37
キチチタケ 28
キノコバエ科 131
キノコムシ 303
キバチ 142
キヒダタケ（*Phylloporus bellus*） 91
キボシカミキリ（*Psacothea hilaris*） 109, 110, 197
キボシカミキリ
キマダラヒメヒゲナガカミキリ（*Monochamus maruokai*） 122
クヌギ（*Quercus acutissima*） 312
クリ 269, 272
クロキボシゾウムシ 195
クロスズメバチ 99
クロマツ（*Pinus thunbergii*） 12, 41, 60, 183, 201, 216
クワイカビ属（*Ceratocystis*） 206
クワノザイセンチュウ（*Bursaphelenchus conicaudatus*） 109, 110, 198
コツブタケ 68 → *Pisolithus timctorius*
コナラ（*Quercus serrata*） 266, 268, 280, 312
ゴヨウマツ（*Pinus parviflora*） 26, 35, 36
五葉マツ類 28, 35, 203
コルクガシ（*Quercus suber*） 314

さ行

サクラタケ（*Mycena pura*） 91
ササクレヒトヨタケ属（*Coprinus*） 85
サシガメ 322
サツマイモネコブセンチュウ（*Meloidogyne incognita*） 150, 152, 226
ザラミノヒトヨタケモドキ（*Coprinus echinosporus*） 91
シー・エレガンス（*Caenorhabditis elegans*） 104, 107, 139, 166, 328, 330
シストセンチュウ 148, 150
シュードモナス属（*Pseudomonas*） 65
ショウロ属（*Rhizopogon*） 53

索　引

シラゲウシグソヒトヨタケ（*Coprinopsis candidolanata*）83
シロイヌナズナ（*Arabidopsis thaliana*）159
ストレプトマイセス属（*Streptomyces*）65
ストローブマツ（*Pinus strobus*）216, 221
セノコッカム（*Cenococcum geophilum*）44, 48, 68
セラチア・マルケセンス（*Serratia marcescens*）316
セラチア属（*Serratia*）65
センノカミキリ（*Acalolepta luxuriosa*）122
ソトハナガキクイムシ（*Platypus externedentatus*）300

た行

タイワンカブトムシ（*Oryctes rhinoceros*）310
ダグラスファー（*Pseudotsuga menziesii*）7
タマツキカレバタケ（*Collybia cookei*）91
タマハジキタケ（*Sphaerobolus stellatus*）78
タマハジキタケ属（*Sphaerobolus*）78
タラノザイセンチュウ（*Bursaphelenchus luxuriosae*）122
チギレザラミカビ（*Amblyosporium botrytis*）91
チチアワタケ（*Suillus granulatus*）53, 68
チョウセンゴヨウ（*Pinus koraiensis*）216, 35, 203
ツバヒナヒトヨタケ（*Coprinopsis ephemeroides*）83
ディプロガスター目　205
テーダマツ（*Pinus taeda*）216, 221
テングタケ属（*Amanita*）48, 53
同翅目昆虫　311
トキイロニョウソチャワンタケ（*Pseudombrophila petrakii*）91, 96
トフンヒトヨタケ（*Coprinopsis stercorea*）83
トリコデルマ属（*Trichoderma*）185, 206, 321
トリパノソーマ　321

な行

ナガエノスギタケダマシ（*Hebeloma radicosoides*）91
ナミトモナガキノコバエ（*Allodiopsis domestica*）132
ナヨタケ科　85
ナラ菌（*Raffaelea quercivora*）295, 298, 307
二・三葉マツ類　28
ニセアカシア（*Robinia pseudoacacia*）41, 44
ニセマツノザイセンチュウ（*Bursaphelenchus mucronatus*）109, 198, 217, 221
ネグサレセンチュウ　148, 150
ネコブセンチュウ（*Meloidogyne* 属）148, 150
ノクチリオキバチ　311
ノミバエ科　139

は行

バークホルデリア属（*Burkholderia*）61, 65
バーティシリウム属（*Verticillium*）185
ハイマツ　35, 36
バキュロウイルス　311
ハキリアリ　304
ハチスタケ（*Podosordaria jugoyasan*）82
バチルス属（*Bacillus*）63
バチルス・サブチリス（*Bacillus subtilis*）65
バチルス・チューリンゲンシス（*Bacillus thuringiensis*）310
バッカクキン科（Clavicipitaceae）322
バッカクキン属（*Claviceps*）322
ハラタケ科　85
ヒゲナガモモブトカミキリ　196
ヒトヨタケ類　85
ヒポクレア目　321
ヒメコマツ（*Pinus parviflora* var. *parviflora*）37, 216
ヒラタケ　127
ピンホールボーラー（*Platypus cylindrus*）314
フウセンタケ科フウセンタケ属　136
フザリウム属（*Fusarium*）321
ブナ科　266, 269–271, 273, 280, 290
フミヅキタケ（*Agrocybe praecox*）130
ブラディリゾビウム属（*Bradyrhizobium*）61
ベニタケ科　137
ベニタケ属（*Russula*）48, 91, 137
ベニテングタケ（*Amanita muscaria*）71
ベニハナイグチ（*Suillus pictus*）26, 28
ボーベリア・バッシアナ（*Beauveria bassiana*）197, 316
ボタンタケ属　321

ま行

マイコバクテリウム属（*Mycobacterium*）65
マイマイガ（*Lymantria dispar*）310
マウンテンパインビートル（*Dendroctonus ponderosae*）262, 281
マグソヒトヨタケ（*Coprinus sterquilinus*）85
マツ科　217
マツ属　17, 18, 216
マツノザイセンチュウ（*Bursaphelenchus xylophilus*）107, 164, 177, 180, 183, 202, 229,

243
マツノザイセンチュウ近縁種群（*xylophilus* group） 121
マツノマダラカミキリ（*Monochamus alternatus*） 177, 180, 183, 202, 224, 246
マツバノタマバエ 10
マツ葉ふるい病菌（*Lophodermium pinastri*） 13
マツ皮目枝枯病菌（*Cenangium ferruginosum*） 19
マリーゴールド 154
ミズタマカビ属（*Pilobolus*） 81
ミズナラ（*Quercus crispula*） 266, 268, 270, 272, 280, 312

や行

ヤクタネゴヨウ 35

ヨーロッパアカマツ（*Pinus sylvestris*） 217, 222
ヨシブエナガキクイムシ（*Platypus calamus*） 301

ら行

ラジアータマツ（*Pinus radiata*） 311
ラシャタケ属（*Tomentella*） 50, 53
ラセンウジバエ（*Cochliomyia hominivorax*） 172
ラルストニア属（*Ralstonia*） 63
リゾクトニア属（*Rhizoctonia*） 207
リュウキュウマツ（*Pinus luchuensis*） 216
レカニシリウム 316

執筆者一覧（＊は編者，50音順）

遠藤　力也	えんどう　りきや	理化学研究所　バイオリソースセンター
片岡　良太	かたおか　りょうた	山梨大学　生命環境学部
神崎　菜摘	かんざき　なつみ	森林総合研究所　森林微生物研究領域
斉　宏業	さい　こうぎょう	新陽市保健衛生局（中華人民共和国）
新屋　良治	しんや　りょうじ	京都大学大学院農学研究科
＊竹内　祐子	たけうち　ゆうこ	京都大学大学院農学研究科
竹本　周平	たけもと　しゅうへい	森林総合研究所　森林微生物研究領域
谷口　武士	たにぐち　たけし	鳥取大学乾燥地研究センター
津田　格	つだ　かく	岐阜県立森林文化アカデミー
Hagus Tarno	ハグス　タルノ	University of Brawijaya（Indonesia）
長谷川浩一	はせがわ　こういち	中部大学応用生物学部
畑　邦彦	はた　くにひこ	鹿児島大学農学部
廣瀬　大	ひろせ　だい	日本大学薬学部
吹春　俊光	ふきはる　としみつ	千葉県立中央博物館　植物学研究科
藤本　岳人	ふじもと　たけと	中央農業総合研究センター
＊二井　一禎	ふたい　かずよし	京都大学大学院農学研究科
前原　紀敏	まえはら　のりとし	森林総合研究所東北支所　生物被害研究グループ
＊山崎　理正	やまさき　みちまさ	京都大学大学院農学研究科
山中　高史	やまなか　たかし	森林総合研究所　森林微生物研究領域
Rina Sriwati	リナ　スリワティ	Syiah Kuala University (Indonesia)

微生物生態学への招待──森をめぐるミクロな世界

2012年4月1日　初版第一刷発行

編者	二井　一禎
	竹内　祐子
	山崎　理正
発行者	檜山　爲次郎
発行所	京都大学学術出版会

京都市左京区吉田近衛町69
京都大学吉田南構内（606-8315）
電話　075-761-6182
FAX　075-761-6190
振替　0100-8-64677
http://www.kyoto-up.or.jp/

印刷・製本　株式会社クイックス

ISBN978-4-87698-597-5　価格はカバーに表示してあります
Printed in Japan　©K. Futai, Y. Takeuchi and M. Yamasaki 2012

本書のコピー，スキャン，デジタル化等の無断複製は著作権法上での例外を除き禁じられています．本書を代行業者等の第三者に依頼してスキャンやデジタル化することは，たとえ個人や家庭内での利用でも著作権法違反です．